FLORA
INSIDE THE SECRET WORLD OF PLANTS
図鑑 植物の世界

［監修］
スミソニアン協会
キュー王立植物園

［日本語版監修］
塚谷裕一

東京書籍

Original Title: Flora
Copyright © 2018 Dorling Kindersley Limited
A Penguin Random House Company

Japanese translation rights arranged with
Dorling Kindersley Limited, London
through Fortuna Co., Ltd. Tokyo.

For sale in Japanese territory only.

Printed and bound in China

For the curious
www.dk.com

はじめに

　植物は生命に欠かすことのできないものです。植物のおかげで私たちは、この惑星の大気を吸うことができます。朽ち果てた植物は、私たちの足の下で土になります。そして植物は、光のエネルギーから、私たちが生きていくための栄養素をつくり出してくれます。植物はまた、多くの芸術家にインスピレーションを与えてきました。たとえば、オキーフのケシ、モネのスイレン、ヴァン・ゴッホのヒマワリが、その好例です。読者のみなさんは、この植物という、生命にとって不可欠な、驚くほどに複雑な生命体のことを、最近はあまり気にしていなかったのではないでしょうか。

　本書は、植物に関する芸術と科学とを融合させた本です。そして、素晴らしい写真によって、植物の非常に細かな部分までもとらえました。この本ができ上がるまでの間、私自身も同僚たちと、素晴らしい写真の数々につい見入ってしまいました。この世のものとは思われないほど美しい、数々の植物の拡大写真を見ていると、まるで『ガリバー旅行記』の小人国（リリパット）に上陸して、巨大になった植物たちを目の当たりにしたかのような気分になったものです。

　その一方、自分が園芸の仕事を選んだ理由も思い出していました。最も基本的なレベルでいうなら、園芸とは、成長する植物に関する科学と芸術だと言っていいでしょう。つまり、園芸はこの2つの分野の融合です。だからこそ、私はこの仕事を選び、以来40年にわたって関心を抱き続けてきたのです。大学で園芸研究基礎を教わっていた頃のことも思い出しました。章ごとにさまざまな植物の部分を拡大して見て、植物とそれを取り巻く世界とが、どのように相互作用しているかを詳しく説明してもらいました。ありがたいことに、

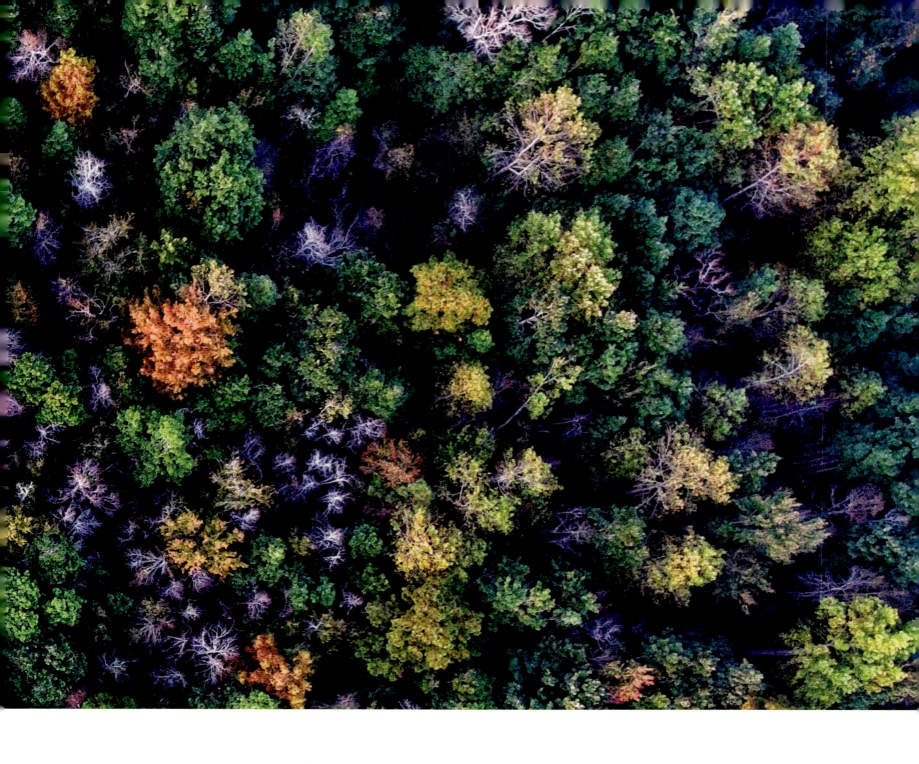

　本書に掲載されている花蜜の泡や、植物の毛や、イラクサのとげなどを詳細にとらえた素晴らしい写真は、恩師が使っていたプロジェクター用の透明シートをはるかにしのぐものです。

　スミソニアン・ガーデンでは、本書と同様に、芸術と科学とを組み合わせて、さまざまな庭園や景観を生み出してきました。ここを訪れる人たちは、たいていは庭園の美しさにまず引きつけられます。その一方で私たちは、そこに具体化された科学を通じて、生きたコレクションを披露し、訪問者たちとのつながりを深めているのです。私たちのスミソニアン・ガーデンは、自ら変化を続ける芸術の一例と言えます。どの庭も季節ごとに、実際には、毎日のように自分たちの姿を変えているのです。スミソニアン・ガーデンで働く園芸家や造園家は、植物の科学に関して非常に豊富な知識を持っているだけではなく、生きたコレクションを組み合わせるという天性の技能を駆使して、自分たちが手がけた数多くの作品を真の芸術の域にまで高めました。本書には、芸術と科学とが見事に融合されています。この本を手に取った人は、魅惑的な植物の世界へと誘われ、植物を追い求める旅を続ける力を与えてもらえることでしょう。

バーバラ・W・フォースト
（スミソニアン・ガーデン園長）

P1： ゴクラクチョウカ (*Strelitzia reginae*)
P2-3： ヘンペイソウ (*Chasmanthium latifolium*)
上： 色づく秋の木々
P6： クロタネソウ属のニゲラの園芸品種"アフリカン・ブライド"
(*Nigella papillosa* 'African Bride')

contents
目次

- 4 はじめに
- 9 序文——日本語版刊行にあたって

植物界

- 12 植物とは何か？
- 14 植物の種類
- 16 植物の分類

根

- 20 ひげ根
- 22 主根
- 24 植物の支持
- 26 栄養の吸収
- 28 貯蔵の仕組み
- 30 ［芸術の中の植物］印象主義と自然
- 32 窒素の固定
- 34 ベニテングタケ
- 36 牽引根
- 38 気根
- 40 絞め殺しイチジク
- 42 空気だけで生きる植物
- 44 寄生植物
- 46 ヤドリギ
- 48 水中の根
- 50 スイレン
- 52 呼吸する根
- 54 マングローブ

茎と枝

- 58 茎の種類
- 60 茎の内部
- 62 ［芸術の中の植物］ルネサンスと自然
- 64 木の幹
- 66 樹皮の種類
- 68 アメリカヤマナラシ
- 70 枝の配置
- 72 冬芽
- 74 保護される芽
- 76 幹生花
- 78 茎による防御
- 80 カポック
- 82 幹と樹脂
- 84 リュウケツジュ
- 86 栄養の貯蔵
- 88 相利関係
- 90 繊維質の幹
- 92 西洋と東洋の融合
- 94 巻きつき茎
- 96 よじのぼるための工夫
- 98 水を蓄える茎
- 100 ベンケイチュウ
- 102 葉のない茎
- 104 茎から出る子株
- 106 モウソウチク

本書について／凡例

本書は『FLORA: INSIDE THE SECRET WORLD OF PLANTS』（DK社、アメリカ版、第1版、2018）の日本語全訳（以下、日本語版）である。

国際共同印刷のため、原書と日本語版の図版レイアウトには原則的に異同がない。

日本語による本文の記述は、原書の記述に即した訳文であるが、必要に応じて原書にない語句を補い、あるいは省略、またより正確な情報に更新・訂正をした場合がある。その際、訳注の記号〔　〕を用いた場合がある。

本文の記述のうち、生物学用語、植物学用語、植物名や、人名、作品名その他固有名詞の表記では、カタカナ表記、あるいはアルファベット表記を用いた場合があり、また一般的に認知されている、あるいはより近年に用いられる傾向のある表記を使用した。植物界の科、用語集における用語の表記は『岩波　生物学辞典　第5版』（岩波書店）を原則的に参照した。

葉

110	葉の種類
112	葉の構造
114	複葉
116	［芸術の中の植物］ 自然が作り出すデザイン
118	葉の成長
120	広がるシダの葉
122	葉の配列
124	［芸術の中の植物］ ボタニカルアートの再発見
126	葉と循環する水
128	葉と光
130	葉の大きさ
132	葉の形
134	尖頭
136	葉縁
138	毛が生えている葉
140	［芸術の中の植物］ 古代の草本誌
142	多肉質の葉
144	蝋質の葉
146	矢筒の木
148	銀色の葉
150	斑入りの葉
152	日本のモミジ
154	秋の葉の色
156	とげのある葉
158	スイートゾーン
160	身を守る葉
162	極端な気候での葉
164	ビスマルクヤシ
166	水に浮く葉
168	水をためる植物
170	葉で食べる植物
172	モウセンゴケ
174	自分自身を複製する葉
176	苞によって守られる
178	苞の種類
180	葉ととげ

花

184	花の各部分
186	古代の花
188	花の形
190	花の発生
192	花と季節
194	［芸術の中の植物］ 中国の書画
196	花の受精
198	花粉粒
200	多種多様な花
202	花粉を管理する
204	［芸術の中の植物］ 日本の木版画
206	単性の植物
208	両立させない花
210	ショクダイオオコンニャク
212	性を変える花
214	花序
216	花序の種類
218	舌状花と筒状花
220	ヒマワリ
222	風媒花
224	イネ科植物の花
226	花と蜜
228	花蜜がたまる場所
230	訪問者のためのデザイン
232	正確な受粉
234	振動による受粉
236	急進的な視点
238	冬に咲く花
240	鳥を引き寄せる花
242	動物を引き寄せる花
244	空からの訪問者
246	夜の女王
248	色で誘う
250	花蜜へと導く
252	タチアオイ
254	色による信号
256	出入りを制限する花
258	香り高い罠
260	死体の花

262	特別な関係
264	自然の擬態
266	目を欺く姿
268	自家受粉する花
270	［芸術の中の植物］ 王家の花
272	夜に閉じる花
274	蕾を守る
276	よろいをまとった花
278	色鮮やかな苞
280	［芸術の中の植物］ アメリカの 熱心なアマチュアたち
282	球果による生殖

種子と果実

286	種子の構造
288	むき出しの種子
290	松かさの内部
292	被子植物の種子
294	果物の種類
296	［芸術の中の植物］ 古代の庭園
298	花から実へ
300	果実の解剖学
302	バナナ
304	種子の散布
306	種子の被食散布
308	色とりどりの種子
310	［芸術の中の植物］ 芸術と科学
312	動物に運ばれる種子
314	翼を持つ種子
316	タンポポ
318	パラシュートがついた種子
320	毛束を持つ種子
322	トウワタ
324	莢果と蒴果
326	破裂する種子の莢
328	ニオイクロタネソウの花
330	種子と火災
332	水による種子の散布
334	［芸術の中の植物］ 世界を描く
336	自然界のクローン
338	シダの胞子
340	胞子がシダに成長するまで
342	スギゴケ

植物の科

346	植物の科の目録
420	植物界の科
425	用語集
431	索引
437	ボタニカルアートの一覧
438	acknowledgments

スイレン属の一種 (*Nymphaea caerulea*)

序文——日本語版刊行にあたって

日本語版監修者
塚谷裕一

　植物の姿かたちは千差万別。ふだん食卓にのぼるものだけでも、実にさまざまだ。一歩家を出てみれば、路傍に、公園に、街路にと、それぞれの場所にいろいろな植物が暮らしている。
　本書の原書は、自然史研究で世界的に名高いスミソニアン協会とキュー王立植物園が監修して作られたもの。それだけに、見応えのあるカラー写真をふんだんに使い、植物の姿の多様性やその意味について、視覚的に解説している。構成も植物の体の基本構造ごとに分けた章立てになっていて、かつ、見開きごとにそれぞれ的を絞って説明しているため、気に入ったところだけを拾い読みしても面白く読めるはずだ。どこで読むのを中断しても大丈夫。また、専門用語は極力使わず解説してあるため、頭から順に読まなくても、理解に困ることはないと思う。植物好きの方のためのビジュアル式入門書としてはもちろん、写真1つ1つに迫力があるので、文字を気にせず絵本として見てもらえば、ごく小さい子どもたちも、大人の手を借りることなく楽しめるだろう。
　本書の1つの特徴は、植物の分類の代表的な科について、最新の知識に基づき手際よく説明しているところだ。少し前まで植物は、見た目の違いを中心に類縁関係が推定され、属、科、目といった単位で分類体系が組まれてきた。ところが最近、DNA情報をもとに系統関係を調べることが可能となり、検討しなおされた結果、多くの植物について、類縁関係の誤解があったことが明らかになったのである。特に間違いが多かったのは、科の単位の類縁関係。そのため、昔から長年かけて図鑑で覚えていた科についての知識は、多くが覚え直しになってしまった。タマネギがユリ科からヒガンバナ科に移ったり、春の花のオオイヌノフグリがゴマノハグサ科からオオバコ科に移ったり、アジサイがユキノシタ科からアジサイ科として独立したりなど、身近なものでも多くの変化が起きたためだ。これはしかし若い世代にとって大きなチャンスである。まだ頭がまっさらなうちに、本書でぜひ、今の正しい分類体系を覚えるきっかけを得ていただければと思う。
　なお監修に当たっては、原書が米国のものだけに、若干日本ではまだ馴染みの薄い植物が出てくる傾向があることに対処して、できるだけ多くの人に親しんでもらうため、標準和名よりは一般に馴染みのある流通名のほうを優先した。フダンソウではなくビーツ、ホウライショウはモンステラに、キクニガナはチコリに、ルリジザはボリジにといった具合である。また生理学的な解説の中には、原書の方に軽微な間違いが若干見られたが、それらは訂正ないし補注を付け、原書以上に良い本となるよう努めた。本書で植物のすばらしい多様性の世界を知るきっかけを掴んでいただければ幸いである。

（つかや・ひろかず　東京大学大学院理学系研究科教授・同附属植物園園長）

植物界

the plant kingdom

植物。一般に葉緑素を持つこの生物の
グループには、樹木、草、シダ類、蘚類
などが含まれる。普通は決まった場所
を動かずに育ち、根を通して水や無機
養分を吸収する。また、光合成によって
葉の内部に栄養をつくり出す。

植物以外の生物

菌類は植物のように見えて、実際には動物に近い生物だ。菌類は植物と違い、自分で栄養を賄うことができないため、植物によってつくられる炭水化物に依存している。一方で、森林の樹木やランなど植物の多くも、菌類にある程度の養分を依存して生活している(→p.34)。

「藻類」とは、海藻などを含む多様な生物の総称だ。このグループに属する生物は、葉緑素を持ち、葉をつけているように見えるが、実際には根も茎も葉も持たない。一般的には水生で、海中に多い。これらの藻類（またはシアノバクテリア）と菌類は、互いに利益を与え合う(共生する)ことで、「地衣類」という複合生物を生み出す。

裂片が平たく、葉縁は丸い

コフキカラクサゴケ
Parmelia sulcata

子実体はオレンジ色をしている

ツキヨタケの仲間
Omphalotus illudens

葉状体は細かく分岐する

ヒバマタの仲間
Fucus serratus

植物とは何か？

永久凍土地帯や極度の乾燥地帯を除けば、植物は地球上のほぼ全域で見られる。その大きさもさまざまで、巨大な樹木から、米粒ほどの小さなものまで、数多くの種が存在する。元々、すべての植物は水生であり、根はその体を土中に固定する役割しか持たなかった。しかし陸上に進出して以降、植物の多くは菌類の力を借り、根から水や無機養分を取り入れるようになった。光合成によって自ら栄養を賄えるという点でも、植物は他の生物と明らかに異なっている。植物は葉緑素（細胞内にある緑色の色素）を使って日光のエネルギーを吸収し、空気中の二酸化炭素を糖に変換している。また、動物の大半は成熟すると成長が止まってしまうが、植物は一生成長を続ける。こうした植物は、体の大きさを増すため、あるいは失ったり傷んだりした一部を修復するために、新しい細胞を毎年つくり続けている。

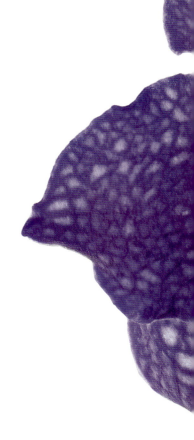

色鮮やかな花々

すべての植物のうち、花をつける種は35万種以上に及ぶ。花は単なる飾りではなく、植物の生殖器であり、その色や形でポリネーターを引きつけている。右の珍しい植物はヒスイラン属の交配種で、多くが熱帯アジアに自生する。

植物界

花をつけない植物
これらの植物の多くは、シダ類、蘚類（せんるい）、苔類などの胞子で繁殖する植物で占められている。ただし、針葉樹に代表される裸子植物のように、種子を作るが花弁のない植物もこのグループには含まれる。裸子植物の種子は、（子房に包まれず）むき出しの状態になっている。

苔類
ゼニゴケ
Marchantia polymorpha

蘚類
スギゴケ属の一種
Polytrichum sp.

ツノゴケ類
ツノゴケ属の一種
Anthoceros sp.

ヒカゲノカズラ類
ヒカゲノカズラ属の一種
Diphasiastrum digitatum

植物の種類

植物の中で最も小さく単純な形をしたものを総称して「蘚苔類（せんたいるい）」と呼び、そこには苔類、蘚類、ツノゴケ類などが含まれる。これらの植物の多くは湿った場所で育ち、沼地や、日陰になった岩や木の表面でよく見られる。シダ類は古代から存在する多様な植物群で、さまざまな環境に適応しながら生き残ってきた。蘚苔類とシダ類は胞子によって繁殖するが、裸子植物、例えば針葉樹では、雌の球果の隙間にむき出しの（子房に包まれていない）種子を作る。植物界で最も種類が多く、最も複雑な構造をしているのは、被子植物のグループだ。このグループに属する植物は花をつけ、子房に包まれた種子を生じる。

複雑性の進化
植物の進化の過程で、最初に陸上に進出したのは、蘚苔類の祖先だった。それから数億年以上をかけて、植物はさらに複雑な進化を遂げ、現在は被子植物（花をつける植物）が種の大部分を占めている。化石記録を見る限り、古代の裸子植物は今よりはるかに大きく、種類も豊富だったようだ。

花をつける植物

被子植物（花をつける植物）にはさまざまな種類があり、世界中の広い地域に分布している。花粉と種子を作るのは裸子植物と同じだが、被子植物の場合は、種子が子房に包まれているのが特徴だ。

シダ類　　　　裸子植物　　　　被子植物

ヘゴ属の一種
Cyathea sp.

カラマツ属の一種
Larix sp.

スイレンの園芸品種 "マサニエロ"
Nymphaea 'Masaniello'

モクレン類　　　　単子葉植物　　　　真正双子葉植物

タイサンボク
Magnolia grandiflora

オリエンタルリリー
Lilium auratum

バラ属の一種
Rosa rubiginosa

植物の分類

個々の植物には、2語からなる正式な学名が与えられている。スウェーデンの植物学者カール・リンネ（1707～1778）が考案したこの命名法は、植物の属名と特定の種を示す種小名を並べてラテン語化し、イタリック体で表記するというものだ。現在あるすべての植物は、共通の特徴を持つもの同士でグループ化されている。歴史的に見ると、こうした分類は外見的特徴（主に花の構造）や生化学的要素（植物に含まれる化合物の内容）を手がかりに行われてきたため、不正確であったり、主観的であったりすることも多かった。しかし、最近はDNA上の証拠をもとに、植物同士の関係をより正確に理解することが可能になりつつある。

分類の体系化
リンネはすべての植物について、その生殖器、特に雄しべと雌しべの数に着目して種に区分するという方法も考案した。この分類法は、ゲオルク・ディオニシウス・エーレットが1736年に出版した著書の中で、右のイラストのように説明されている。

ハス属の一種
Nelumbo sp.

スイレン属の一種
Nymphaea sp.

スズカケノキの一種
Platanus sp.

意外な発見
DNA情報の分析によって、植物界にもいくつかの意外な発見がもたらされた。例えば、見た目がよく似ているために、ハス（*Nelumbo*）の花をスイレン（*Nymphaea*）の花と混同する人は多いだろう。しかし実際には、ハスはスイレンよりスズカケノキ（*Platanus*）に近い種であることが、遺伝子解析から明らかになっている。

階級を示す用語
植物学者は以下のような用語を使って、植物を階層的に分類している。まず門という大きなグループに分けられた後、綱というグループに分けられ、次第に特定の小さなグループへと細分化されていく。分類の基準となるのは、花や果実などの構造、そして化石記録やDNA情報だ。

門
被子植物門と裸子植物門などのように、
植物を主要な特徴に基づいて分類した階級。

綱
単子葉植物綱と真正双子葉植物綱などのように、
植物を根本的な違いに応じて分類した階級。

目
共通の祖先を持つ複数の科をまとめた階級。

科
「バラ科」のように、
明らかに関連した複数の属をまとめた階級。

属
似たような特徴を持つ近縁の種をまとめた階級。

種
共通の特徴を持ち、
しばしば互いに交配も可能な植物をまとめた階級。

亜種、品種、変種
種内の変異で、その種としては典型的ではない
特徴を示すか、地域独自の特徴を示すもの。

栽培品種
原種または交配種から作り出された栽培系統。

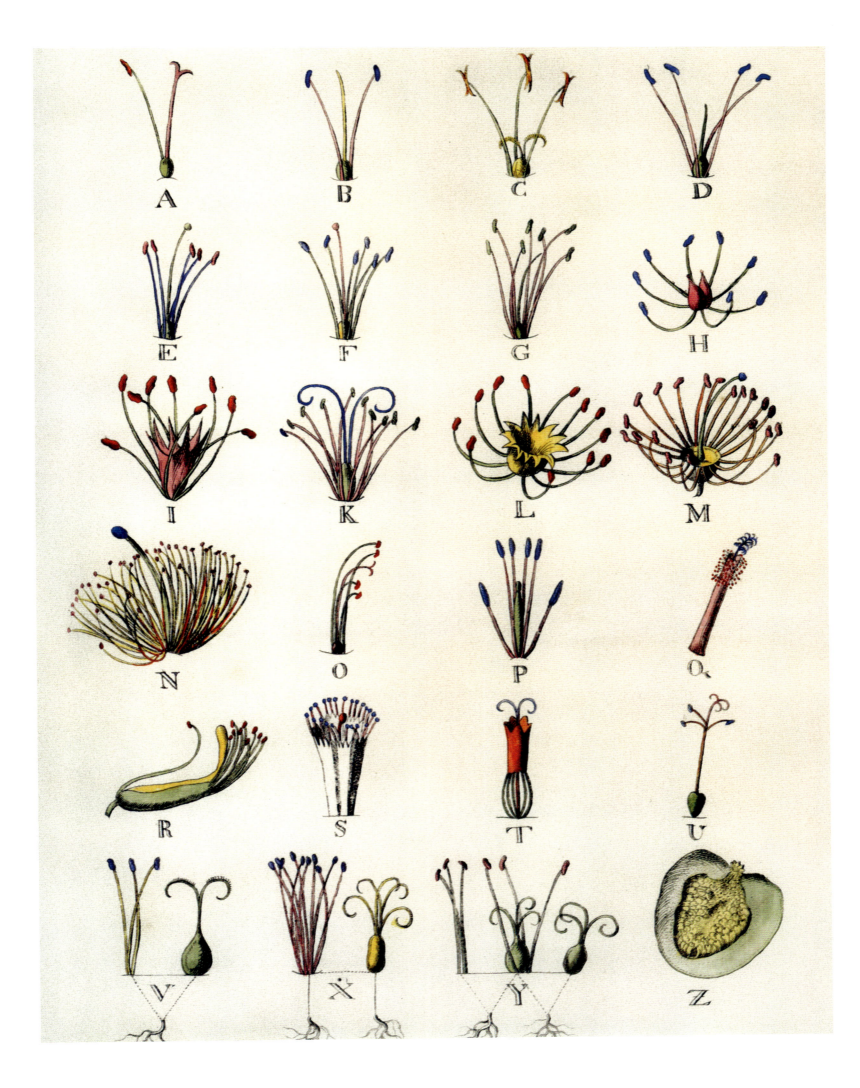

根
roots

根。たいてい地下にあるこの器官は、
植物の体を土中に固定するとともに、
地上部へ水や養分を運んでいる。

ひげ根は土壌の浅い層、
つまり酸素濃度の高い
場所に密集する

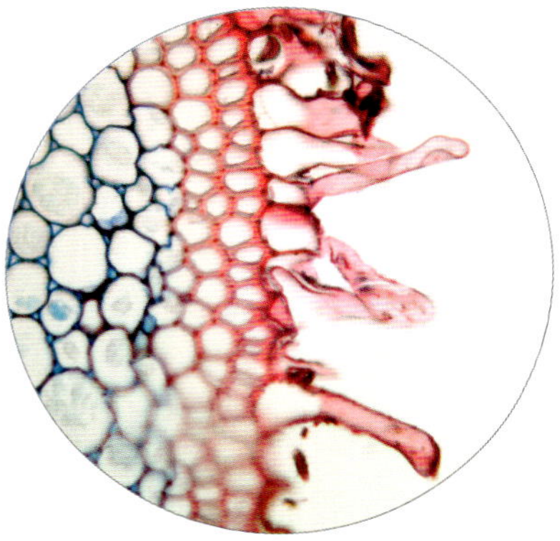

根毛
根毛は非常に細く、直径はわずか10μmほど。根の
先端よりやや手前から生じて土の隙間に入り込み、
植物に必要な水と養分を取り込む。数日も経てば抜
けてしまうが、根が成長するとともに、新しい根毛
が生えてくる。

ひげ根

被子植物の根系は、ひげ根型、主根型の2種類に大別される。
ひげ根型の場合は、分岐した多数の細い根が、土壌全体に張り
巡らされる。これにより、植物はその場にしっかり固定され、土中
の広い範囲から水と無機養分を吸収できる。

不規則に広がる細根が、土の粒を固定し、植物体を安定させる

地下のネットワーク
ひげ根型根系は、土壌全体から貴重な養分を集め、植物に供給している。この根系は、シダ類の全種、イネ科草本を中心とする被子植物の一部に見られる。樹木の中には、地中深くまで太い主根を伸ばした後、次第にひげ根を発達させていくものもある。

根毛の働き
根毛は、土の粒と粒の間に入り込んで、水とその中に溶けた無機養分を吸収している。根毛を大量に伸ばすことで、植物は根の表面積を増やし、水と養分を効率的に取り入れることができる。水とその中に溶けた無機養分は少しずつ細胞内に吸収され、皮層を通って維管束系に入る。

乾燥した土壌では、根が水分を求めて地中深くまで伸びることもある

主根は成長するにつれ肥大し、その内部に炭水化物の形で栄養を蓄える

サトウダイコンをはじめとする主根型の2年生植物（2年間だけ生存する植物）は、1年目に成長し、2年目に開花して種子をつくると枯れていく

主根

主根型根系を持つ植物は、ひげ根型とは対照的に、1本の主根の周囲に小さな側根を出すのが普通だ。一部の樹木はどちらの根系をつくることもでき、ゆるい土壌では主根型に、重い土壌ではひげ根型になる。被子植物のうち真正双子葉類（→p.15）のほとんどは、初めのうちは、主根（幼根）を中心とした主根型の根系を形成する。ただしオオバコのように、しばらくして幼根を退化させ、ひげ根状の細根を多数出すものもある。

主根の先端は細長く伸びており、地中深くまで食い込むことができる

濃い赤色はベタレイン色素による。この色素は、染料や食品着色料としても使用される

主根型の食用作物
サトウダイコン（*Beta vulgaris*）のような根菜類の一部は、主根の内部に、炭水化物である糖を蓄える。そしてこのエネルギーを利用して、花や種子をつくり出す（→p.28〜29）。つまり主根型の作物は、根に豊富な糖が含まれている開花前に収穫しなければ意味がないということだ。花が咲いた後の根は硬くなり、味も落ちてしまう。

地上部はサラダ用に刈り取られるが、主根に蓄えられた糖を燃料として、新しい茎や葉がつくられる

細い側根は、さらに細い根毛を通じて、水を大量に吸収する

主根型の長所

植物にとって、主根を持つことにはいくつかの利点がある。例えば、主根は地中深くまで潜りやすいため、浅根性の植物では届かない場所からも水や養分を吸収できる。また、主根が伸びていることで、セイヨウタンポポ（*Taraxacum officinale*）などの雑草は駆除されにくくなる。葉をむしり取られても、根はたいてい無傷のまま地中に残り、すぐ元の状態に戻ることができる。小さな根の断片しか残らない場合でも、タンポポをはじめとする主根型植物の多くは、たちまち再生してしまう。

セイヨウタンポポ
Taraxacum officinale

植物の支持

植物体を固定することは、どんな根系にとっても重要な役割の1つだ。植物の根は地下にすっかり隠れているのが普通だが、熱帯雨林のような浅い土壌では、複雑な根を地上に露出して体を支えている種もある。海辺で育つマングローブなどはその例で、ゆるく不安定な土壌に耐えるため、独特な形の根を発達させてきた（→p.54～55）。形状によって、板根、冠根、竹馬状根とも呼ぶそれら支柱根は、どれも地盤をしっかりとつかみながら、大きく重たい林冠を持ち上げている。

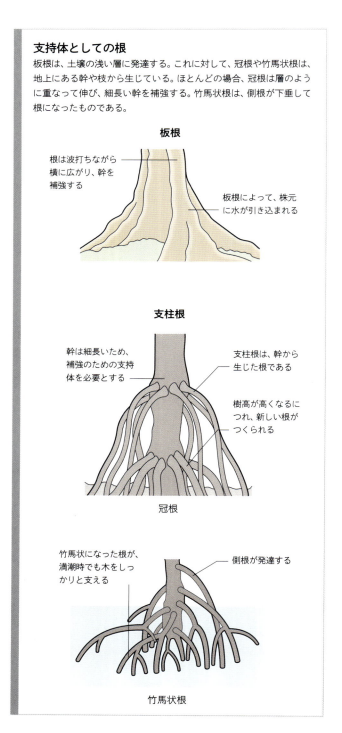

支持体としての根
板根は、土壌の浅い層に発達する。これに対して、冠根や竹馬状根は、地上にある幹や枝から生じている。ほとんどの場合、冠根は層のように重なって伸び、細長い幹を補強する。竹馬状根は、側根が下垂して根になったものである。

板根
海辺で育つ樹木の中でも、絶滅危惧種のサキシマスオウノキ（*Heritiera littoralis*）などは、強固な根を張って押し寄せる潮に耐えている。このような根は、波打つ板の形になって強度を高めていることから、板根と呼ぶ。樹冠の片側だけが成長して大きくなった場合は、反対側の板根が発達して、安定性を保つ。

アジサイと土の酸度

アジサイ（*Hydrangea macrophylla*）は土壌の酸度によって花色を変化させる。pH7以上のアルカリ性土壌では、花の色は通常ピンクか赤になる。一方、pH7以下の酸性土壌ではアルミニウムが水に溶け出し、根を通してアジサイに吸収される。すると、これらのアルミニウムイオンが赤い色素と結合し、青色の花を咲かせる。

マグネシウムや鉄などの養分が根から十分に吸収されると、健康な緑色の葉がつく

アルカリ性土壌にはアルミニウムが溶け出ていないため、花弁はピンク色になる

酸性の土壌では、アルミニウムが根から吸収され、青色の花が咲く

栄養の吸収

根は土から水分を吸収する際、水に溶けた無機物も同時に吸収している。こうした無機養分は、植物の成長と繁栄に欠かせない要素だが、土壌の化学構造は場所によって大きく異なるため、必要な養分が不足した環境では、植物が発育不良に陥ったり、葉の変色を起こしたりする。ただし、植物は余分な栄養を葉に蓄えておき、不足が生じたときにそれを使うこともできる。

養分の分配

根から吸収された土の養分は、束になった細い管（道管）を通じて、茎、枝、葉、花の各部位へ運ばれていく。植物にとって最も重要な無機養分は、窒素、リン、カリウムの3つだが、これらは一般的な園芸肥料の主成分でもある。

リンは根の成長を左右し、果実の発達を促進する

窒素は健康な葉をつくる

カリウムは根を発達させる

根は土の養分を吸収し、輸送する

鉄欠乏症

植物は鉄を使って葉緑素（光合成に使われる緑色の感光色素）などの重要な色素や酵素をつくっている。したがって、鉄が不足すると、葉緑素の生産量が減り、左のアジサイのように葉が黄色に変色してしまう。鉄は水に溶けた状態でのみ根から吸収されるため、水溶性の鉄が少ないアルカリ性の土壌では、植物が鉄欠乏症にかかりやすくなる。

花と果実は傘形に並び（散形花序）、成熟すると花序全体が内巻きになる

花ごとに種子を2つずつ実らせる

ニンジンの栄養貯蔵
主根に蓄えられた糖の大部分は、花をつくるために利用される。したがって開花した後のニンジンは苦くなり、食べられなくなる。

栽培種であるオレンジ色のニンジンと比べ、野生のニンジンは色が薄く、細いのが特徴だ

地下に蓄えられるエネルギー
ノラニンジン（*Daucus carota*）はヨーロッパと南西アジアを起源とする。野生種の根は白く細長いが、人間が長年にわたって栽培を続けた結果、太く色鮮やかな根を持つ食用ニンジンが誕生した。ニンジンの生存期間は2年で、1年目は葉を成長させるとともに、肥大させた根の中に炭水化物を蓄える。こうして貯蔵された栄養は、2年目に入ってから、花をつくるために利用される。

ニンジンの生活環

- 種子から2枚の子葉が出る
- 花が咲き進むと、根の栄養は使い果たされる
- 新葉の下で、主根が育つ
- 葉でつくられた栄養は、根に蓄えられる
- 2年目に入ると、貯蔵されていた栄養が根から放出される

ニンジンの花の基部からは、毛に覆われた苞が分岐しながら伸びている。これらの苞は、種子の風散布に役立つこともある

貯蔵の仕組み

植物の繁殖には多くのエネルギーが必要になる。花も、甘い花蜜も、種子も、大量の資源を投じなければつくることはできない。2年生植物（2年間だけ生きる植物）の場合は、最初の1年間で炭水化物を蓄積し、2年目になってようやく花を咲かせる。そして種子を実らせた後、消耗して枯れていく。2年生根菜類の多くは、主根にエネルギーを蓄えるが、栄養豊富なまま収穫したいという人間の都合により、開花前に掘り取られてしまう。

主根に蓄えられた炭水化物は、肥厚した花茎を通して運ばれる

ニンジンの主根は太くて長く、通常は枝分かれせずに伸びている

種子のための栄養
主根に蓄えられたエネルギーが放出され、ニンジンの花が咲くと、内巻きになった花序の中に種子ができる。種子は、風に吹かれて母体から離れ、周囲に分散する。同時に主根はしなびていくが、これは根が種子を大量に生産し、消耗しきったためである。

plants in art 芸術の中の植物

印象主義と自然

19世紀のフランスでは、印象主義と呼ばれる画家の一派が活躍した。堅苦しい制約やルールを持つアカデミックな絵画に対抗し、印象主義は自然に親しむこと、戸外で制作活動を行うことなどに没頭した。新しく自由な視点で描かれた印象主義の風景画は、どれも光が変化する一瞬の表情を見事に捉えている。次いで登場したポスト印象主義は、印象主義を出発点としながらも、独自の技法を発展させていった。彼らは自然がつくり出す幾何学的な形態や、まばゆい色彩に魅了され、鮮烈で表現力豊かな半抽象的な作品を描いた。

ゴッホやセザンヌに代表されるポスト印象主義の画家たちは、印象主義が持ち込んだ斬新な技法に触発され、対象を単純化して描こうと試みた。すなわち、写実的に描こうとするのではなく、独自の視覚言語としての絵画をつくり上げようとしたのだ。太い線、幾何学的な形態、そして南フランスの輝くような色使いを特徴とする彼らの画風は、後世の芸術家に受け継がれ、20世紀に登場する抽象絵画への道を開いた。

フィンセント・ファン・ゴッホも数多くの風景画を残した1人で、その作品の特徴は、強烈な色彩と力強い筆致を用いて、自然への思いを表現したことにある。ゴッホは芸術への近代的なアプローチを模索する中で、日本の浮世絵版画から大きな影響を受けている。その太い輪郭線や、鮮やかな色面の拡がりは、ゴッホを魅了して止まなかった。南フランスに暮らしていたゴッホは、自身が暮らす風景の中にも「日本らしさ」を見出したとして、その喜びを手紙に綴ったことがある。目に映る景色を、興奮気味にこう描写している。「草地には黄色いキンポウゲが咲き乱れ、溝には緑の葉をつけたアイリスが並ぶ……空に広がるのは一面の青だ」。植物の中でも、ゴッホが特に夢中になっていたのはイトスギだ。それを目にしたときには、なぜ今まで誰もこの木を描いてこなかったのかと、衝撃を覚えたという。

木の根と幹（1890年）
ゴッホが描いたこの油絵は、明るい色や抽象的な形態が乱雑に配置されているような印象を与える。しかし、樹木の節くれだった根、幹、太枝を収めた構図は、ゴッホ自身が採石場の斜面に立つ木を慎重に観察して決定したものだ。ただし、色は明らかに写実的ではない。この絵はゴッホが亡くなる直前の朝に描かれ、未完に終わったが、画面からは驚くほど強い活力が伝わってくる。作品には太陽と生命の輝きが満ちている。

> 僕はこの土地の自然をいつまでも愛するだろう。それは日本の芸術のようなもので、一度好きになれば、決して人を飽きさせることはない

1888年、ゴッホが弟のテオに宛てた手紙の中で述べた言葉

日本画からの影響

金地の上にヒノキを多色使いで表現したこの作品は、1590年頃、狩野永徳によって描かれた。日本画の最大画派である狩野派の中でも、永徳はとりわけ優れた絵師として知られている。日本画の典型的な様式、すなわち無駄のない構図や、渦を巻くような線の多用、平面的で強烈な色彩は、ゴッホに大きな影響を与えた。

ムラサキツメクサは3枚の小葉をつけることから、ラテン語で「3枚の葉」を意味する「トリフォリウム(*Trifolium*)」という学名がついた

タンパク質が豊富な茎や葉は、草食動物にとって格好の餌になる

ムラサキツメクサ（レッド・クローバー）

ムラサキツメクサ(*Trifolium pratense*)は、冬の間、露出した土壌を侵食から守り、養分を保持するための被覆作物として栽培される。空気中の窒素を利用できるムラサキツメクサは、こうした条件下でもよく育ち、春にすき込めば、土壌は窒素で満たされる。ムラサキツメクサが持つ便利な特性は、輪作システムにとって理想的といえる。

花蜜は、ミツバチを
はじめとする昆虫の
重要な栄養源である

マメ類の窒素固定
空気中の窒素を「固定」し、吸収可能な形に変換できる植物には、スナジグミ（ヒッポファエ属）、セアノサス（セアノサス属）、ハンノキ（ハンノキ属）などがある。しかし、一般によく知られているのはマメ科の植物、例えばエンドウ、インゲン、そして右のジモグリツメクサ（*Trifolium subterraneum*）のようなクローバーの類だろう。マメ科植物の根粒には、窒素固定に必要な何種類かの細菌が住み着いている。これらの細菌はまとめて「根粒菌」と呼ばれる。

窒素が十分に含まれた葉は、
みずみずしい緑色をしている。窒素が足りない場合は、
黄色く変色することもある

窒素の固定

生命活動の中心を担う物質、タンパク質の主成分である窒素は、植物にとって必要不可欠な要素だ。窒素は空気中に多く含まれているものの、そのほとんどは反応性に乏しく、直接利用することはできない。したがって植物の大半は、土壌中の窒素化合物を根から吸収し、これを窒素源として利用している。しかし一部には、細菌の力を借り、空中窒素を窒素化合物に変換して吸収している植物もある。こうした細菌は、窒素固定生物と呼ばれる。

根粒（こんりゅう）
窒素固定には、細菌と宿主植物との共生関係が欠かせない。具体的にいえば、まず細菌が植物の根毛から皮層（外層）へ侵入し、「根粒」と呼ばれる特殊な器官を形成する。さらに細菌は根粒の内部に集まり、ニトロゲナーゼという酵素をつくり出す。するとこの酵素によって、空気中の窒素ガスが、植物が利用可能な水溶性のアンモニアに変換される。植物は見返りとして、栄養を糖の形で細菌に供給する。

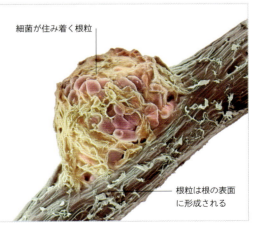

細菌が住み着く根粒

根粒は根の表面に形成される

エンドウの根粒

Amanita muscaria

ベニテングタケ

植物について語る上で、菌類のことに触れないわけにはいかない。植物のほとんどは、菌根菌として知られる特定の菌類、例えばベニテングタケなどと共生関係を築いてきた。この関係の中で、植物は菌類から水と養分を、菌類は植物から炭水化物を受け取っている。

　ベニテングタケは北半球の広い範囲を原産とする菌類で、現在は南半球全体でもその数を増やしつつある。そこで見られるほぼすべてのベニテングタケは、色彩豊かな子実体、つまりキノコだ。傘は鮮やかな赤色や橙黄色で、通常は白いいぼに覆われている。これらのキノコは、胞子を放出した後で寿命を迎える。

　ベニテングタケは、落葉性針葉樹林の生態系において大きな役割を果たすが、その際に重要になるのが地下にある菌の本体、すなわち菌糸体だ。この糸状構造（菌糸）の集まりは、土壌全体に広がり、マツ、トウヒ、スギ、カバノキといった多様な樹木の根と相利共生関係を結んでいる。菌類の中には、樹木の根細胞内に侵入するものもあるが、ベニテングタケは根を覆うようにして菌鞘を形成する。この菌鞘は、根を感染性微生物から守るだけでなく、水と養分の吸収にも役立ってくれる。樹木はその見返りとして、光合成でつくられた糖を菌類に供給する。ベニテングタケにとっては、関わりの深い樹木の根元で育つのが最も好都合ということになる。

　実にさまざまな種の樹木と共生できるベニテングタケは、原産地以外の地域でもよく見られるようになった。おそらくは、プランテーション用の苗木の根に付着することで、世界各地へと広まったのだろう。一部の専門家は、土着の菌根菌がベニテングタケとの競争に負け、いずれ駆逐されてしまうのではないかと危惧している。

キノコの毒
ベニテングタケは独特の化合物を合成することで、自らが動物に捕食されるのを防いでいる。

小さな白いいぼは、胞子をつくる傘を保護していた外皮膜の名残。キノコが地上に現れる際、この膜が破れて付着した

柄を取り巻くスカートのようなつば。傘と同じく、ベニテングタケの特徴的な部位である

宿主の根を包み込む菌糸。細胞壁の内部に侵入することなく、細胞間に定着する

地下にある本体
右ページの写真に写っているのは、キノコの生殖器官のみで、体の残りの部分、すなわち糸状の構造（菌糸）が無数に集まってできた菌糸体は、地下で活動している。

重い花穂は、深い根の支えを必要とする

花を支える根
牽引根は球根をしっかりと土の中に引き込む。これにより、地上で大量の花が咲いたときも、植物体は支持される。

球根は地下で増え、新しい球根から次世代の植物が誕生する

牽引根

植物は根によって固定されているため、雨や風を受けてもその場にしっかりと立ち続ける。しかし特殊な根を発達させ、成長に応じて地中にもぐる深さを調節する種もある。このような根を「牽引根（けんいんこん）」と呼ぶ。伸長と収縮によって植物を地中深くへ引き込む牽引根は、鱗茎（りんけい）、球茎、根茎を持つ球根植物によく見られる（→p.87）。他にもさまざまな植物、例えば主根を持つものなどが、牽引根を出すことがある。この根によって地中へ牽引されると、成熟した球根は程よい深さにとどまり、植物体は大きく安定する。

程よい深さ

球根植物は土壌の表面近くで発芽する。しかし、地表近くにとどまったまま球根が肥大すると、その植物は大きなリスクを抱えることになる。氷点下の気温にさらされたり、日光に水分を奪われたりするのはもちろんだが、動物に食べられる危険も高くなるからだ。これを防ぐため、牽引根は肥大途中の球根を地中にゆっくりと引き込み、環境条件がより安定した場所まで誘導する。根は縮む前に太くなり、周囲の土を押しやって、球根を引き下げるための空間を確保する。

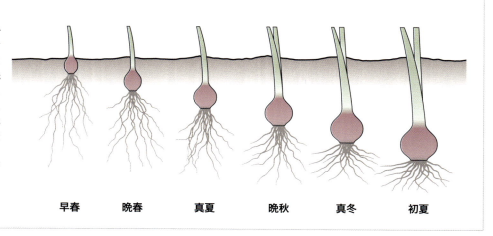

早春　　晩春　　真夏　　晩秋　　真冬　　初夏

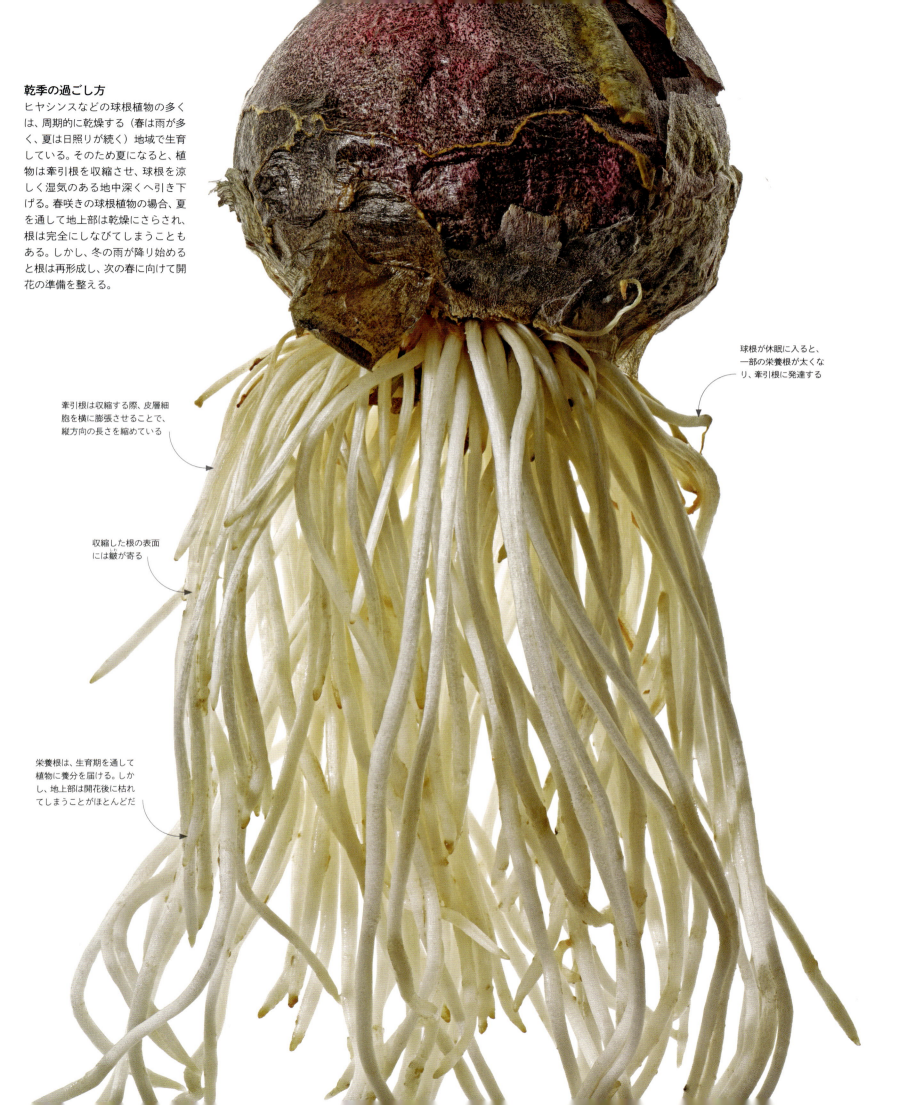

乾季の過ごし方

ヒヤシンスなどの球根植物の多くは、周期的に乾燥する（春は雨が多く、夏は日照りが続く）地域で生育している。そのため夏になると、植物は牽引根を収縮させ、球根を涼しく湿気のある地中深くへ引き下げる。春咲きの球根植物の場合、夏を通して地上部は乾燥にさらされ、根は完全にしなびてしまうこともある。しかし、冬の雨が降り始めると根は再形成し、次の春に向けて開花の準備を整える。

牽引根は収縮する際、皮層細胞を横に膨張させることで、縦方向の長さを縮めている

収縮した根の表面には皺が寄る

栄養根は、生育期を通して植物に養分を届ける。しかし、地上部は開花後に枯れてしまうことがほとんどだ

球根が休眠に入ると、一部の栄養根が太くなり、牽引根に発達する

白い液果が鳥を引き寄せ、種子は鳥によって他の木々に散布される

気根

林冠の上層で、枝に固着して生活する着生植物は、体をしっかり支える根を必要とする。「気根」と呼ばれるこの根は、茎から生じ、近くにあるどんな物体の表面にも貼りつく力を持つ。大地に直接下ろされる地生(ちせい)植物の根とは違い、気根は水分を空気中から取り入れる。着生(ちゃくせい)植物の根には特別な構造があるため、雨や霧を水分として利用できるのだ。気根の中には、緑色を呈し、光合成によって栄養をつくるものもある(→ p.129)。

着生植物の葉が受け取る日光の量は、地生植物のそれをはるかに上回る

木をよじ登る植物

アンスリウム・スカンデンス（Anthurium scandens）は、無数の気根を出して広範囲に絡みつきながら、他の木の枝をよじ登る着生植物だ。大量の根が生じることで、枝に固着する力は強まり、吸収できる水分量も増える。

気根と水

植物の根はみな表皮に保護されているが、気根の場合は、表皮が厚い層状になることがある。これは、空気中の水分を素早く吸収する「根被」という層で、湿ると透明になるため、その下にある緑色細胞に日光が届き、光合成が行われる。有害な紫外線が降り注いだときには、根被がこれらの感光細胞を防御する。

気根の色は、乾燥しているときには白くなり、湿気があるときには緑色になる

- スポンジ状の根被が水を吸収する
- 外皮が水の流れを制御する
- 皮層細胞には光合成能力がある
- 篩管は栄養を運ぶ
- 道管は水を運ぶ
- 栄養は髄に貯蔵される

Ficus sp. イチジク属の一種

絞め殺しイチジク

イチジクの木の中には、他の木に巻きついて成長し、最終的に宿主を窒息させるという生活様式を発展させてきたものがある。こうした「締め殺し」の習性は、現在も多くのイチジク種に受け継がれている。名前は物騒だが、締め殺しイチジクは、熱帯雨林を構成する非常に重要な植物だ。

絞め殺しイチジクの小さな種子は、動物の糞と一緒に、枝の上に排出される。種子から出た根は、初めは糞の栄養を旺盛に吸収する。しかし時間が経つと、より多くの養分を求めて、宿主の幹をくねるように下り始める。根が地面に達すると、それまで無害だったイチジクは、危険な着生植物へと変貌する。硬いひも状の根が宿主の幹を覆うように成長し、やがて相手を窒息死させる〔実際は呼吸が止まるのではなく、導管や篩管を通しての水や栄養分の流れが止められてしまう〕。

イチジクの根に巻きつかれていれば、宿主は熱帯特有の暴風雨から身を守ることができる。しかし、宿主がそうした恩恵を被ることができるのも初めだけ、つまり宿主が絞め殺されるまでの間に限られる。

絞め殺しイチジクには豊富な果実が実る。1つの果実に見えるものは、実際は無数の花が内側に密集した花序であり、これを「イチジク状果」と呼ぶ。この変わった花序に花粉を運ぶのは、イチジクコバチという小さな昆虫で、コバチのメスは、小さな穴から果実に侵入し、胚珠の近くに卵を産みつける。同時に、他の株から得た花粉を雌花に授粉する。そのうち幼虫が卵から孵ると、果実の内部で餌を食べ、成長して交尾を行う。オスはそのまま果実内に残るが、妊娠したメスは雄花の花粉をまとって別の株へ飛び去り、同じように授粉を行う。イチジクは大量の花を咲かせるので、発芽能力のある種子を多く含む果実もたくさん実る。うまくいけば、この果実が木の上で動物に食べられ、別の木の上で糞と一緒に種子が排出されて、また新しいイチジクが誕生することになる。

イチジクの持つこうした生活様式は、発芽の際にも有利といえるだろう。なぜなら、林冠近くの高所に撒かれるイチジクの種子は、林床に撒かれる植物の種子と比べて、はるかに多くの日光を受け取れるからである。

空洞化した内部
宿主が枯死すると、絞め殺しイチジクの根は、宿主に巻きついていた形のまま残る。根に囲まれた空洞の内側は、鳥や昆虫やコウモリの隠れ家となる。

甘い果実
栄養豊富な絞め殺しイチジクの果実は、さまざまな動物に好まれる。動物がこれらの果実を食べ、糞と一緒に種子を排出することで、種子は親木から遠く離れた木へ運ばれる。

種子が詰まったイチジクの果実。食べて消化された後も、種子の発芽能力は損なわれない

40・41 根

空気だけで生きる植物

エアプランツはパイナップル科（Bromeliaceae）の植物であり、新鮮な空気だけで生育可能なことからその名がついた。根から土壌の水を取り入れる普通の植物とは違い、エアプランツは葉が持つ鱗片や毛を介して、空気中の水分を吸収することができる。チランジア属（Tillandsia）に分類され、ほとんどの種が根を持つ。ただし、これらの根は、主に枝や岩の表面に固着するためだけに利用される。

エアプランツの葉は銀色の鱗片に覆われている。この鱗片が、暑く湿った熱帯雨林の空気中から、水分を取り込む

林冠での生活
着生植物は、他の植物体に付着して生活している。宿主に寄生して栄養を得ているわけではないが、それでも熱帯雨林のような場所では、着生植物の生活形は非常に有利に働く。なぜなら森の上層で暮らす植物は、林床で暮らす植物と比べて、日光をはるかに受け取りやすいからである。着生植物はチランジア属だけでなく、他のパイナップル科の植物や、シダ類、ラン科植物にもよく見られる。

花蜜を分泌し、受粉準備が整った状態の花。鮮やかなピンク色の苞と、濃紺色の花弁がポリネーターを引きつける

鱗片は湿ると透明になるため、葉の表面も銀色から緑色に変わる

針金状の根

絹毛
エアプランツの花が生産する大量の種子には、細い絹毛が生えている。種子はこの毛によって風に乗り、新しい枝の上に運ばれて着生する。

チランジアの一種（テヌイフォリア）
Tillandsia tenuifolia

チランジアの一種（テクトラム）
Tillandsia tectorum

エアプランツの着生
通常、チランジア属の植物は、枝や岩の上で生育する。これらの植物の種子にとって最も簡単な着生方法は、樹皮などの粗い表面にできた割れ目に入り込むことだ。しかし、チランジア属の中でも小型の種、例えばウスネオイデス（*T. usneoides*）などは、細い小枝の上にも着生する。この植物は、無数の灰色の茎を厚いカーテンのように下垂させ、地衣類のような見た目になる。

チランジアの一種（イオナンタ）
Tillandsia ionantha

全寄生植物
葉を持たず、水と栄養を宿主に完全に依存している植物を「全寄生植物」という。右ページに示した19世紀の多色刷り石版画には、その一例であるヤマウツボの一種（*Lathraea clandestina*）が描かれている。多くの場合、この植物はポプラやヤナギなどの根に寄生し、花だけを地上部に出す。

寄生植物

普通の植物は光合成によって自ら栄養を賄うが、他から栄養を奪い取って生活しているものも少なからず存在する。こうした植物を「寄生植物」と呼ぶ。寄生植物は、吸器という特殊な根を宿主の細胞組織に差し込み、相手の水や炭水化物を盗み取る。その際、宿主の茎や枝に吸器を伸ばすオークヤドリギ（*Phoradendron leucarpum*）のような種もあれば、地中で相手の根系に寄生する種もある。また、宿主の栄養なしでは生きられない種がある一方で、単独で生育できる種も存在する。

さまざまな植物種に寄生するハマウツボ科の一種（*Odontites vulgaris*）

半寄生植物
緑色の葉を持つキバナガラガラ（*Rhinanthus minor*）やハマウツボ科の一種（*Odontites vulgaris*）は、光合成をして自ら栄養を賄いつつ、宿主から水を盗み取る。「半寄生植物」と呼ばれるこれらの植物は、栄養が足りない場合、宿主から炭水化物を奪うこともある。

キバナガラガラ（*Rhinanthus minor*）は寄生植物でありながら、宿主なしでも生存できる

雌株にだけ実る、光沢のある白い液果〔アジアのヤドリギは実の色が淡黄ないし紅だが、ヨーロッパ亜種のセイヨウヤドリギは実が白い〕。鳥の好物だが、人間が食べると中毒をおこす

樹上での寄生
緑色の葉を持つヤドリギは、光合成能力があるにも関わらず、宿主から水と栄養を盗み取っている。

楕円形をした革状の葉が2枚つく

Viscum album セイヨウヤドリギ

ヤドリギ

神話や伝承と関連の深いヤドリギの生態は、なかなか興味深い。ヤドリギと、その類似種であるオークヤドリギ（*Phoradendron leucarpum*）は、さまざまな落葉樹に寄生することで知られる。寄生された宿主は変形することはあるが、栄養を奪われすぎて枯れることはめったにない。宿主が枯死すれば、ヤドリギも一緒に死んでしまうからである。

ヤドリギは地中で根を張る代わりに、吸器と呼ばれる特殊な根を発達させた。この根を宿主の細胞組織に差し込むことで、相手から水と栄養を吸収する。ヤドリギの成長スピードは遅いため、宿主が健康なら、数個体に寄生されても、宿主が深刻な症状を呈することはない。しかし、あまり多くの個体に寄生されると、宿主は衰弱し、病気や乾燥、暑さ寒さなどのストレスも加わって死んでしまう。

ヤドリギの繁殖には鳥の存在が欠かせない。小さ

冬のヤドリギ
冬場、すっかり葉の落ちた木の上に、ヤドリギが差し渡し1m以上の丸い塊になって鎮座する姿を見ることがある。この塊はそれぞれが別の個体であり、規則的に分枝した枝が密集してできている。

な花が受粉すると、ヤドリギは白や黄色の液果を大量に実らせる。鳥はこの果実を好むが、果肉しか消化できないため、種子を途中で吐き出すか、あるいは糞と一緒に排出する。種子を含んだ粘液は鳥の顔やお尻にくっつき、鳥はそれを拭い去ろうと、枝に身体をこすりつける。粘液はそのまま固まり、種子は枝に定着する。この種子が発芽して宿主に吸器を伸ばすと、ヤドリギの生活環が完成する。

ヤドリギは寄生植物でありながら、それが生育する場所では必ず重要な役割を果たしている。ヤドリギには数多くの種が存在し、いずれも鳥や昆虫の貴重な栄養源となる。これらの鳥や昆虫が、さらに上位の野生生物に捕食されていると考えると、ヤドリギが地域の生物多様性の拡大に貢献しているのは疑いない。また、それぞれのヤドリギは違う樹木に好んで寄生するため、樹木間には支配的な種が生まれることなく、生態系のバランスが保たれる。

根

嫌気性土壌での根

土壌が浸水すると、酸素が不足した嫌気性の状態になる。しかし水生植物は、中が空洞になった茎を利用して、地上の空気を根まで送ることができる。空洞に流れ込んだ空気は、根や根茎の周囲にある土壌空間（根圏）に酸素を供給する。

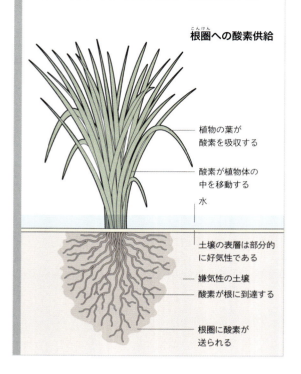

根圏への酸素供給

- 植物の葉が酸素を吸収する
- 酸素が植物体の中を移動する
- 水
- 土壌の表層は部分的に好気性である
- 嫌気性の土壌
- 酸素が根に到達する
- 根圏に酸素が送られる

先史時代の植物

トクサ属（通称トクサ）は、3億年以上前から、季節的に冠水する湿地帯で生育してきた。現生種は小型でほっそりしているが、祖先種の中には、直径1m以上の太い茎を持つものもあった。

水中の根

あらゆる植物細胞の生存に酸素は欠かせないが、水生植物もまた、水中の根で空気を取り入れなければ生きてはいけない。水生植物は、葉、茎、根の組織内に、「通気組織」という、中が空洞になったスポンジ状の構造を発達させた。空気は、この空洞を通って水中にある植物の根に送られる。

ケイ素を豊富に含んだトクサの茎。表面がざらついたトクサは、草食動物にとって、おいしそうな餌には見えないため、捕食されずに守られる

くっきりした畝が縦に伸び、中が空洞になった茎を補強する

節を囲むようにつく鋸歯状の葉鞘は、縮んだ小さな葉が集まってできたものである

Nymphaea sp. スイレン属の一種

スイレン

水面に広がる優雅な葉と、それを引き立てる絶妙な色合いの花を持つスイレン（*Nymphaea*）。DNA解析から明らかになっている通り、スイレンは被子植物のグループ中でも、最も古い系統の一つである。

スイレン属には60種以上あることが知られ、それらは熱帯地域と温帯地域のどちらにも分布している。有名なアンボレラの次に出現したスイレンは、それ以外の被子植物の姉妹群にあたり、長い歳月をかけて個体数を大きく増やしてきた。池に咲くスイレンを見ると、多くの人が、この植物を浮水植物だと誤解するかもしれない。実際には、スイレンの葉身は細長い葉柄と繋がっており、葉柄の先には太い根茎が泥中深く埋まっている。花や葉を水面に浮かべることができるのは、葉の細胞間に空気が多く含まれていることによる。

スイレンが開花すると、初めに花の雌性器官（柱頭）が成熟を始める。すると球形の柱頭から粘液が分泌され、この粘液に含まれる化合物が、ハチや甲虫類の昆虫を引きつける。昆虫は甘い液を求めて花の中心部に潜り込むが、その際、昆虫の体についた他の株の花粉が柱頭に付着し、受粉が完了する。昆虫は粘液の中で溺れ死んでしまうこともあるが、ポリネーターの生死は、スイレンの成長には影響を与えない。

粘液の分泌は1日経つと止まるが、雄しべからは花粉が1〜2日間放出されるため、昆虫はこれを繰り返し集めて他の花へと運搬する。閉じた花は後に、花茎によって水中へ引き戻される。こうして花ごと泥池に近づけることで、中の種子がいつでも発芽できるよう、準備が整えられる。

優雅な姿

スイレンは貴重な植物として、世界中の水生植物園に展示されている。しかし、この植物が自然界に流出すると、土着の植物を駆逐し、微妙な均衡を保つ多くの水界生態系を乱すことになりやすい。

自家受粉が起こる可能性を減らすため、花の雌性器官と雄性器官は、時間差を置いて成熟する

開きかけのつぼみ

スイレンの花は、受粉するときのみ水面上に現れる。受粉が終わると、種子の発芽準備を整えるため、花は再び水中へ沈む。

呼吸の仕組み

潮の影響を受けるマングローブの根は、冠水と露出を1日に2回繰り返す。これらの根が広がる土壌は嫌気性で、酸素をほとんど含まない。そこで一部のマングローブは、呼吸を行うため、シュノーケルのような直立型の根系を発達させた。これを「呼吸根」と呼ぶ。呼吸根は、表面にある皮目から空気を取り入れ、根まで輸送している。

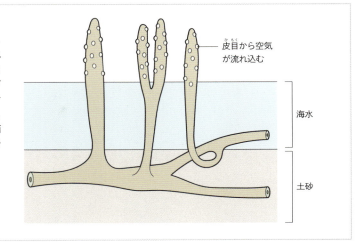

呼吸根

呼吸する根

植物の生育環境として、浅瀬はとりわけ過酷な場所といえる。特に海底が柔らかい土砂でできていると、普通の植物はその場に定着しづらく、嵐や潮の流れで根こそぎにされてしまう。さらに、塩水によって細胞や組織は干からび、冠水している根や茎は酸素不足に陥るだろう。こうした環境下で生き延びられるのは、マングローブなどのわずかな樹木だけである。マングローブが形成する森は、沿岸地域の群落を嵐や侵食から守る役割も持つ。

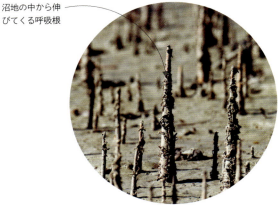

沼地の中から伸びてくる呼吸根

根による固定

潮の満ち引きや、熱帯特有の暴風雨に耐えるため、マングローブのうちいくつかの種は支柱根を広く張り巡らせている。これらの根はマングローブを浅瀬に固定すると同時に、水の流れを妨げて、根の周囲にある土砂がさらわれるのを防いでいる。

吸収と排出

マングローブの根は呼吸根であり、干潮時に空気を吸うことができる。その上いくつかの種は、根を通じて体内から塩分を排出することもできる。根の皮膜がフィルターのように機能するため、水を取り込みながら、有害な塩分は外に出すことができる。

Rhizophora sp. ヤエヤマヒルギ属の一種

マングローブ

通常、植物が塩水の中で暮らすのは非常に困難だが、マングローブは海辺の環境にうまく適応しながら進化してきた。ただし、マングローブを構成する植物の中でも、塩水域でのみ生育する「本物のマングローブ」は決して多くはない。本物と呼べるのは、ヤエヤマヒルギ属に属する種類などである。

塩の作用によって脱水しやすく、淡水にほとんど恵まれない海辺は、植物にとって生息しづらい場所である。そこでヤエヤマヒルギは、こうした過酷な環境を生き抜くため、塩水をろ過する構造を体内に発達させた。ヤエヤマヒルギの幹の下からは、この植物にとって生命線ともいうべき、特徴的な細長い根（支柱根）が伸びている。支柱根には何層もの細胞膜があるため、海水はここを通過する過程で塩分を取り除かれ、淡水としてヒルギの体内に吸収される。さらに窒息を防ぐため、支柱根の一部はいつも空中に露出し、二酸化炭素を酸素ガスと交換している（→ p.53）。

ヤエヤマヒルギは、沿岸地域の群集、つまり人間と動物を支える上でも重要な役割を果たしている。ヒルギの根は、砂をしっかりつかんで侵食を抑制するとともに、波の威力を減衰させて、陸地が削り取られるのを防いでいるのだ。また、これらのマングローブの森は、地域住民や野生動物を熱帯暴風雨から守り、多様な種の鳥たちに貴重な餌や隠れ家を提供している。

ヤエヤマヒルギの繁殖には、潮の満ち引きが大きく関わっている。ヒルギは胎生であるため、その種子は散布される前に、枝の上で発芽する。実生は魚雷のような形に成長し、ほとんどの場合は、親木の近くの地面に突き刺さる。だがうまくいけば、潮の流れに乗って遠い砂浜へ運ばれ、その実生から新しい森が生まれることもある。

満潮時のマングローブの森
さまざまな種の魚が、絡み合うヤエヤマヒルギの根の間で産卵し、稚魚はこの森を隠れ家にして成長する。

干潮時のマングローブ
この赤いマングローブ（ヤエヤマヒルギの一種）は、バハマの塩湖で見られる種だ。支柱根は湾曲しながら砂地へ伸びている。光合成や呼吸によるガス交換を絶えず行うため、根の最上部はいつも空中に露出している。

根の上部は、満潮時でも常に水面上に保たれている

茎と枝
stems and branches

茎。植物の本体（主軸）で、普通は地上に出ているが、地下に隠れている場合もある。

枝。植物体の主軸である木の幹や茎から分かれたすべての構造のことをいう。

茎の種類

植物の骨格である茎は、根、葉、花、果実の各部位を支えながらつないでいる。水や栄養は茎の中を通って植物体全体へ届くので、茎は植物にとっての「循環系」であるといってもよいだろう。茎の育ち方は植物によって大きく異なり、高く伸びるものも（樹木）、アーチ状に曲がるものも（つる植物）、地面に広がるものも、地下に潜るものもある。大きさも多様で、針金状の細いもの（小型の蘚類（せんるい））から、太く巨大なもの（セコイアなどの森林樹）までが存在する。

硬い茎と柔らかい茎

二次肥大成長によって木質組織が発達すると、茎は太く丈夫になる。といっても、木化する植物はそう多いわけではなく、ほぼ木本類に限られる。たいていの草本類の茎は柔らかく、1年ほどで枯れてしまう。

節間は、スポンジ状の髄と糖分たっぷりの樹液で満たされている

茎は丈夫で直立し、高さ5mに達することもある

茎は硬いので、高く育っても折れない

のちに果実となる花や頭花を支える茎を花梗と言う

アイスランドポピー
Papaver nudicaule

サトウキビの一品種 "コーハパイ"
Saccharum officinarum 'Ko-Hapai'

若い茎はしなやかで柔らかく、他物をよじのぼる助けになるが、時間とともに木化する

セイヨウキヅタ
Hedera helix

樹皮が幹の損傷、水分の損失、害虫の侵入を防ぐ

茎から幹へ
木質層（木質組織）が内部に蓄積されるにつれ、茎はますます肥大していく。したがって、世界で最も背の高い植物は、木化した茎を持つ樹木ということになる。

茎は木化して、長い年月を生き延びる

最初は生け垣で生えていたところを発見されたこの品種は、遺伝的変異があり、茎がうねるように曲がる

セイヨウハシバミの一品種　"コントルタ"
Corylus avellana 'Contorta'

シダレカンバ
Betula pendula

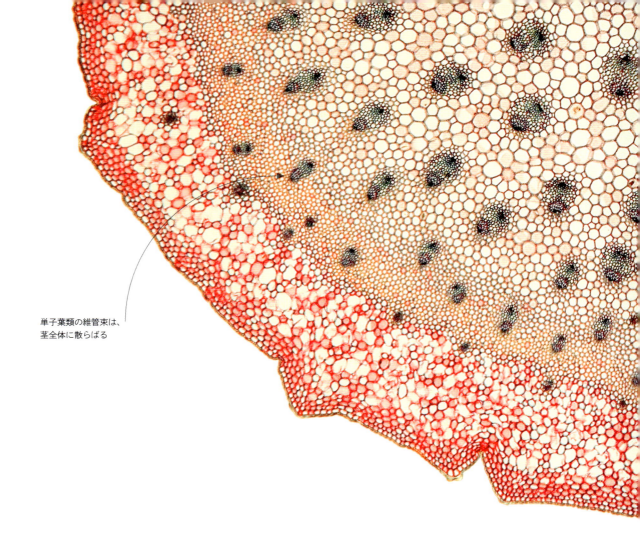

単子葉類の維管束は、茎全体に散らばる

茎の内部

植物の茎には、「植物体の支持」と「栄養の輸送」という2つの重要な働きがある。茎は葉を支えて日光の吸収を助け、葉でつくられた炭水化物を植物体の隅々まで送り届ける。糖分その他は生細胞からなる篩部の中を流れていくが、根で吸収された水と無機養分は、死細胞からなる木部（木質組織）を通じて全体へ運ばれる。

茎と維管束
茎の内側には、無数の木部細胞と篩部細胞からなる維管束がある。ただし、被子植物の単子葉類と真正双子葉類（→p.15）とでは、この維管束の並び方が異なっている。単子葉類の場合は、茎の中心部全体に維管束が散らばるが、真正双子葉類を含む他の被子植物では、維管束が輪のように並んでいる。樹木の断面を観察すると、このことが確認できる。時間が経つと、ほとんどの木の幹には年輪が増えていくが、ヤシのような単子葉類の"木"には年輪ができない。

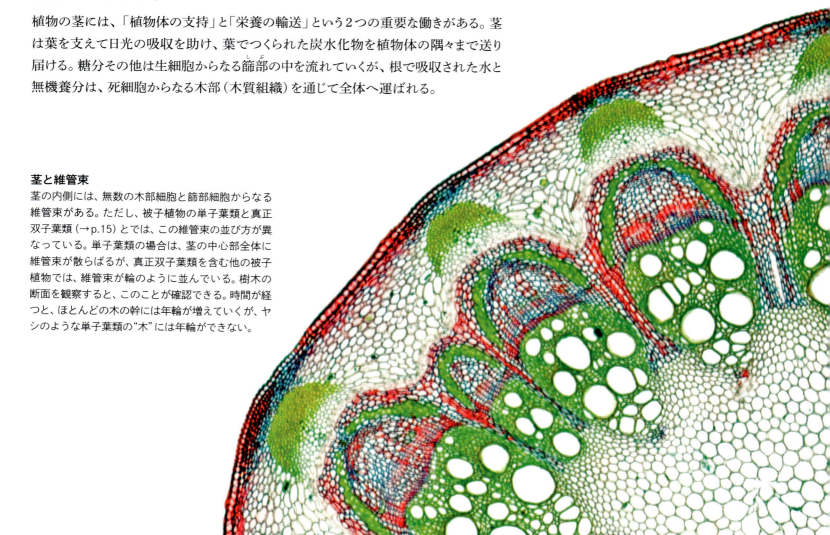

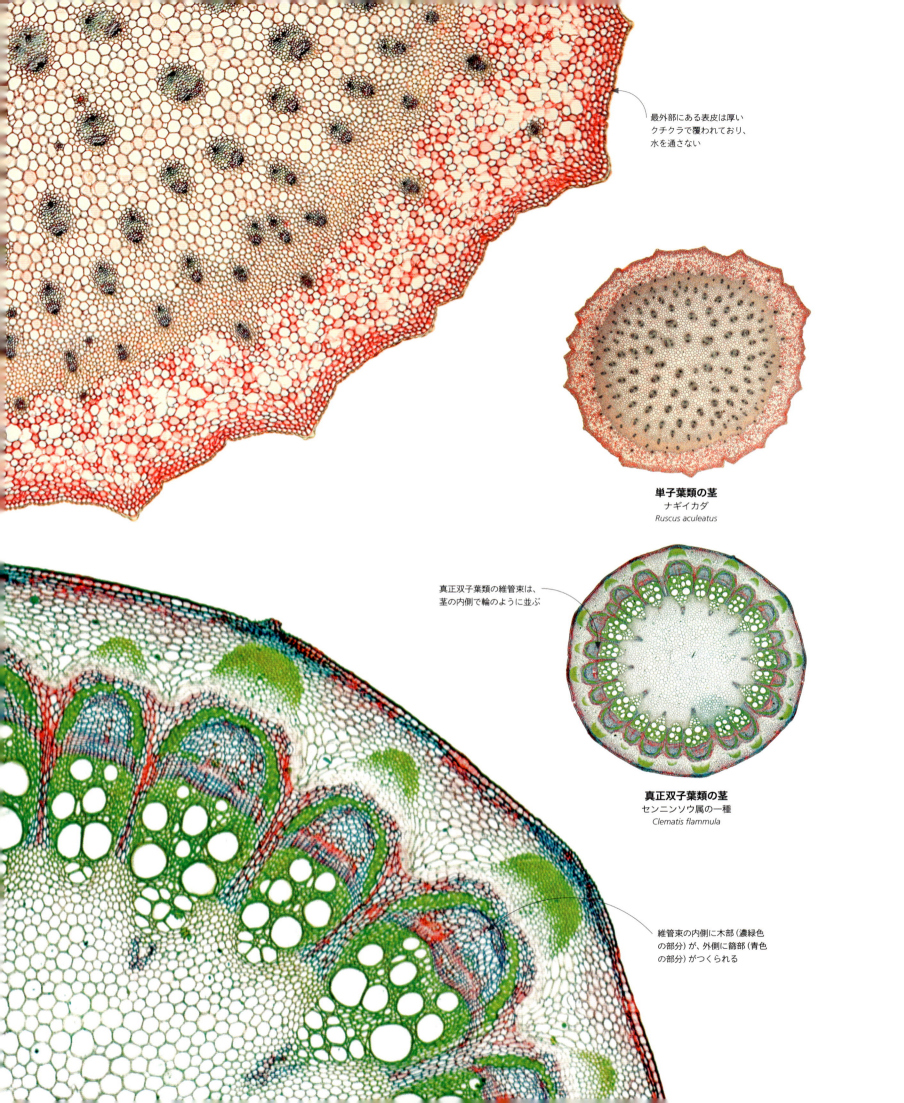

単子葉類の茎
ナギイカダ
Ruscus aculeatus

真正双子葉類の茎
センニンソウ属の一種
Clematis flammula

最外部にある表皮は厚いクチクラで覆われており、水を通さない

真正双子葉類の維管束は、茎の内側で輪のように並ぶ

維管束の内側に木部（濃緑色の部分）が、外側に篩部（青色の部分）がつくられる

芝草（1503年）

アルブレヒト・デューラーは、イネ科の草をはじめとするありふれた植物の姿を、水彩で写実的に表現した。この作品が優れているのは、芝草で暮らす昆虫や小さな生物の目線に合わせ、地面の高さから描かれている点である。背景は無地。その手前には、カモガヤ、コヌカグサ、ナガハグサ、ヒナギク、タンポポ、カラフトヒヨクソウ、セイヨウオオバコ、オオルリソウの一種、オランダミツバの一種、ノコギリソウなどが、さり気なくも巧みに配置されている。

plants in art 芸術の中の植物

ルネサンスと自然

200年続いたルネサンス期は、人間の知的好奇心や創造力がどこまでも自由に発揮された時代だった。当時の一流芸術家は、彫像や人物画の制作のために解剖学を学び、空間を立体的に表現するために数学を学んだ。さらに、植物や風景を完璧な正確さで描くため、自然界についても学んだ。彼らが描いた植物のスケッチや水彩画は、ルネサンス期の自然主義的傾向を象徴する作品として知られている。

植物は古くから研究され、その種類を見分けるための絵が草本誌（→p.140〜141）に掲載されてきた。中世の時代には、例えば純潔のシンボルとしてユリを使うように、宗教画にシンボル的意味を示す目的で花が用いられた。かのレオナルド・ダ・ヴィンチも、初期には花を象徴的に描いた作品を発表している。だが15世紀後半に入ると、宗教から離れて自然をありのままに見つめ直そうという動きが起こり、これがルネサンスという文化運動に結実した。ルネサンスはヨーロッパ中を席巻し、北と南を代表する2人の芸術家、イタリアのダ・ヴィンチとドイツのアルブレヒト・デューラーをも巻き込んでいく。ダ・ヴィンチはこの時代から、詳しい種の研究と科学的な生態調査をもとに、優れた植物画を制作するようになった。一方、デューラーはダ・ヴィンチに刺激を受けながら、油絵、木版画、エングレーヴィングの名手として活躍した。

一般にデューラーの作品といえば、神話や宗教を題材とした幻想画や、キリストに似せて描いた自画像などが有名だろう。しかし、彼が私的に描いていたのは、それとはまったく趣の異なる作品だ。おそらくは宗教画に写実性を加えるための習作だったのだろうが、デューラーは植物を細部まで描写した水彩画をいくつか残している。夏の野原の風景を切り取り、自然の小宇宙を描き出した左ページの作品も、その1つである。

入念な準備

レオナルド・ダ・ヴィンチは、チョークやクレヨンを用いて、草木の細密なスケッチをたびたび描いている。これは、本画を制作する前の下準備だったが、ダ・ヴィンチが植物を科学的に考察する上で欠かせない作業でもあった。

> 「 私が悟ったのは、自然の純粋な形態にこだわる方がはるかに素晴らしい、ということだ。なぜなら、素朴であることは、芸術における最も優れた装飾だからである 」
>
> デューラーが、宗教改革者のフィリップ・メランヒトンに宛てた手紙の中で述べた言葉

木の幹

木の幹の断面は、その木が生育していた土地の歴史を知るための貴重な手がかりになる。幹（木化した茎）には毎年、新しい組織層が発達するが、この層の厚さは環境条件によって変化する。例えば、良好な気候のもとで木が活発に成長すると、幅の広い年輪がつくられる。しかし、極端な温度や干ばつによって木がストレスを受けると、年輪の幅は狭くなる。つまり、年輪を観察すれば、地域の過去の気象条件をうかがい知ることができるのだ。

強固な支持

幹は普通、円柱形をしており、大量の葉や枝からなる木の構造を物理的に支えている。そのつくりは驚くほど丈夫で、場合によっては非常に高く育つ。支えがなくても直立できるので、他物をよじのぼったり、他物に巻きついたりはしない。

> **幹の構造**
>
> 樹木と一部の草は木化した茎を持ち、その内部には木部と篩部が輪のように並んでいる。木部は水を、篩部は栄養を、それぞれ植物体全体へ輸送する。樹皮のすぐ下の篩部は薄い層だが、木部では複数の層が重なって、木を伐採したときに見られる年輪を形成する。具体的には、維管束形成層という組織が毎年分裂するたび、前年の木部の層の外側に新たな層がつくられる。したがって、この層の数を数えれば、幹の年齢を推定できることになる。外側にできた若い木部の層（辺材）は、水を通す機能を持っている。その内側にある古い木部の層は、次第に死細胞となって、心材を形成する。木の外側では、コルク形成層が新しい樹皮をつくり、成長を続ける幹を保護する。

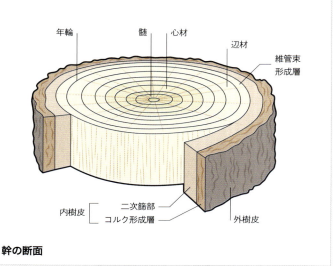

幹の断面

幹が肥大するにつれ樹皮が割れ、その下に新しい組織層ができる

樹皮のすぐ内側にある篩部組織は、木の隅々まで栄養を運んでいる

維管束形成層から、新たな木部の層がつくられる

色が薄い輪は早材、すなわち木が春に成長を始めてできた部分である

色が濃い輪は晩材、すなわち年の後半、木が休眠する直前にできた部分である

コルク状
コルクガシ
Quercus suber

筋が入る
シロスジカエデ
Acer pensylvanicum

溝がある
ヨーロッパグリ
Castanea sativa

皮目がある
ヤマザクラ
Prunus serrula

鱗状
マツ属の一種
Pinus sp.

とげがある
トックリキワタ
Ceiba speciosa

剥がれ落ちる
スズカケノキ属の一種
Platanus sp.

剥ける
ユーカリ・グニー
Eucalyptus gunnii

縦に剥ける
アラハダヒッコリー
Carya ovata

色彩豊かな木肌

樹皮を形成するのは樹木のみである。つまり、針葉樹や真正双子葉植物には樹皮を持つものがあるが、シダ類や単子葉植物には樹皮を持つ種がない。時間が経つと樹皮は割れるが、その割れ方は種によって異なるため、木の表面にはさまざまな模様、質感、色彩が現れる。

滑らか
カバノキの仲間
Betula populifolia

ひび割れている
ユリノキ
Liriodendron tulipifera

薄く剥ける
グリセウムカエデ
Acer griseum

ポプラ (Populus sp.) の樹皮にできた皮目

縦に裂ける樹皮には、水をはじく蝋状の物質（スベリン）が含まれる。そのため、触ると弾力が感じられる

幹が肥大すると外皮が割れ、そのまま剥けたり、剥がれ落ちたりする

樹皮の種類

樹皮は、木を守る「皮膚」のようなものといえる。樹皮があるおかげで、昆虫、細菌、菌類などの外敵は内部に侵入しづらくなり、水分も蒸散しにくくなる。何らかの原因で木が燃えた場合も、幹は樹皮に守られる。さらに、剥がれ落ちやすい性質を持つ樹皮もあり、つる植物や着生植物の足場として利用されるのを防いでいる。樹皮の内側には2つの重要な分裂組織があり、これらを形成層という。形成層は比較的薄く、損傷されると成長の妨げとなり、最悪の場合は木が枯れてしまう。

Populus tremuloides

アメリカヤマナラシ

よく目立つ白い幹と、風に揺れる葉。アメリカヤマナラシが立ち並ぶ様子は、秋の光景の中でも格別に魅力的だ。この美しい植物は、カナダからメキシコまでの地域に生育し、北米原産の樹木としては最も広い範囲に分布している。

ヤマナラシは、ある意味、非常に寿命の長い植物であるといえる。個体には性別があり、有性生殖が可能だが、実際には種子ではなくクローンで増えることが多い。この植物は定着すると、根から複数の芽を出す。それぞれの芽は新しい樹木へと成長できるため、ヤマナラシの林に見えるものが、実は1本の木のクローンで構成されているということもあり得る。時間が経つと幹は枯れるが、地下部からはその後も長年にわたり、何百、何千という新しい木がつくられる。ヤマナラシのクローン群生として知られる最大のものは、米国のユタ州にあるパンドで、樹齢8万年を誇り、現在はその範囲を40haにまで広げている。

アメリカヤマナラシの樹皮は真っ白で、水分が減る冬場に幹を日焼けから保護している。また、過熱防止効果も高い。白い色はほとんどの太陽光線を反射するため、冬のよく晴れた日であっても、木は低い温度を維持できる。近くで観察してみると、樹皮は緑色を帯びていることが分かる。この緑色の正体は光合成組織で、アメリカヤマナラシは葉緑素を持つ樹皮を利用して、春に葉を出す以前から、絶えず日光を吸収しているのである。

クローンで増えるヤマナラシは、山火事に遭った後でもすぐに再生する。むしろ、この植物の生育域は、いったんすべてが焼き払われることで保たれているといってもよい。なぜなら、周辺で針葉樹などが育っていると、ヤマナラシはこれらの樹木によって日陰に追いやられ、最後には駆逐されてしまうからだ。

林への成長

右の写真は、アメリカヤマナラシの林を撮影したもの。木の1本1本がよく似ていることから、この林もクローン群生だと考えられる。山火事で地面が焼き払われると、ヤマナラシはただちに反応を見せる。地中に日光が届きやすくなることで、すぐに新しい茎が立ち上がり、急速に成長を始める。

震える木
ヤマナラシの葉は、風にそよぐと音を立てる。葉柄が平らで揺れやすいため、少しの風でも葉と葉が擦れ合って、さらさらと鳴る。

緑色の葉は、秋になると黄色、黄金色、オレンジ色、赤みを帯びた色に変わる

葉はハート形で、縁に鋸歯がある

クマやシカは若い茎を、鳥は葉芽を好んで食べる

枝のつき方と樹形

枝のつき方は、新芽や成長点の並び方によって左右される。例えば、茎に沿って芽が互生していれば、芽から伸びる枝も互生して、林冠は丸く横長に育つ。これに対して針葉樹の多くは、芽を輪生させるため、結果として枝の並びも輪生状になる。こうした針葉樹では、最下部の枝が伸びると、その上に新しい枝が生えてくる。枝は若いほど長さが短いので、樹形は、最も古い枝を底辺とする三角形になる。

不規則な分枝 / 横長の林冠 / 左右対称に育つ / 規則的な分枝 / 円錐形

互生する枝　　　輪生する枝

不思議な形の針葉樹

先の尖った葉が茎にびっしりと生えるチリマツ（*Araucaria araucana*）は、サルでも登るのに苦労するという意味から、英名を「モンキーパズル」という。若いチリマツは枝を輪生し、放射相称に育つ。だがほとんどの場合、その均整のとれた形は成熟すると崩れてしまう。完璧な樹形を保てなくなるのは、老化によって最下部の枝が落ちたり、害虫、病気、嵐、落雷などの影響で枝全体が傷ついたりすることによる。

先端は鋭く尖っており、草食動物から葉を保護している

雄株の枝先には花粉錐がある

硬い革状の葉が枝に沿って輪生し、日光を効率よく吸収する

チリマツ
Araucaria araucana

花粉は風によって媒介され、雌株の種子錐に付着する

枝の配置

樹木の全体的な形は、枝の並び方によって決まる。樹形として最もよく知られているのは、針葉樹に多い円錐形と、広葉樹に多い傘形の2種類だろう。いずれの樹木でも、枝の配置は、葉が日光を最大限に吸収するのに役立っている。

冬芽

葉芽の形や育ち方は、植物によって独特で、それぞれ大きく異なっている。冬場に木の種類を見分ける際には、樹形とともに、葉芽を観察することが重要で、茎に沿って芽がどのように出ているかを見れば、その木に関する大きな手がかりがつかめる。芽は向かい合ってつくこともあれば、互い違いにつくことも、間隔を空けながら茎を取り巻くようにつくこともある。また、葉や花になる芽を守る芽鱗(がりん)も、その形や色、枚数などに違いがある。

芽鱗は重なり合うことなく、芽を敷石状に包む

帽子のような芽鱗

モミジバスズカケノキ
Platanus x hispanica

有鱗芽

独特な黒い芽

セイヨウトネリコ
Fraxinus excelsior

対生する芽

なめらかな芽は大小の芽鱗に覆われる

ヨーロッパブナ
Fagus sylvatica

何枚もの芽鱗が重なり合い、細長い芽を包む

重なり合う芽鱗に覆われる芽

セイヨウシナノキ
Tilia x europaea

互生する芽

短い側枝の先端を取り囲むように、芽がまとまってつく

セイヨウミザクラの一品種 "プレーナ"
Prunus avium 'Plena'

まとまってつく芽

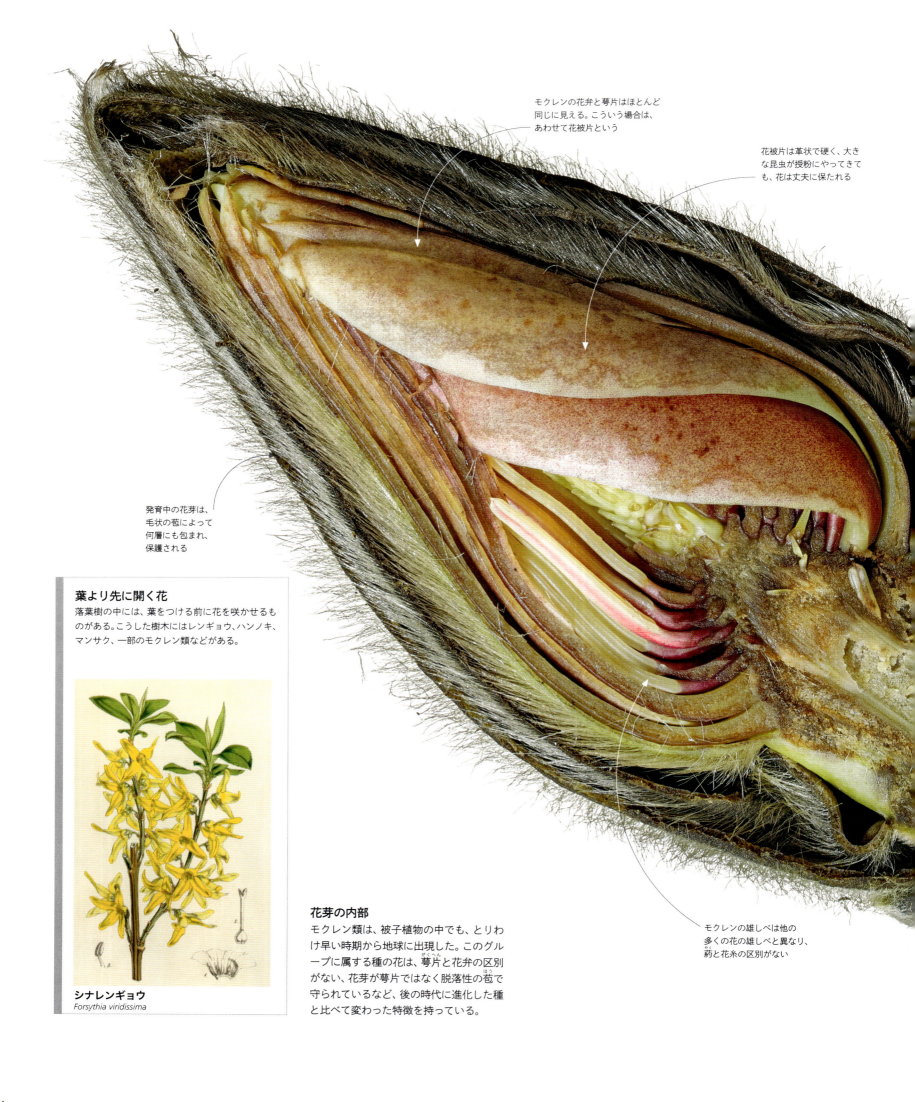

モクレンの花弁と萼片はほとんど同じに見える。こういう場合は、あわせて花被片という

花被片は革状で硬く、大きな昆虫が授粉にやってきても、花は丈夫に保たれる

発育中の花芽は、毛状の苞によって何層にも包まれ、保護される

モクレンの雄しべは他の多くの花の雄しべと異なり、葯と花糸の区別がない

葉より先に開く花
落葉樹の中には、葉をつける前に花を咲かせるものがある。こうした樹木にはレンギョウ、ハンノキ、マンサク、一部のモクレン類などがある。

シナレンギョウ
Forsythia viridissima

花芽の内部
モクレン類は、被子植物の中でも、とりわけ早い時期から地球に出現した。このグループに属する種の花は、萼片と花弁の区別がない、花芽が萼片ではなく脱落性の苞で守られているなど、後の時代に進化した種と比べて変わった特徴を持っている。

芽鱗と葉痕
葉を落としている時期でも、モクレンの茎は簡単に識別できる。花芽を守る毛状の苞（芽鱗ともいわれる）と、その下にある円形の葉痕を見つければよい。時折見られる盾状の葉痕も目印になる。

苞は絹毛状で、銀色か薄茶色をしている。まれに生えないこともある

苞は開花と同時に落ちることも、開花前に落ちることもある

寿命の長い茎と枝には、地衣類が着生する

落葉後の茎には、特徴的な葉痕が残る

保護される芽

樹木の枝には葉芽だけでなく、翌年の花になる芽がつく。落葉性のモクレンでいえば、花芽をつけるのは晩夏から秋で、冬の間は休眠する。花芽と葉芽は、たいていの場合、その形や大きさから識別できる。

葉になる芽は、花芽よりはるかに小さい

幹に咲く花

マメ科に属するアルキデンドロン・ラミフロラム（*Archidendron ramiflorum*）は、オーストラリアのクイーンズランドに固有の種である。この植物は派手な花弁を持たない代わりに、華やかな雄しべでポリネーター（花粉媒介者）を引きつける。花は鮮やかな白色で、球状の房になって幹から垂れ下がる。その様子は、熱帯雨林の薄暗い林床でもよく目立つ。

幹生花

花と果実は若い茎につくのが普通だが、樹木の中には、幹に直接花を咲かせるものがある。これを幹生花といい、寒冷地域よりも熱帯地域に多く見られる。このようなことがなぜ起こるのかは不明だが、幹生花は、一種の進化的適応である可能性が高い。幹に直接花や果実がつけば、動物たちはわざわざ木を登ることなく、授粉や採食を行えるからだ。カリフラワー（cauliflowers）は、その名前に反して幹生的（cauliflorous）ではなく、茎の先端に密集した花の塊をつくる。

カカオの果実

カカオ（*Theobroma cacao*）の花と果実は、葉に隠れるような格好で、幹に直接つく。この植物には、木漏れ日のさすような場所を好む小さな虫たちが花粉を運ぶ。幹生する植物には、他にもパンノキ（*Artocarpus altilis*）、パパイヤ（*Carica papaya*）、フクベノキ（*Crescentia cujete*）、そして多数の熱帯性イチジク（*Ficus sp.*）などがある。熱帯樹以外の珍しい例としては、温帯樹のアメリカハナズオウ（*Cercis canadensis*）、セイヨウハナズオウ（*C. siliquastrum*）などが幹生する。春になると、これらの樹木は葉を出すより先に、成熟した幹からピンク色の花を咲かせる。

カカオ
Theobroma cacao

茎針は分岐することもあるが、1本1本は離れて生える

茎による防御

草食動物は植物をエサに生き延びているが、植物の側にも、動物から身を守る仕組みがある。茎に生える茎針、葉針、刺状突起体は、少なくとも外敵の一部を追い払うのに効果がある。これら3つの防御器官をまとめて、とげということも多いが、それぞれ植物の異なる部位が変形したものと考えられている。

葉針は1本または数本で、節からのみ生じる。分岐はしない

バラの鋭いとげは茎針のようにも見えるが、厳密には刺状突起体である

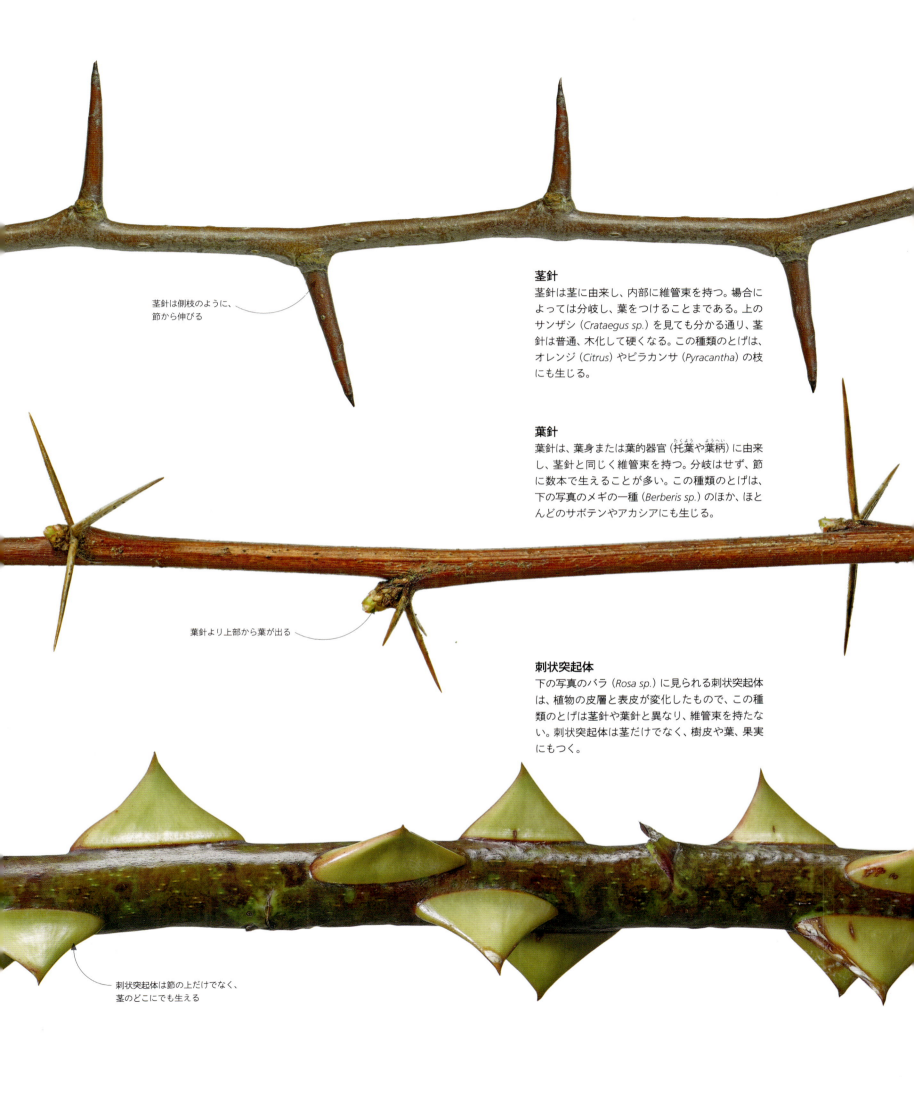

茎針
茎針は茎に由来し、内部に維管束を持つ。場合によっては分岐し、葉をつけることまである。上のサンザシ (*Crataegus sp.*) を見ても分かる通り、茎針は普通、木化して硬くなる。この種類のとげは、オレンジ (*Citrus*) やピラカンサ (*Pyracantha*) の枝にも生じる。

茎針は側枝のように、節から伸びる

葉針
葉針は、葉身または葉的器官（托葉や葉柄）に由来し、茎針と同じく維管束を持つ。分岐はせず、節に数本で生えることが多い。この種類のとげは、下の写真のメギの一種 (*Berberis sp.*) のほか、ほとんどのサボテンやアカシアにも生じる。

葉針より上部から葉が出る

刺状突起体
下の写真のバラ (*Rosa sp.*) に見られる刺状突起体は、植物の皮層と表皮が変化したもので、この種類のとげは茎針や葉針と異なり、維管束を持たない。刺状突起体は茎だけでなく、樹皮や葉、果実にもつく。

刺状突起体は節の上だけでなく、茎のどこにでも生える

Ceiba pentandra

カポック

熱帯雨林では、多くの樹木がかなりの高さまで育ち、大きな板根を形成する。しかし、その中でも、巨大なカポックは特に目を引く。条件さえ揃えば、この貴重な林冠構成種は70mの高さまで育ち、幹から幅20mの板根を出す。

落葉性のカポックは、メキシコ南部からアマゾンの最南端まで、南北アメリカ大陸を縦断して分布している。また、この木はアメリカだけでなく、西アフリカの一部でも見ることができる。研究者らは、カポックがなぜ両方の地域に自生するようになったのか、その正確な経緯を知ろうと調査を重ねてきた。現在、DNA解析によって有力視されているのは、カポックの種子がブラジルから海を渡ってアフリカに流れ着いたのではないかという説だ。

カポックは、生育する地域を問わず、現地の生態系と文化において大きな役割を果たしている。この木の凸凹した表面には、アナナス類などの着生植物が付着し、爬虫類、鳥類、両生類がすみつく。また、カポックは裸地に侵入するのが得意で、破壊された森林にいち早く進出し、主要な先駆種として定着する。

カポックは夜に開花して独特な香りを放ち、主なポリネーターであるコウモリを引きつける。ただし、こうした受粉の戦略は、現地に生息するコウモリの数に応じて変化する。コウモリが多い地域なら、カポックの花粉はコウモリによって株から株へ運ばれる。コウモリが少ない地域なら、カポックは自家受粉を行い、毎年ある程度の繁殖を確実に成功させる。

受粉後、木は大量の果実をつけ、その1つ1つから約200個の種子を放出する。種子は綿状の繊維に包まれており、この綿毛の助けを借りて、微風の中でも遠くまで飛んでいく。閉じたままの果実は水に浮くため、海を渡ってアメリカからアフリカへたどり着くことも、決して不可能ではないだろう。

とげだらけの巨木
カポックの幹は、最大で直径3mにもなる。表面には大きなとげが無数に生えており、樹皮が動物にかじられるのを防いでいる。これらのとげは、木が老化するにつれ抜け落ちる。

果実の利用法
カポックには、木化した裂開果が500〜4000個実るが、これらは木を伐採することなく収穫できる。収穫した果実は、部分ごとに違った目的に利用される。

軽い綿毛は枕やマットレスの詰め物に使われる。耐水性があり水に浮くので、救命具にも用いられる

硬い鞘は木槌で叩いてこじ開ける。空の鞘は、薪として使われる

種子を圧搾すると油を抽出できる。搾りかすは家畜の飼料になる

幹と樹脂

樹木の幹は、昆虫、鳥、菌類、細菌などの生物から常に狙われている。これらの多様な生物は、樹皮を直接突き破ったり、表面の傷から侵入したりして、幹の形成層を食べてしまおうとする。多くの樹木は、粘性の樹脂を出して傷を修復し、寄ってくる外敵を絡め取っている。樹脂に含まれる化学物質に引きつけられた捕食昆虫が樹木の外敵を駆除することもある。樹脂は時間が経つと固まるため、太古の昆虫が閉じ込められている化石樹脂（琥珀）が見つかることがある。

樹脂による保護

コナラの木から滴り落ちる樹脂。こうして樹脂を出すことで、樹木は自らにできたあらゆる傷——外敵に荒らされた跡から、悪天候や山火事によって受けた損傷まで——を修復している。植物樹脂は有機化合物の混合体であり、香水、ニス、接着剤などの幅広い製品に利用される。また、乳香、テレビン油、没薬、タールといった貴重な液体の原料にもなる。

樹脂は樹脂道(樹脂を出す管)を通って、枝や幹に行きわたる

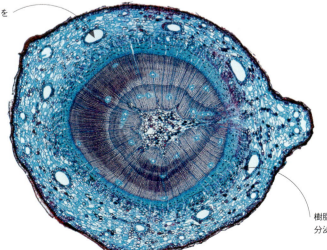

マツの幹の断面

樹脂の分泌

樹木によって樹脂の分泌の仕方は異なり、傷を負ったときだけ樹脂を分泌するもの、樹脂を分泌する管を生まれつき材の中に備えているものなどがある。右の写真(細胞構造が分かりやすいように着色してある)に示したマツの木は、後者にあたる。

樹脂は、樹脂道を取り囲む分泌細胞でつくられる

Dracaena draco

リュウケツジュ

リュウケツジュは、ファンタジー小説に出てきてもおかしくないような植物だ。この奇妙だが美しい単子葉類は、傷を負ったときに「竜血」という赤い樹脂を出すことから、その名がついた。キジカクシ科に属するが、独特の成長様式を発達させた結果、現在は木本のような姿に進化した。

　リュウケツジュは、カナリア諸島、カーボベルデ、マデイラ諸島などの北アフリカ地域に固有の種である。この植物は発芽して数年経つと、1本の幹の先に、細長い葉を束生させる。初めて花を咲かせるのは、生育を始めて10〜15年後で、葉の間から突き出た長い花穂いっぱいに白く芳しい花がつき、花後には、鮮やかな赤色の液果も実る。幹の頂上からはいくつもの新しい芽が生じ、それぞれの芽が茎に成長していく。若い茎はさらに10〜15年かけて成長した後、再び分岐する。こうして分岐を繰り返しながら長い年月を過ごすと、傘を逆さに開いたような、珍しい樹形ができあがる。寿命は300年ほどといわれているが、リュウケツジュには年輪がないので、その樹齢を正確に知るのは難しい。

　リュウケツジュの幹は、傷ついた場所から気根を出す。根は幹に沿ってくねりながら下降し、やがて地面に届く。幹の損傷がひどい場合は、この根が新しい幹となり、親木のクローンとして成長する。

　血のように赤いリュウケツジュの樹脂は、薬や防腐剤として珍重された時代を経て、現在は木材用の染料やニスに使われている。採取の際に樹皮を傷つける必要があるが、これを繰り返すと、木が感染症にかかりやすくなる。樹脂が過剰に採取されたことに加え、生育地が喪失したこともあって、野生のリュウケツジュの個体数は減少し続けている。

リュウケツジュの木立

野生のリュウケツジュは、栄養の乏しい土壌で生育する。太い幹から分かれ出た枝は放射状に伸び、その先端に青みがかった緑色の葉をつける。葉は披針形で、長さは60cmにもなる。リュウケツジュは現在、絶滅危惧種のリストに加えられるほど、その数を減らしている。

竜血は粘液の状態で傷から流れ出るが、乾くと硬化する

深紅の樹脂は、古代から染料や伝統薬として用いられてきた

樹脂の硬化

リュウケツジュの名前は、この木から採れる深紅の樹脂、通称「竜血」に由来する。樹脂は草食動物を撃退したり、病原菌の侵入を防いだりして、植物を守っている。

栄養の貯蔵

一部の植物が持つ球根は、地下にある茎、根、あるいは葉基部が変形した器官である。球根は鱗茎、球茎、塊茎、根茎などに分類されるが、栄養をたっぷり蓄えて肥大しているという点は共通している。一年の特定の時期に休眠し、生育条件が整うと、球根から新しい芽が出てくる。球根は、草食動物の目に触れない地下で根を広げ、植物の生育域を拡大する。

球根と花

タマネギをはじめとする球根植物は、底盤という短縮した扁平な茎を持ち、この茎に多肉の葉（鱗片葉）をつける。鱗片葉の内部には、花をつくるのに必要な水と栄養が蓄えられる。下の写真のヒヤシンスは、春に開花した後も、葉で光合成を行って栄養をつくり続ける。この栄養は球根に送られ、翌年の開花に備えて貯蔵される。

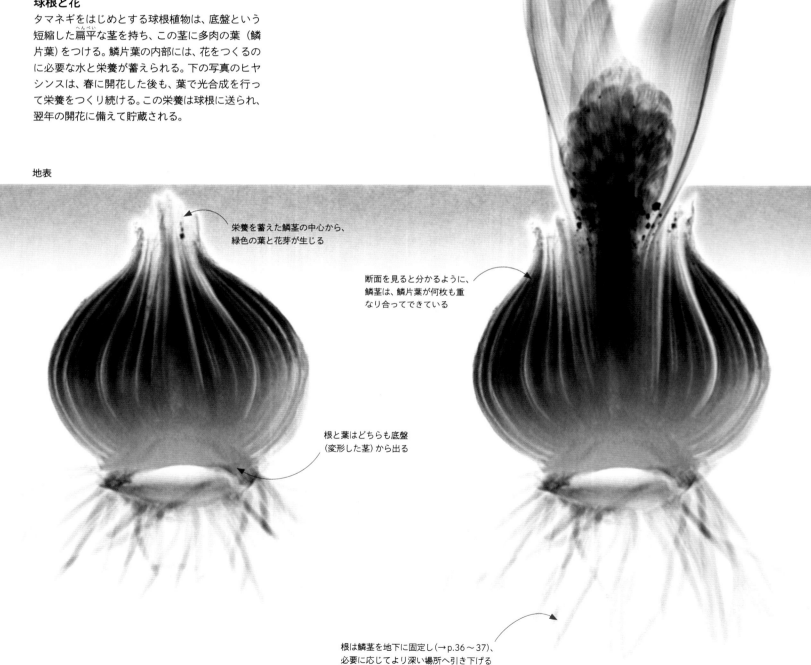

地表

栄養を蓄えた鱗茎の中心から、緑色の葉と花芽が生じる

断面を見ると分かるように、鱗茎は、鱗片葉が何枚も重なり合ってできている

根と葉はどちらも底盤（変形した茎）から出る

根は鱗茎を地下に固定し（→p.36〜37）、必要に応じてより深い場所へ引き下げる

休眠中のヒヤシンスのX線写真　　　　**発育中の鱗茎と花**

葉は完全に広がると、光合成をして炭水化物をつくる。この栄養は地下の鱗茎に貯蔵される

ヒヤシンスは、鱗茎に蓄えられたエネルギーを利用して開花する。したがって、このエネルギーが不足していると、花は咲かない

地中から伸びる葉は、柔らかい花芽を包むように育つ

底盤の周囲には、新しい鱗茎、すなわち小鱗茎ができる

熟成した葉と開く寸前の花

貯蔵器官

葉の基部が重なって球形に肥大したものを鱗茎という。その内部では、若い茎が守られ、育てられていく。球茎と根茎は、どちらも変形した地下茎である。ただし、球茎が球形をしているのに対し、根茎は地表または浅い地下で水平に伸び、茎頂ほか長軸に沿った各所から芽を出す。塊茎は、茎由来のものを「塊茎」、根由来のものを「塊根」という。

鱗茎

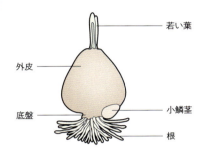

- 若い葉
- 外皮
- 底盤
- 小鱗茎
- 根

球茎

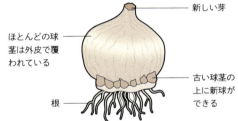

- 新しい芽
- ほとんどの球茎は外皮で覆われている
- 古い球茎の上に新球ができる
- 根

根茎

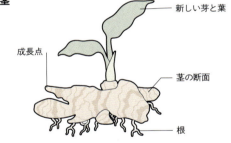

- 新しい芽と葉
- 成長点
- 茎の断面
- 根

塊茎

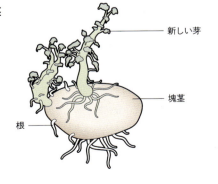

- 新しい芽
- 塊茎
- 根

アリの住居

アリ植物がアリに提供する住居のような構造をドマティアというが、このドマティアができる場所は、植物種によって異なる。例えば、つる植物のアケビカズラ属（*Dischidia*）は、多肉葉の内部にドマティアをつくる。シダ類のアリノスシダ属（*Lecanopteris*）は、根茎の中にアリをかくまう。ミルメコフィラ属（*Myrmecophila*）のランは偽茎内の空洞に、一部のアカシアは葉針内の空洞にアリを住まわせる。アリノトリデ属（*Myrmecodia*）とアリノスダマ属（*Hydnophytum*）は、どちらも肥大した塊茎を持ち、その入り組んだ内部をアリがさまざまな用途に利用している。

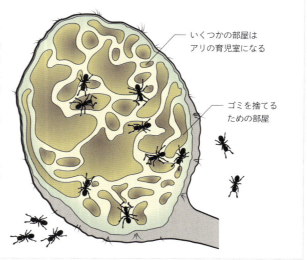

- いくつかの部屋はアリの育児室になる
- ゴミを捨てるための部屋

アリノスダマの塊茎内のドマティア

アリからの見返り

アリ植物のアリノトリデ（*Myrmecodia beccarii*）の塊茎の内部は、まるで迷路のようだ。そこには粗い壁で仕切られたいくつもの空洞があり、アリはこの空洞に、自らの糞や、食べ残した虫の死骸を溜め込む。糞や食べ残しはやがてとろみのある液体に変わり、空洞の内壁にできた瘤を通じて、植物体に吸収される。樹上で暮らすアリノトリデは、土の養分を吸収できない代わりに、こうして必要な栄養を手に入れている。右の絵は、『カーティス・ボタニカル・マガジン』に掲載されたアリノトリデの植物画である。モデルとなったのはオーストラリア産の個体で、1888年にロンドンのキュー王立植物園で栽培されていた。

相利関係

昆虫の存在は、植物にとって利益にも負担にもなる。花粉を運んでくれる虫もいれば、満腹になるまで葉を食べ続け、植物を弱らせる虫もいるからだ。そんななか、ごく少数ながら、アリとの間に相利的な（共生的な）関係を築いている植物種がある。この「アリ植物」は、自分の体の一部を安全なアリの巣として提供し、アリはその返礼として、植物に近づこうとするあらゆる動物を攻撃する。アリ植物は着生植物であることが多く、土壌の養分には根が届かない。そのため、アリの糞からつくられる豊かな肥料を、貴重な栄養として取り入れている。

アリ植物の共生

アリ植物は、異なる種同士で共生することも珍しくない。左の写真では、アケビカズラ（*Dischidia*）の黄色の葉の間に、アリノスダマ（*Hydnophytum*）の茶色の塊茎が収まっている。これらの植物はどちらも、体の一部をアリの巣として提供している。

茎の構造

木生シダの幹に見える部分は、直立する根茎と、それを取り巻く密集した細根でできている。バナナの茎に見える部分も、実際は葉鞘が重なり合ってできた偽茎であり、本当の茎は根茎 (→p.86〜87) として地下に隠れている。

木生シダ

たいていの根茎は水平に伸び、栄養を蓄えて肥大する。これに対して木生シダ（ヘゴの類）の根茎は、上に向かって伸び、周囲に大量の細根を出す。細根は成長して厚い層になり、茎が折れないよう外側から支える。

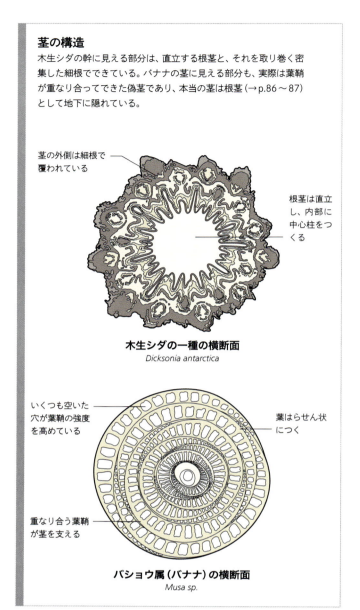

茎の外側は細根で覆われている

根茎は直立し、内部に中心柱をつくる

木生シダの一種の横断面
Dicksonia antarctica

いくつも空いた穴が葉鞘の強度を高めている

葉はらせん状につく

重なり合う葉鞘が茎を支える

バショウ属（バナナ）の横断面
Musa sp.

繊維質の幹

植物の中には、樹木として扱われてはいるが、厳密には樹木と呼べないものもある。マツやモミ（ともに針葉樹）、ナラやカエデ（ともに落葉樹）といった代表的な木本類は、特徴的な年輪と、最外層の樹皮とを備えた木質の幹を持っている。しかし、木生シダやバナナのような植物は、真の木本類とはまったく異なる茎を持ち、材や樹皮をつくらない。直立した幹のように見える部分は、密に絡まり合った細根や、重なり合った葉鞘が茎を覆ってできた構造物である。

コロマンデル海岸の植物
左の絵は、ロクスバラの著書『コロマンデル海岸植物誌』（1795年）に掲載されたオウギヤシ（*Borassus flabellifer*）の植物画だ。この本は、長年にわたって王立協会の会長を務めた、ジョゼフ・バンクス卿の指揮のもとに出版された。

カンパニー・スタイル
右のオウギバヤシ（*Livistona mauritiana*）の水彩画は、カンパニー・スクールに所属していた無名の画工によって描かれた。カンパニー・スクールとは、東インド会社の支援を受けて活動していたインド人画工のグループで、インドとヨーロッパの文化を融合したカンパニー・スタイルという独自の様式を取り入れていた。

plants in art 芸術の中の植物

西洋と東洋の融合

18世紀から19世紀にかけて、英国はインドへの影響力を強めるとともに、現地の豊かな植物資源に注目するようになった。そこで、東インド会社の科学者や博物学者は、多様なインドの植物を調査し、これを記録していった。その成果として生まれた美しい植物画には、西洋の科学と東洋の芸術を融合させた、独特な表現が見られる。

東インド会社の植物学者であったウィリアム・ロクスバラ（1751〜1815）は、インド植物学の父ともいわれる人物だった。彼はカルカッタ植物園の監督を務めていた時代に、現地の画工を雇い、自らの著書に掲載するための植物画を描かせた。ロクスバラの代表作である『インドの植物』には、2500種以上の植物画が、実物大で収められている。

当時のインドの画工は、16〜17世紀のムガル帝国時代に流行したミニアチュールに大きな影響を受けていた。その結果、彼らは装飾的かつ写実的なインド伝統の画風に、西洋画の細密さを加えた植物画を描くようになる。西洋と東洋を融合させたこの様式は、植物を描くのに非常に適していた。ロクスバラは、博物学者のヨハン・ケーニヒ（スウェーデンの著名な分類学者、カール・リンネの弟子であった人物）とともに働いていた時期にも、インドの画工に大量の植物画を発注している。これらの絵は、のちに野生種を見分けるための「基準」としても利用された。

特徴的な構図
この手描きの紙本水彩画は、ロクスバラが発注したスオウ（*Caesalpinia sappan*）の植物画の複製だ。植物全体ではなく、強調したい部分だけを切り取って描くという手法に、この様式の特徴が表れている。原画には「1791年6月9日、ロドニーから受け取る」との一文も添えられている。ロドニーとは、インドからロンドンへ絵を届けた東インド会社の商船のことである。

> " 植物画が本質的に表現しているのは、
> その絵に関わる人々の多様性である "
>
> 植物採集家のフィリス・エドワーズが、『インドの植物画』（1980年）の中で記した言葉

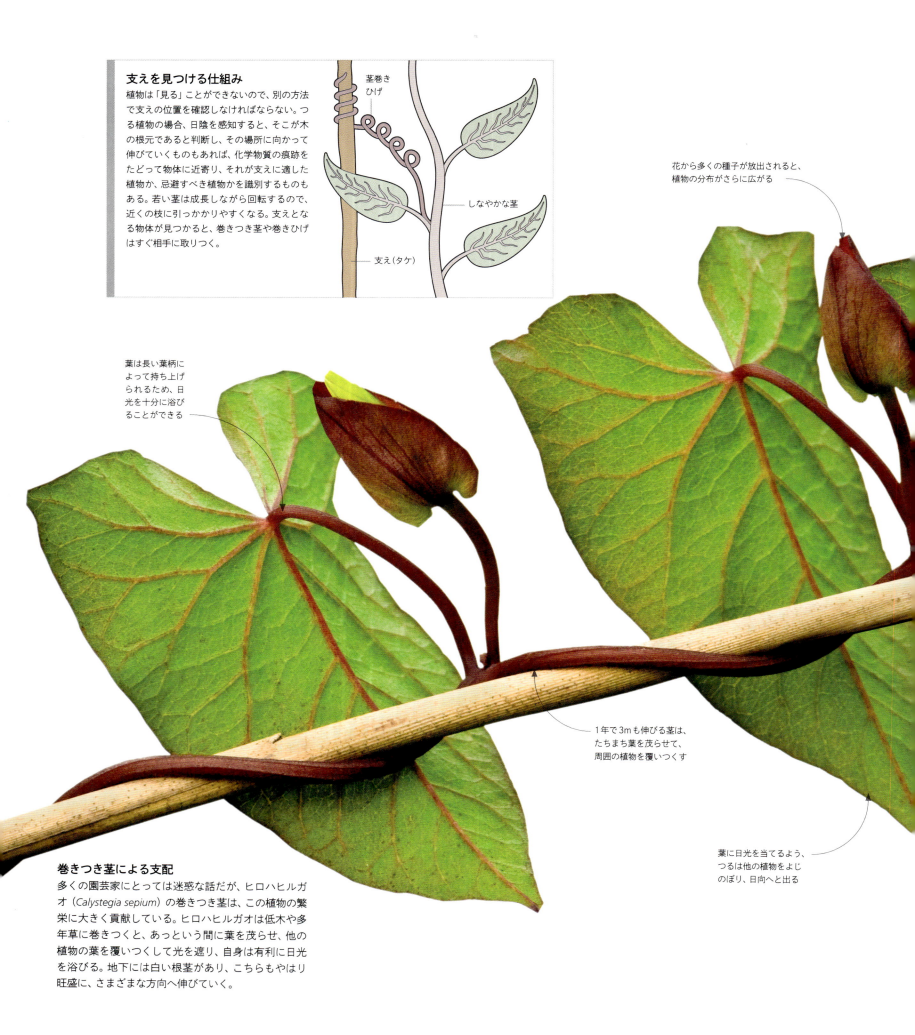

支えを見つける仕組み

植物は「見る」ことができないので、別の方法で支えの位置を確認しなければならない。つる植物の場合、日陰を感知すると、そこが木の根元であると判断し、その場所に向かって伸びていくものもあれば、化学物質の痕跡をたどって物体に近寄り、それが支えに適した植物か、忌避すべき植物かを識別するものもある。若い茎は成長しながら回転するので、近くの枝に引っかかりやすくなる。支えとなる物体が見つかると、巻きつき茎や巻きひげはすぐ相手に取りつく。

茎巻きひげ

しなやかな茎

支え（タケ）

葉は長い葉柄によって持ち上げられるため、日光を十分に浴びることができる

花から多くの種子が放出されると、植物の分布がさらに広がる

1年で3mも伸びる茎は、たちまち葉を茂らせて、周囲の植物を覆いつくす

葉に日光を当てるよう、つるは他の植物をよじのぼり、日向へと出る

巻きつき茎による支配

多くの園芸家にとっては迷惑な話だが、ヒロハヒルガオ（*Calystegia sepium*）の巻きつき茎は、この植物の繁栄に大きく貢献している。ヒロハヒルガオは低木や多年草に巻きつくと、あっという間に葉を茂らせ、他の植物の葉を覆いつくして光を遮り、自身は有利に日光を浴びる。地下には白い根茎があり、こちらもやはり旺盛に、さまざまな方向へ伸びていく。

上へ持ち上げられることで、花には
ミツバチ、ガ、チョウなどのポリネ
ーターが集まりやすくなる

茎は先端から見て
反時計回りに巻いている

このフジのように、巻きつ
き茎は時間とともに木化し
て、硬くなることがある

巻きつき茎

つる植物（よじのぼり植物）は、さまざまな方法を使って支えをよじのぼる。茎から
巻きひげ、気根、鉤状のとげを出して支えに取りつくというのもその方法だが、植
物によっては、茎そのもので他物に巻きつくこともできる。こうした巻きつき茎には、
時計回りに巻きつくものと、反時計回りに巻きつくものがある。その違いは遺伝的に
決まるとされており、つる植物の種を判別するのに利用される。例えば、ホップやス
イカズラは時計回りに、マメ類やヒルガオは反時計回りに巻きつく。

接触と感知
植物の茎が他物に巻きつくことができる理由は、その接触屈性
にある。つるや巻きひげが支えの存在を感知すると、成長部位
の片側だけが早く伸び、曲がるという仕組みになっている。

よじのぼるための工夫

林床で暮らす植物は、普通、限られた量の日光しか受け取れない。しかし、つる植物は樹木をよじのぼり、日の当たる場所まで自ら出て行くことができる。つる植物は通常、節間（葉と葉の間）が長いため遠くまで届き、巻きひげ、気根、巻きつき茎などの構造を使って支えに取りついている。

巻きひげは自身の茎を識別して、巻きつくことを避ける

巻きひげが巻くのは、細胞が1つずつ違った速度で成長するためだ

巻きひげは、人間より敏感な触覚を持っている可能性がある

表面の毛が物体を感知すると、それが刺激となって巻きつきが始まる

ばねのような巻きひげ
この写真のヘチマ（*Luffa cylindrica*）のように、多くのウリ科植物は茎から巻きひげを出す。葉が変形してできた巻きひげは、接触した物体に巻きつくと、ばねのように縮んで茎を支えの方へ引き寄せる。

よじのぼるための根
植物の根が地上に出ているとき、その根を「気根」という。右のヒメハブカズラの一種（*Rhaphidophora elliptifolia*）も、セイヨウキヅタ（*Hedera helix*）などと同様に、気根を出して木の枝に取りつき、よじのぼる。

よじのぼる茎のおかげで、つる植物の葉は多くの日光を得られる

気根は、樹木などの垂直な構造物に付着する

強力な吸盤
ツタやアメリカヅタなど*Parthenocissus*属のつる植物は、先が吸盤になった巻きひげで他物に張りつく。この吸盤は、自身の250倍以上の重さに耐え、茎を支えに強く固定する。

吸盤は樹皮や岩壁にしっかり付着する

とげと貯水

サボテンのとげは葉に由来し、多肉茎の水分を狙う動物から植物を守る。また、とげは空気中の水蒸気をとらえて水滴に変え、地面へ落とす役目がある。日光を遮ったり、空気の流れを停滞させたりするのもとげの役割だが、これらはどちらも、水の蒸散を減らすための戦略だ。

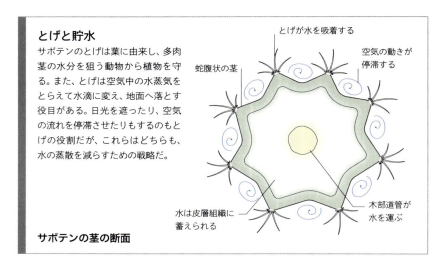

サボテンの茎の断面
- とげが水を吸着する
- 空気の動きが停滞する
- 蛇腹状の茎
- 水は皮層組織に蓄えられる
- 木部道管が水を運ぶ

水の貯蔵

サボテン科の中で最もよく知られているのは、ベンケイチュウ (*Carnegiea gigantea*、→p.100) などの大型種だ。一方、右のマミラリア属の一種 (*Mammillaria infernillensis*) は貴重な小型種で、干ばつに強いという特徴を持つ。このサボテンの厚い表皮は蝋状物質で覆われ、水分の損失を効果的に抑えている。

水を蓄える茎

サボテンは、その多肉茎に水を蓄える。サボテン科のほとんどの種は、雨の少ない乾燥地域に生育するので、まれに大雨が降ったときには、その水をうまく貯め込まなくてはならない。水を最大限に素早く吸収するための構造として、多くのサボテンは蛇腹状の茎を備えている。この茎はアコーディオンのように広がり、水を大量に含んでも破裂しない。

失われる葉

下の写真のオプンチア属の一種 (*Opuntia phaeacantha*) のようなウチワサボテンの類は、新しい茎節に小さな葉をつける。しかしこれらの葉はすぐに落とされ、余計な水分蒸散を防ぐ。

干ばつが長引くと、茎節は取れてしまうことがある

大きなとげは、芒刺という細かい毛状のとげに囲まれている。芒刺は簡単に抜けて、動物の皮膚に刺さる

束状の白い毛は水分の蒸散を抑え、日光を反射してサボテンの体温上昇を防ぐ

葉は鋭いとげに変化して、植物を外敵から守っている

Carnegiea gigantea

ベンケイチュウ

西部劇には、背景にそびえ立つ巨大なサボテン（ベンケイチュウ）が欠かせない。ベンケイチュウは、アリゾナからメキシコ北西部に広がるソノラ砂漠の象徴となっている。このサボテンの周囲には、コウモリや鳥といった動物が特有の群集を形成している。

　ベンケイチュウに関して最も驚くべきことは、その大きさだろう。通常、個体の高さは15m以上、重さは約2000kgにもなる。体積の大部分を、砂漠での生活に欠かすことのできない水分が占めている。貴重な雨に恵まれると、ベンケイチュウの茎は、縦走する溝を広げて肥大する。そしてこの茎の中に、浅く広がる根系から吸収した水を蓄える。こうして貯蔵された水分は、茎にびっしり生えたとげや剛毛によって守られる。とげは茎を食べようとする動物を追い払うだけでなく、日光を遮ったり、表皮近くの空気の流れを停滞させたりして、水の蒸散を最小限に抑えている。

　春になると、たいていのベンケイチュウは立派な花をつける。花は鮮やかな白色で、主茎や腕の頂点に密集して咲く。日中は鳥や昆虫が、夜はコウモリが、この花に花粉を運んでくる。特にレッサーハナナガコウモリのメスは、ベンケイチュウの花蜜を食べると乳の出が良くなり、子育てがしやすくなる。花後に実る果実は栄養価が高く、砂漠で暮らすさまざまな動物たちの格好の餌になる。

　動物の中でも、ベンケイチュウととりわけ密接な関係を築いているのは、サバクシマセゲラだ。この鳥はベンケイチュウの茎に穴をあけ、そこに巣をつくる。鳥たちが巣立った後の穴は、他の鳥類、哺乳類、爬虫類の隠れ家や巣として利用される。

ベンケイチュウの見守り

そびえ立つベンケイチュウの姿は、まるで砂漠全体を監視する警備員のように見える。ベンケイチュウは、成長は遅いが寿命が長く、200年以上も生き延びるものもある。50〜100歳に達すると、ベンケイチュウは腕だけを伸ばすようになる。

ベンケイチュウの帯化

ベンケイチュウの茎は、まれにその頂点が帯化する。帯化は、成長点（頂端分裂組織）に異常が生じることで起こり、下の写真のように茎が扇形に広がる。異常が起こる理由は不明だが、遺伝子の変異、または稲妻や霜などによる物理的な損傷が関係していると考えられている。

茎が扇形に帯化するものは、20万個体につきわずか1個体だとされている

茎は帯化しても、新しい腕を出すことができる

葉のない茎

葉は栄養をつくる場だが、表面積が大きいため、水分をたちまち蒸散させてしまう。そこで植物種によっては、あえて葉をつけないことで、砂漠の過酷な乾燥気候に適応するようになった。葉に代わって光合成を行うのは、葉緑素を持つ多肉茎である。これらの多肉植物は、夜間に空気中の二酸化炭素を取り入れ、茎に貯蔵する。そうすれば、太陽の照りつける日中は、気孔を閉じたままでも光合成ができるというわけだ。

多肉茎にある気孔は夜の間だけ開き、ガス交換を行う

茎での光合成

多肉植物には、サボテンと同様、葉を持たないことで環境に適応している種が多い。例として、左のユーフォルビアの一種（*Euphorbia woodii*、南アフリカに固有のトウダイグサ科の植物）を見てみよう。このユーフォルビアにとげはないが、葉もほとんどない。つまり、多肉茎で光合成を行い、生育に必要な炭水化物をつくり出しているということだ。

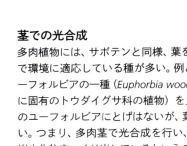

多肉茎に含まれる有毒な液汁が、草食動物を撃退する

とげのある茎

サボテンの多肉茎は、種によって大きさや形に差があるものの、葉を持たないという点では広く共通している。葉をつくる種もないわけではないが、たいていの場合、葉はとげに進化している。とげは草食動物を追い払い、空気の流れを停滞させ、日光を遮る。熱帯雨林に自生するサボテンは、葉のように平らな茎を持つが、これもやはり本当の葉を欠く。

光合成を可能にする葉緑素は、茎の最外層（表皮）のすぐ内側にある

イチゴのランナー

ランナーで新たな地に進出する植物には、オランダイチゴ（*Fragaria x ananassa*）、オリヅルラン（*Chlorophytum comosum*）、ヤブヘビイチゴ（*Duchesnea indica = Fragaria indica*）などがある。右の絵は、ロバート・ワイトの依頼により、1846年にインドで制作されたヤブヘビイチゴの植物画。匍枝は節に子株をつくり、これらの子株は親からちぎれると独立する。

茎から出る子株

茎の中には、横に伸びて植物の生育範囲を広げるものがある。地表を這うように伸びて根を出す匍匐茎や、地下でこれと同じ性質を示す根茎などはその代表だ。主茎が直立する場合も、そこから出た細枝が地表または浅い地下を水平に伸び、節に子株をつくることがある。こうした枝をストロンあるいはランナーという。

地下にある茎

多くの植物に見られる根茎、球茎、塊茎といった器官は、すべて茎に由来する。地表または浅い地下で育つこれらの器官を、まとめて「地下茎」という。地下茎は、植物が過酷な環境を生き抜くのに役立つだけでなく、繁殖の手段にもなる。親からちぎれた地下茎の断片は、どんな小さなものでも根を出し、子株をつくることができる。ただし、ヒオウギズイセン属（*Crocosmia*）などは球茎から匍枝を出し、親から少し離れた場所で新しい球茎を増やすこともある。

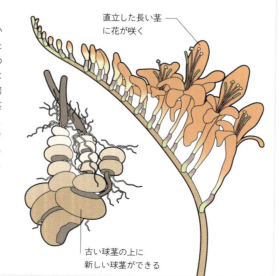

球茎で増えるヒオウギズイセン
Crocosmia

― 直立した長い茎に花が咲く

― 古い球茎の上に新しい球茎ができる

Phyllostachys edulis

モウソウチク

地上30mにも及ぶ林冠を形成するモウソウチクは、その巨大さから、樹木と間違われることが多い。茎が木化して高く育つ点では確かに珍しいが、この植物は、れっきとしたイネ科の草である。他のイネ科植物と同様、モウソウチクも節のついた茎、すなわち稈(かん)を持つのが特徴だ。

モウソウチク（*Phyllostachys edulis*）は、中国の温暖な山腹部を原産とする。今でこそ日本文化と深い関わりを持つようになったが、実際は中国から移入され、日本に定着した帰化植物だ。アジア全体では食料源、建築資材、布地や紙の原料となる繊維として利用され、この地域の経済にとって極めて重要な役割を果たしている。

モウソウチクは驚くほど早いペースで成長し、1日に1m以上も茎を伸ばすことがある。地下でも成長は活発で、根と根茎（地下茎）が密に絡まって広がりながら、新しい芽を出して生育域を拡大する。こうした栄養生殖は、モウソウチクの主要な生殖戦略だ。栄養生殖を繰り返せば、1つの個体から、山の斜面を覆い尽くすほどのクローンを生むことができる。ただし、モウソウチクには有性生殖の能力もある。開花は50～60年にたった1回だが、咲いた花からは何千という種子が放出され、たちまち発芽する。

旺盛に生育するモウソウチクは、自生地以外に持ち込まれると、途端に厄介な存在になる。囲いをしても簡単に抜け出し、周囲の土地に侵入してしまうからだ。密集した根を張り、大量の葉を落とし、高い草丈で日光を遮るモウソウチクは、あっという間に他の植物を駆逐する。

モウソウチクの若い茎は食用にもなる。だが、多くのタケと同様に、モウソウチクもシュウ酸やシアン化合物からなる強い毒で身を守っている。この毒は熱で分解されるので、十分に茹でれば、茎は安全に食べることができる。

竹林の林冠（日本）
京都の嵯峨野には、16km²に広がる竹林がある。無数の竹が静かに美しく密生する光景は、他では見られない。

モウソウチクの枝葉
竹の枝や葉は、中が空洞になった稈の節から育つ。

枝にも節があり、ここから小さな枝や葉が生じる

紙のように薄い槍形の葉が、各枝の先端に2～4枚つく

葉
leaves

葉。植物の茎と直接または柄によってつ
ながる、通常は緑色をした扁平（へんぺい）な構造
物。光合成と蒸散が行われる。

落葉性の広葉
写真のサトウカエデ（*Acer saccharum subsp. saccharum*）のような落葉樹の多くは、大きく平らな葉をつけ、その表面積を最大限に活かして光合成を行う。

葉の種類

葉には、年間を通してとどまる常緑性のものと、一年の決まった時期に失われる落葉性のものとがある。植物にとっては、どちらの葉をつくるにも一定のコストがかかるが、常緑葉はコストが高い分長持ちするので、長期的に見れば資源の節約につながると考えられる。しかし、葉が1年もたずに枯れてしまうような過酷な環境では、コストの安い落葉性の葉をつけた方が得策かもしれない。

落葉樹は、冬季や雨季や乾期といった、一年の決まった時期に葉を落とす

落葉性の広葉は、針状葉や鱗片葉に比べて、草食動物のエサになりやすい

葉の縁には、虫や動物を寄せつけないためのとげが並んでいる

常緑性広葉樹の葉
セイヨウヒイラギの一種
Ilex sp.

葉が細い針状になっているため、雪の重みを受けても枝を傷めない

針状葉
トガサワラ属の一種
Pseudotsuga menziesii

鱗状になった葉が、乾燥や雪から芽を保護している

鱗片葉
セコイアデンドロン
Sequoiadendron giganteum

常緑性の葉
針葉樹のほとんどは、針状または鱗状の細い常緑葉をつける。これらの葉は表面積が小さく、太陽の光を集めにくいが、落葉樹が葉を落としている間も光合成を続けられるという利点がある。また、針葉樹は冬の寒さにも適応している。

葉の構造

たいていの葉は、光合成に使う光を吸収するための細胞でいっぱいだ。これらの細胞は葉肉細胞といい、網状につながった葉脈から水や栄養を受け取っている。葉脈は、光合成でつくられた炭水化物が他の部分へ運ばれる際の通り道にもなる。葉の表面には、小さな穴（気孔）が見られる。植物はこの穴を開くことで二酸化炭素を取り入れ、閉じることで水分の蒸発を防いでいる。気孔がない部分は、水をはじくクチクラというワックス層で守られており、蒸散を防ぐ。

葉の内部
サトイモ（*Colocasia esculenta*）の葉は、表皮という単細胞層（写真の青色部分）で覆われている。さらに、その表皮の内側には、柵状組織（緑色の部分）と海綿状組織（黄色の部分）が存在する。灰色に見える構造物は葉脈、つまり道管と篩管からなる維管束だ。

主脈から分岐した側脈は、水と栄養を葉の隅々まで運ぶ

ワックスでできたクチクラ層が、水分の蒸発を防ぐ

道管は、根から吸い上げた水や栄養を、地上部まで送り届ける

篩管は、光合成で作られた炭水化物を葉以外の部分へ運ぶ

葉柄の延長線上にある主脈が、葉の中央を走っている

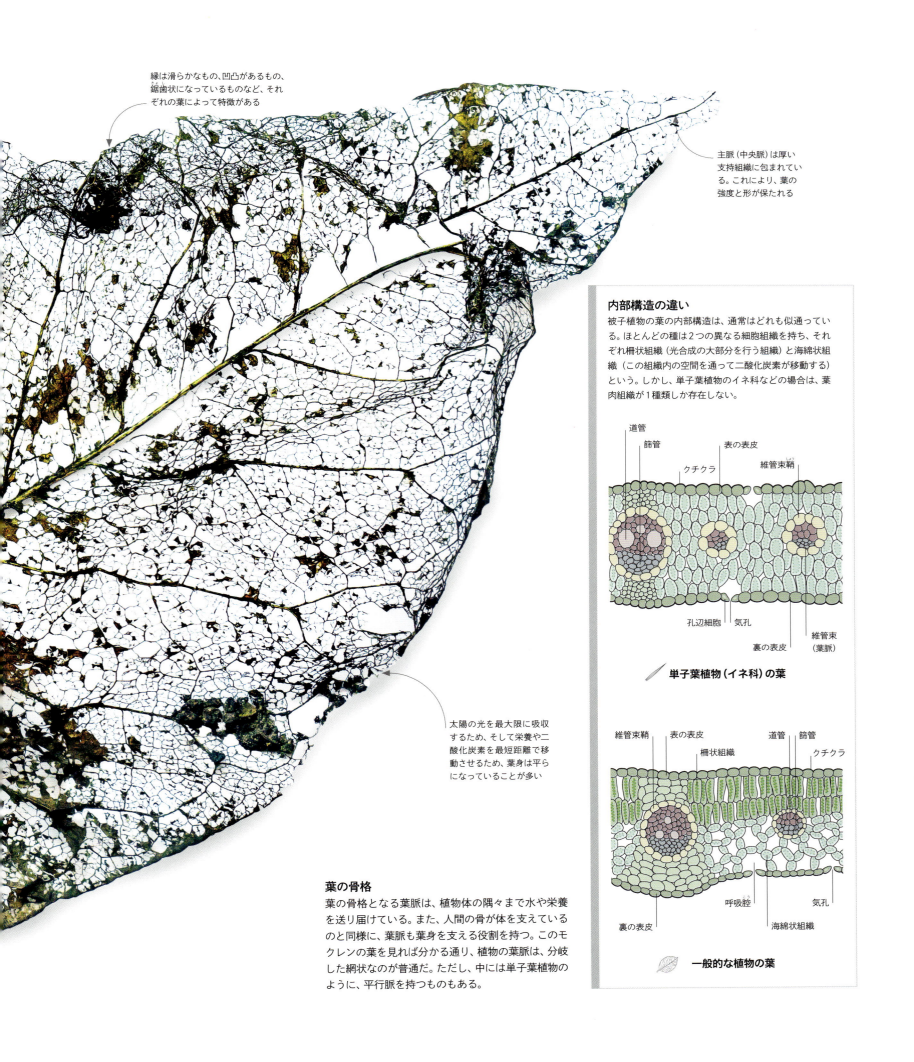

縁は滑らかなもの、凹凸があるもの、鋸歯状になっているものなど、それぞれの葉によって特徴がある

主脈（中央脈）は厚い支持組織に包まれている。これにより、葉の強度と形が保たれる

太陽の光を最大限に吸収するため、そして栄養や二酸化炭素を最短距離で移動させるため、葉身は平らになっていることが多い

内部構造の違い

被子植物の葉の内部構造は、通常はどれも似通っている。ほとんどの種は2つの異なる細胞組織を持ち、それぞれ柵状組織（光合成の大部分を行う組織）と海綿状組織（この組織内の空間を通って二酸化炭素が移動する）という。しかし、単子葉植物のイネ科などの場合は、葉肉組織が1種類しか存在しない。

道管／篩管／表の表皮／クチクラ／維管束鞘／孔辺細胞／気孔／裏の表皮／維管束（葉脈）

単子葉植物（イネ科）の葉

維管束鞘／表の表皮／道管／篩管／柵状組織／クチクラ／裏の表皮／呼吸腔／海綿状組織／気孔

一般的な植物の葉

葉の骨格

葉の骨格となる葉脈は、植物体の隅々まで水や栄養を送り届けている。また、人間の骨が体を支えているのと同様に、葉脈も葉身を支える役割を持つ。このモクレンの葉を見れば分かる通り、植物の葉脈は、分岐した網状なのが普通だ。ただし、中には単子葉植物のように、平行脈を持つものもある。

複葉

複葉は、2枚以上の小葉に分かれている。光合成を行う表面積を大きくすることで、資源を消費する枝などの支持組織にも、同じだけの栄養分を送れるようにしている。小葉が単一の共通点から放射状に広がっている場合は掌状複葉、小葉が中央の葉柄または葉軸に沿って、数カ所から出ている場合は羽状複葉と呼ぶ。

三回羽状（互生）
ワラビ属の一種
Pteridium sp.

羽片

葉軸

小羽片

2次、3次の小羽片

羽片は葉軸に沿って、互い違いに配置されている

シダの葉

この写真のワラビをはじめ、ほとんどのシダ類はさまざまな羽状複葉を形成する。この小葉は羽片といい、小羽片に分かれていることが多い。小羽片は、さらに2次、3次の小羽片に分かれる。

単羽状（偶数羽状）
タマリンド
Tamarindus indica

小葉が葉柄に沿って対になって出ている

単羽状（奇数羽状）
ペカン属の一種
Carya ovata

葉軸の先端に小葉をつける

二回羽状（対生）
ギンゴウカン
Leucaena leucocephala

小葉が細かく分かれている

単葉
コブミカン
Citrus hystrix

翼状になった葉柄が、葉のように見える

二小葉
ヒメナエア属の一種
Hymenaea courbaril

1つの葉柄に2枚の小葉がつく

三小葉
シャジクソウ属の一種
Trifolium sp.

3枚の小葉が掌状複葉を形成する

四小葉
ナンゴクデンジソウ
Marsilea crenata

1つの葉柄に4枚の小葉が掌状につく

五小葉
アカバナトチノキ
Aesculus pavia

5枚の小葉が掌状複葉を形成する

多小葉
アサ属の一種
Cannabis sp.

生育条件に応じて、小葉の数が異なる

アカンサス柄の壁紙（1875年）

モリスの壁紙や生地は、花、葉、果物などのモチーフを大きく繰り返し描くというデザインを特徴としていた。中でも特に高い費用をかけて製作された壁紙には、深い切れ込みの入ったアカンサスの葉が描かれている。アカンサスは、古代から建築や芸術のモチーフとして親しまれてきた植物だ。モリスによるアカンサス柄の壁紙には、ロンドンのジェフリー商会によって印刷された際、模様を忠実に再現するため、15種の天然染料と30枚の版木が使用されたという。

> 価値のある装飾は、それ自身を超えた何かを、見る人に思い起こさせる

1881年、ウィリアム・モリスがデザインの心得として述べた言葉

ガラスの芸術
このステンドグラスは、窓の装飾用としてデザインされた。手がけたのはイタリアの芸術家、ジョヴァンニ・ベルトラミ（1860〜1926）。典型的なアール・ヌーヴォーの様式で、花と葉の繊細なモチーフを表現している。

plants in art　芸術の中の植物

自然が作り出すデザイン

アーツ・アンド・クラフツ運動は、工業化によって庶民の労働生活が一変したことへの反発として、また粗悪な品質とデザインの大量生産品が普及したことへの反発として、19世紀末に勃興した。その根底にあったのは、中世の素朴な手工芸、すなわち、上質の材料と本物の職人技を取り戻そうという信念であり、また、運動を主導する職人やデザイナーの多くは、自然界の姿そのものに魅せられているという共通点も持っていた。

マロニエ（1901年）
スコットランドの芸術家、ジーニー・フォードは、デザイナーの視点から植物の絵画を制作した。彼女の作品は、アーツ・アンド・クラフツの価値観を象徴するかのごとく、見慣れた花や葉が持つ素朴で自然な美しさを讃えている。

アーツ・アンド・クラフツ運動の牽引役となったのは、英国の職人、ウィリアム・モリスだ。彼のデザインした壁紙や生地には、必ずといっていいほど、植物の花や葉や巻きひげが登場する。これらの作品は描かれた種にちなんだタイトルをつけられているが、モリスが得意としていたのは、植物を正確に模写することではなく、そのイメージを描き出すことだった。

モリスは古代の薬草、中世の木版画やタペストリー、装飾写本についても研究を重ね、これらを自らのデザインに活用した。さらに作品づくりの中では、木版印刷や手織りといった伝統工芸技術を復活させている。デザインを学ぶ学生に対しては、「型にはまった創作活動」を改めるよう求め、想像力をもって自然を観察せよ、あらゆる時代の芸術を研究せよと説いた。

アーツ・アンド・クラフツ運動は、アール・ヌーヴォーの芸術家やデザイナーにも少なからず影響を与えた。彼らは自然を「日常の根底にある力」と捉え、植物の花や根や巻きひげの有機的な曲線を、女性の官能的なイメージと重なる独自のモチーフへと発展させていった。

葉の成長

植物のほかの部分と同様に、葉は分裂細胞の塊から発生する。針葉樹をはじめとする多くの樹木種は常に葉をつけているが、落葉性の広葉樹が葉をつけるのは、一年のうち特定の時期だけに限られる。落葉性の樹木は、秋になると硬い休眠芽をつけるが、その中には一部成長した葉が入っている。芽は冬の間は保護されているが、霜の恐れがない春になると、すぐにそこから新しい葉が伸びてくる。

芽がふくらみ始めると、若葉を保護するように、鱗片葉が大きくなってくる

鱗片葉という特殊な形をした葉が芽を保護する

セイヨウカジカエデの葉の芽は、茎に沿って対生につく

芽の中に折り畳まれている葉は最終的な形状が決まっている

葉は芽の中で対になって形成され、互いに押し合いながら、本来の形に成長していく

芽の中では、葉身が葉脈に沿って折り畳まれている

芽から出たばかりの葉はまだしわが多い

葉が成長するのにつれて、最後に冬芽の鱗片葉が落ちる

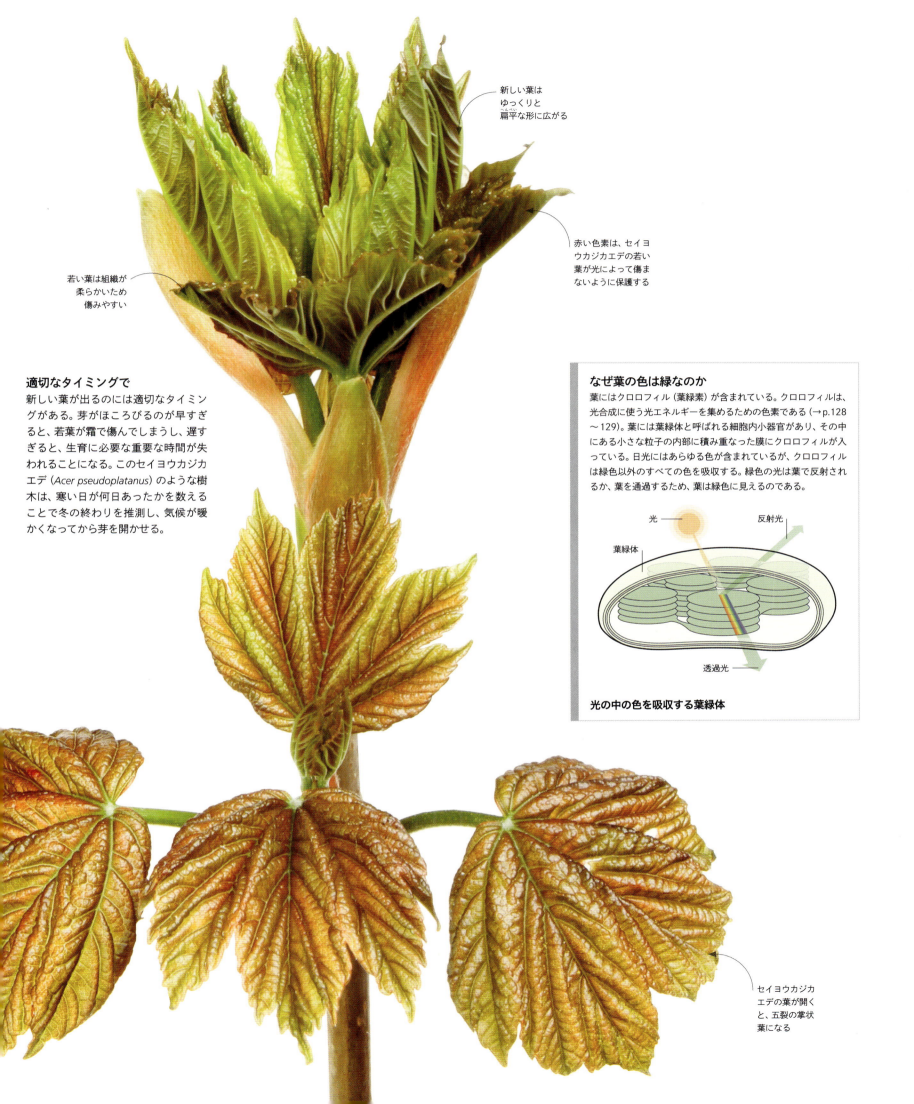

新しい葉は
ゆっくりと
扁平な形に広がる

赤い色素は、セイヨウカジカエデの若い葉が光によって傷まないように保護する

若い葉は組織が柔らかいため傷みやすい

適切なタイミングで

新しい葉が出るのには適切なタイミングがある。芽がほころびるのが早すぎると、若葉が霜で傷んでしまうし、遅すぎると、生育に必要な重要な時間が失われることになる。このセイヨウカジカエデ（*Acer pseudoplatanus*）のような樹木は、寒い日が何日あったかを数えることで冬の終わりを推測し、気候が暖かくなってから芽を開かせる。

なぜ葉の色は緑なのか

葉にはクロロフィル（葉緑素）が含まれている。クロロフィルは、光合成に使う光エネルギーを集めるための色素である（→p.128～129）。葉には葉緑体と呼ばれる細胞内小器官があり、その中にある小さな粒子の内部に積み重なった膜にクロロフィルが入っている。日光にはあらゆる色が含まれているが、クロロフィルは緑色以外のすべての色を吸収する。緑色の光は葉で反射されるか、葉を通過するため、葉は緑色に見えるのである。

光　反射光
葉緑体
透過光

光の中の色を吸収する葉緑体

セイヨウカジカエデの葉が開くと、五裂の掌状葉になる

広がるシダの葉

成長中のシダの葉は、しっかりと丸まった渦巻き状若葉という構造をしており、これから成長する中央の繊細な部分を守っている。この構造がゆっくりと広がるのにつれて、葉の下の部分が硬くなって光合成を始め、残りの部分が成長するためのエネルギーを供給するようになる。この葉がほどけていくプロセスは、わらび巻き芽型と呼ばれており、主にシダ類や、ヤシに似たソテツで見ることができる。

胞子をつける葉状体

シダ類は花をつけない。その代わりに、葉の裏側にある斑点状の部分で胞子をつくり出す（→p.338）。この斑点状の部分は胞子嚢群といい、これらを覆っている包膜（下の図の半円形をした構造）が縮むことで、胞子を放出する。

オシダ *Dryopteris filix-mas*

シダ類の葉が巻かれているのはなぜか

シダ類は大きな葉をつけるが、葉の数は比較的少ない。しかしその1つ1つに、生育のための大きな工夫が施されている。葉が巻かれている間は光合成する能力が限られているものの、草食の動物からは守られている。光合成をすることよりも、昆虫に食べられないことの方が重要なのである。

ヒリュウシダの渦巻き状若葉は食用になり、昔から薬として使われている

成長中の葉の柔らかい組織は、渦巻き状の若葉がゆっくり広がるのにつれて硬くなる

ヒリュウシダ *Blechnum orientale*

毛は、成長中の渦巻き状の若葉を食植性の昆虫から守っている

葉の下方の羽片は、広がるとすぐに光合成を始める

ディクソニア・アンタルクティカ *Dicksonia antarctica*

タカワラビ属の一種
Cibotium glaucum

本種の渦巻き状の若葉は、実物のバイオリンの渦巻きほどの大きさがあり、成長すると長さ2.5m以上にもなる。

互生する葉

ほとんどの植物は、このノブドウ属の一種（*Ampelopsis glandulosa*）のように、茎に沿って互い違いに葉をつける。シュートの先端では、植物ホルモンのオーキシンが自ずと集まる部位ができ、そこに葉が生み出される。成長中の葉はオーキシンを茎の方に流し去るので、次の葉は、前にできた葉から離れた場所に生じることになる。

シュートの先端の方から見ると、数学的に正確な比率でらせん状に葉がついていることが多い

葉が開くときは、成長中のシュートの先端を傷めないような配置になっている

よく見られる配列

互生が最も一般的だが、種によっては、茎に沿って同じ場所から対になって葉をつけたり（対生）、数枚の葉をつけたり（輪生）することもある。対生や輪生だと、葉は複数の方向から日光を集めることができる。また輪生の場合、茎に沿って、比較的広く間隔を空けた配列になっているので、下の葉が日陰になることはない。

葉は通常、茎の周囲にらせん状につく

葉が90度ずつねじれながらつくことが多い

輪生の植物は多くの葉をつけることができる

互生　　対生　　輪生

葉の配列

植物にとって、隣り合った植物の陰にならないことは重要だが、自分の葉によって日陰にならないようにすることも重要である。葉の配列、つまり葉序は、それぞれの種に独特なパターンで生じる。これには、下になった枝が、上にある葉の陰にならないようにして、できるだけ多くの日光を吸収できるようにする効果がある。

鮮やかな色の果実は、種を運んでくれる鳥や動物からよく見えるように、葉と葉の間に実る

複雑な構図
パンドラ・セラーズが描いた『レリア・テネブロサ（*Laelia tenebrosa*）、フィロデンドロン（*Philodendron hybrid*）、カラテア・オルナタ（*Calathea ornata*）、フィロデンドロン・レイクトリニイ（*Philodendron leichtlinii*）、ウラボシ科（*Polypodiaeceae*）』(1989年)は、植物を正確に描き出す画家の才能を示しているだけでなく、構図のとり方や、葉の間からもれる光を見事に表現している。

ブルターニュ（1979年、部分）
上質皮紙に水彩で描かれたこの作品には、セイヨウナシ（*Pyrus communis*）の落ち葉の繊細な美しさがとらえられている。マクウェンは、落ち葉に自然の素晴らしさを見出し、その色や朽ちていく過程を一連の作品にまとめた。それぞれの作品には場所と年とを記録し、落ち葉の色合いや朽ちた部分を、植物の完全性と画家の感性とを通して描き出している。

plants in art 芸術の中の植物

ボタニカルアートの再発見

ボタニカルアートにおける革命は、画家たちが完璧な標本にこだわることをやめ、ありふれた野菜や、果物や、花の美しさを描き出そうとしたことから始まった。その美しさには、カツオブシムシに食い荒らされ、朽ち果てようとする葉のような、細かな不完全さまでもが含まれている。20世紀の英国の芸術家ロリー・マクウェンは、このアプローチの先駆者であり、現代の芸術家の心を通じて自然界を描いた最初の植物画家として広く知られている。

マクウェンが全く新しいボタニカルアートを手がけるようになったのは、1960年代後半、世界的に活発になった異議申立ての動きに刺激を受けたのがきっかけである。紙の代わりに上質皮紙を使ったところ、水彩絵の具が、絹のようになめらかな上質皮紙の非多孔質の表面では、並外れて透き通った、鮮やかな色を生み出した。それはまるで、中世の彩飾写本に描かれた挿画のようだった。

マクウェンは、小さな細筆を使って科学的に正確に対象を描いた。対象が伝統的な花々であっても、タマネギであっても、道端で拾った落ち葉であっても、微細な部分まで行き届いた技法を駆使した。そして、時間をかけて対象を詳細に描き、いわゆる不完全さは気にせず、その形や色の美しさを際立たせた。

パンドラ・セラーズは、20世紀にボタニカルアートを新たな高みへと導いたもう1人の英国人画家である。セラーズの作品は、植物学の出版物に数多く掲載されており、その芸術的能力と感性は世界中で認められている。セラーズが絵を描くようになったのは、夫が温室で育てているランの色や形は、カメラではとらえきれないと思ったからだった。

ベナレスで描いたレッドオニオン（1971年、部分）
このタマネギの、紫色とピンクの輝くような色合いや、紙のような茶色の皮は、まるで本物のようだ。半透明の水彩絵の具で描かれたタマネギは、空中に浮かんでいるようにも見える。タマネギのシリーズは、マクウェンの独創性が発揮された、特に有名な作品群である。

> 66 たった1枚の枯れ葉に、世界の全ての重さがかかっているのだ 99
>
> ロリー・マクウェンの書簡より

雨林植物の葉は、表面が蝋質性であるとともに、葉の先端から水が滴りやすくなっているため、すぐに雨水が流れ落ちる

葉の裏の赤い表面は、鏡のように日陰でも光を最大限に吸収できる効果を持つ

葉と循環する水

植物は、土から吸い上げた水の5％しか使わない。残りは蒸発して、葉の表面から大気中に放出される。この蒸散というプロセスは、無駄なように思われるし、気候が乾燥している場合には問題になるが、さまざまな点で不可欠なものでもある。どんなに高い木でも、水は蒸散により重力に逆らって上へと運ばれ、それと同時に、土壌に含まれていた成長に必要な栄養素も運ばれる。また暑い気候では、汗が人間の皮膚を冷やすように、水が蒸発することで葉が冷やされる。

蒸散（じょうさん）

二酸化炭素を取り込むために気孔が開くと、そこから水蒸気が絶えず放出される。これにより陰圧が発生し、水は根から、植物の血管系である、道管という細い管の束を通って、幹の中を吸い上げられていく。

蒸発　土壌　水

葉の内部を通る水

表の表皮　葉肉細胞　裏の表皮　気孔　水　道管

水の無駄遣い？

このコスタス属の一種（*Costus guanaiensis*）は、南米の熱帯地方で見られる。熱帯雨林では水が豊富にあるので、植物ができるだけ多くの光を吸収しようと葉を大きくしても、蒸散が速すぎて脱水状態になることはない。その結果、毎年陸地で降る雨の約30％が熱帯雨林の植物の葉を通過することになる。

熱帯雨林植物の葉には気孔がたくさんあり、なるべく多くの二酸化炭素を吸収できるようになっている

コスタス属の一種（*Costus guanaiensis*）の葉は長く、最大で60cmになる

葉と光

植物は、葉で日光を集め、光合成という複雑なプロセスによって、光エネルギーを栄養に変えている。葉の中にはクロロフィル（葉緑素）という緑色の色素を含む葉緑体があり、植物はこれと光エネルギーを使って、空気中の二酸化炭素と土壌に含まれる水から糖をつくり出して栄養にしている。その副産物としてつくられるのが、地球上のほとんどすべての生命を支えている酸素である。

葉が緑色をしているのは、光エネルギーを吸収するクロロフィルという色素のためである

広い表面積
このフィロデンドロン属の一種（*Philodendron ornatum*）は、光が少ない日陰で生き延びるため、できるだけ多くの日光を吸収できるように大きな葉をつけている。ほとんどの植物同様、根で吸収した水は網目状に広がる葉脈を通じて葉へと運ばれ、同時に光合成で生成された糖が葉からほかの部分へと運ばれる。

葉柄が長いので、葉を太陽の方向へ傾けることができる

このフィロデンドロン属の一種（*Philodendron ornatum*）の葉は、できるだけ多くの光を集めるべく、長さ60cmにまで成長する

葉の表側

葉の裏側

葉の先端は雨水が流れ落ちやすくなっている

葉の裏面は葉緑体が少ないので色が鈍い

光合成

葉の表面のすぐ下には葉肉という特殊な細胞群があり、光合成はそこで行われる。葉肉細胞には葉緑体という小さな粒子が含まれており、それが、日光から与えられた光エネルギー、大気中から取り込んだ二酸化炭素、土壌から根で吸い上げて葉に送られた水を集めてグルコースに変換する。グルコースは、さらにスクロースという糖に変換される。光合成の間、葉の気孔から大気中へ酸素の放出も行われる。

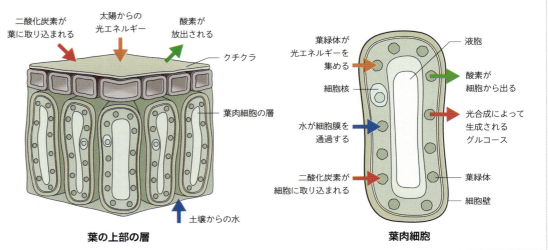

二酸化炭素が葉に取り込まれる／太陽からの光エネルギー／酸素が放出される／クチクラ／葉肉細胞の層／土壌からの水

葉の上部の層

葉緑体が光エネルギーを集める／液胞／細胞核／酸素が細胞から出る／水が細胞膜を通過する／光合成によって生成されるグルコース／二酸化炭素が細胞に取り込まれる／葉緑体／細胞壁

葉肉細胞

組織が分厚く、葉脈が硬いため、葉が大きくても、形が崩れることはない

表面積が小さいため、熱の損失と水の蒸発が最小限に抑えられる

表面積が小さいため、寒い気候での熱損失が抑えられる

森の下層で育つ植物は、葉を大きくすることで十分な量の光を集める

小さな葉
ユークリフィア属の一種
Eucryphia sp.

幅が狭い葉
マツ属の一種
Pinus sp.

大きな葉
サトイモ
Colocasia esculenta

巨大な樹冠
オニブキ（*Gunnera manicata*）の葉は非常に大きく、直径3mに達することもある。ブラジルの温暖で湿度の高い山岳地域に自生するオニブキは、この特大の葉のおかげで、ほかの植物よりも多くの日光を受けることができる。

巨大な葉
オニブキ
Gunnera manicata

葉の大きさ

葉の大きさは、1mmにも満たないものから、ラフィアヤシの一種（*Raphia sp.*）のように25m以上になるものまで、さまざまである。葉が大きければ、光合成をするための表面積が大きくなる。湿気の多い熱帯地域の植物の場合、蒸散が植物を冷やす役割も果たす。一方、寒い高山地域の植物は、葉が小さいので熱が失われにくく、霜による害が最小限に抑えられるようになっている。また、砂漠地域に生育する種は、葉が小さかったり、全くなかったりするが、これは蒸発する水の量を減らすという利点がある。

中くらいの大きさの葉は、光合成を最大限に行うのに適しており、温暖な気候でも水分を失い過ぎることがない

中くらいの大きさの葉
ハウチワカエデ
Acer japonicum

葉の形

植物はそれぞれの生息環境に応じて、さまざまな形や大きさの葉をつける。すべての植物は光合成のために光を取り入れなければならないが、同時に水分蒸発を防ぎ、風雨から身を守る必要もあるため、葉の形を変えることでバランスをとっているのだ。形には大きく分けて2種類があり、葉身がひとつながりになっているものを単葉、複数に分かれているものを複葉という。

進化によって生まれる違い

同じ環境で育つ植物種が、それぞれ違った形の葉をつけるのはどうしてだろうか？　その要因の1つは「進化」だ。時間の経過とともに植物のDNAは変化している。なぜなら、生き延びて繁殖を続けられるのは、特定のニーズ（およびその環境）に適した形の葉を持つ個体だけだからだ。葉の形の環境への適性が低い植物は枯れていく。もちろん、進化が常に完璧な形の葉を作り出すとは限らないが、それでも、その時点では最良のものを選んでいる。

水を流すためのデザイン

尾状に伸びた葉の先端（尖頭）は通常、太い葉脈に沿って伸びており、そこから水が流れ落ちるようになっている。ここに示したような、複雑な形をした葉の裂片や、シダ類の葉状体の羽片や小羽片には、独特の尖頭が形成される。尖頭と、撥水性がある蝋質の外層（クチクラ）とによって、熱帯雨林の植物は、激しい雨にも対処することができる。

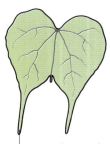

二裂した葉のそれぞれの先に尖頭がある

ハカマカズラ属の一種
Bauhinia scandens

中央の尖頭の両側に尖頭が2つある

ヤマノイモ属の一種
Dioscorea sansibarensis

葉によって尖頭の数が異なる

シュウカイドウ属の一種
Begonia involucrata

裂片ごとに葉尖がある

モンステラ
Monstera deliciosa

クイーン・アンスリウム

南アメリカ原産のアンスリウム属の一種（*Anthurium warocqueanum*）の葉は、長さが1m以上にもなる。広い葉は多くの雨滴を受けることになるが、尾状の先端部のおかげで水はすぐに流れ落ちる。尖頭は、熱帯雨林の植物ではアンスリウム属などの森の下層に暮らす植物の葉によく見られる。これに対して、最上部の樹冠の葉の場合は、濡れても日光ですぐに乾かせる。

蝋質のクチクラによって水が流れやすくなっている

葉の表面に何かのかけらが載っていると葉に陰ができるので、雨水とともに流れ落ちるようになっている

葉の中肋は、排水溝のように、尖頭の方へ水を流す

水滴の重さによって葉が下を向き、水滴が葉の先へと送られる

尖頭はdrip-tipという

葉が長いので、明るい方へ葉を向けることができる

葉の縁近くを循環している葉脈は、水を葉の中央の溝に導くためのもので、アンスリウム属はいずれもこのような形の葉脈を持っている

インドボダイジュの葉には、大雨に耐えるための尖頭がついている

インドボダイジュの葉
Ficus sp.

葉柄は葉が下向きになるように支える

尖頭

熱帯雨林で生育する植物の葉は、大雨に適応して葉の先端部が長くなり、その先からすぐに水が流れ落ちるようになっている。しかし、このような尖頭になっていることの利点は、実ははっきりしていない〔雨が多い地域に多いとされてきたが、再検討の結果、必ずしもそうでないことが判明した。そのため本当に水を流し去ることが利点なのかも不明である〕。研究者の間では、水が残っていると有害な菌類や、藻類や、バクテリアの成長が促進される可能性があるという説、水分を除くことで葉の温度調節をしているという説、水は日光を反射するため光合成の妨げになるという説が唱えられている。

葉縁

葉の周囲にある葉縁は、際立った特徴があるので、植物の種を識別するのに役立つ。葉縁の形は、植物が環境に適応した結果といえる。浅裂や鋸歯状の葉縁は、葉の周囲で空気が移動しやすいために多くの水分が失われるが、葉が光合成をするために必要な二酸化炭素は多く取り込めるようになっている。雨林の植物は、雨水がすぐに流れるように葉縁が滑らかになっている。

鋸歯（歯）や切れ込みがない滑らかな縁

全縁
ユークリフィア属の一種
Eucryphia sp.

鋸歯の歯が前方を向いている

鋸歯状
ハッカ属の一種
Mentha sp.

「鋸歯状」の葉縁よりもさらに細かい歯が前方を向いている

細鋸歯状
コヒガンザクラ
Prunus x subhirtella

葉の縁の鋸歯がさらに細かい鋸歯になっている

重鋸歯状
イロハモミジ
Acer palmatum

葉縁は、ホタテガイのような丸みを持つ円鋸歯状である

円鋸歯状
スミレ属の一種
Viola reichenbachiana

葉の縁の円鋸歯がさらに細かい円鋸歯状になっている

小円鋸歯状
カツラ
Cercidiphyllum japonicum

細い毛（縁毛）が縁を覆っている

毛縁状
ニワウルシの小葉
Ailanthus altissima

葉の縁がうねるように（波状）なっている

深波状
コナラ属の一種
Quercus macranthera

深く切れ込んだ葉縁

中裂状
アメリカガシワ
Quercus palustris

不規則な切れ込みがあり、葉の縁が裂けたり切れたりしている

鋭浅裂状
モクゲンジの小葉
Koelreuteria paniculata

外側へ向いたとがった歯のような縁

歯状
トルコガシ
Quercus cerris

「歯状」の葉縁よりも細かい歯が外側へ向いている

細歯状
アカミグワ
Morus rubra

葉縁に円みのある切れ込み

浅裂状
フユナラ
Quercus petraea

葉を守るため歯の先に鋭い棘がある

刺状
セイヨウヒイラギ
Ilex aquifolium

葉縁が立体的に波打っているので、葉が平らになりにくい

波状
フィロデンドロン属の一種
Philodendron ornatum

葉縁と気候

温暖な気候で育つ植物は、全縁の（滑らかな）葉をつけることが多く、このような葉は、ぎざぎざのある葉よりも水分の損失が少ない。温暖な気候では、鋸歯状の葉は暖かくなるとすぐに光合成を行うことができる。化石になった葉の縁を見ると、その葉がまだ生きていたときの地球の気候について推定することができる。

毛が生えている葉

草食動物を追い払い、極端な気候の変化に耐え、競合する植物には除草剤で対抗する。植物はこれら全てのことを、葉や、茎や、芽に生えた毛状突起という、毛のような構造でやってのける。毛状突起は、昆虫に食べられたり、産卵されたりしないようにするだけではなく、自分自身を守るために、そこから毒素を分泌することもある。毛状突起を持つ植物の中には、哺乳類を追い払うための警告として、刺激性の化学物質を皮膚に注入するものがある。

ハッカの防御法
植物の毛状突起は、たいていは昆虫に食べられないようにするためのものだが、中には害虫を積極的に追い払うものもある。ハッカ属の一種（*Mentha sp.*）の毛状突起で生成されるメントールの精油には、昆虫を追い払い、食べたものを殺す働きがある。

オランダハッカ
Mentha spicata

まるでビロードのよう
サンチシソウ属の一種（*Gynura aurantiaca*）には、色素のアントシアニンを含む紫色の毛状突起が生えている。この色素は、普段は日陰にある葉が、強烈な日光が突然、林床に差し込んだときに傷まないようにするためのものである。

ラムズイヤー
Stachys byzantina

密生する毛状突起。葉が大量の毛に覆われているので、昆虫は食べることができない

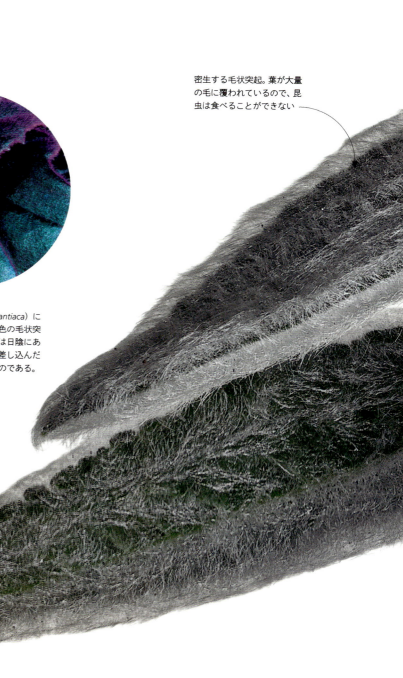

自然に対する防御
ラムズイヤー（*Stachys byzantina*）は、植物全体が絹のような毛状突起の層で覆われており、干ばつに耐えられる。この毛によって葉の周囲に水分を閉じ込め、風をよけることで蒸発が最小限に抑えられる。また銀色をしているのは、太陽からの過度な光や熱を反射することに役立つ。

ハチの中には、毛状突起を集めて巣づくりに利用するものもいる

毛状突起は、葉、茎、芽を覆って霜や熱から守る

ラムズイヤーには腺毛も生えている。植物が病気にかからないように、ここから抗菌性の化合物が分泌される

Rubus sylvestris f. leninus

同定が容易
ニコラス・カルペパーの『英国薬局方』(1652年)では、同定を容易にするため、似たような植物種を隣り合わせにしていることが多い。ここではアラゲシュンギクとフランスギクとが並べて描かれている。

plants in art　芸術の中の植物
古代の草本誌

草本誌とは、植物についての説明と、その特性や薬としての用途に関する情報を載せた書物や写本のことである。植物の同定や植物学的研究の際に参照する手引きとしても利用される。草本誌は、書物や文献の中でも最も古くからあるものの1つで、古代の草本誌には、ある植物について、知られている限りで最古の図面や絵画が載っているものもある。

草本誌は、古代世界での植物に関する伝承や、伝統的に使われていた薬草に関する知識を基につくられたと思われる。中東やアジアで見つかった最も初期の草本誌には、数千年前につくられたものもある。草本誌は古典古代の時代に人気を博すようになった。中でも特に有名なのは、ローマ軍に従軍していたギリシア人医師のペダニウス・ディオスコリデスがまとめた『薬物誌』(50年頃～70年)である。『薬物誌』には500以上の植物に関する詳細な情報が記載されており、広く読まれただけではなく、1500年以上にわたって使われてきた。原本に挿画が描かれていたかどうかは不明だが、最も古い写本と考えられているウィーン写本には、詳細に描き込まれ博物学的な絵が載っている。

木版印刷の登場により、さらに多くの本がつくられることになった。しかし、挿画のある草本誌の数を増やすとともに、その挿画の質を向上させたのは、15世紀に発明された活版印刷である。草本誌の人気は、結局は衰えていったものの、その後に登場する、植物学的に正確な図版を載せた科学的な書物の先駆けになったと考えていいだろう。

カルペパーの草本誌
この手彩色の植物銅版画は、ニコラス・カルペパーの『英国薬局方』(1652)に掲載されていた。『英国薬局方』は、手頃な価格だったので入手しやすく、その上実用的でもあったので、この分野の書物の中では特によく売れた。

『薬物誌』
このノイチゴの挿画は、ディオスコリデスの『薬物誌』に掲載されていた。画面の上の方には「ノイチゴ」を意味するギリシア語「batos」の文字が見える。また、画面下に書かれた文字から、キイチゴ属の一種 (*Rubus sylvestris*) と同定されていることも分かる。この写本は、原本が最初に制作されてから約1400年後の1460年につくられた。そして、英国の有名な植物学者で博物学者のジョゼフ・バンクス卿がコレクションとして所有していた。

> 古代ギリシャ人の時代から中世の終わりに至るまで、血筋がほとんど途絶えることがなかった稀有な写本の一つといえる

ミンタ・コリンズ『MEDIEVAL HERBALS: THE ILLUSTRATIVE TRADITIONS (中世の草本誌：挿画の伝統)』2000年

舞乙女

クラッスラ属の一種、舞乙女（*Crassula rupestris* subsp. *marnieriana*）の密に重なった葉は、小さく丸みを帯びることにより、表面積を小さくし、水分の蒸発を最小限に抑えている。葉の中には特殊な細胞があり、そこに水分が貯蔵される。葉のクチクラ層は、「ブルーム」と呼ばれる蝋質の白い粉で覆われており、太陽からの熱や光を反射することで葉を守っている。

密集した葉は、太った茎の集まりのようにも見える

多肉質の葉

水なしで長く生き延びられる植物はあまり多くない。しかし多肉植物は、ふくらんで厚くなった葉や茎に水を貯め、一滴さえも無駄にしないよう特に適応した植物である。葉には、防水性があって蝋質の、分厚いクチクラ層が形成されており、さらに空気の流れを少なくして周囲の湿度を高めるために、気孔が沈み込んでいるものが多い。ほとんどの植物とは異なり、多肉植物は夜に気孔を開く。これは、暑くなる日中に、蒸発によって水分が失われるのを最小限に抑えるためである。

CAM型光合成

多肉植物は水を節約するために、ベンケイソウ型有機酸代謝（CAM）というタイプの光合成を行う。CAM光合成を行う植物は、日中に二酸化炭素（CO_2）を摂取する代わりに、蒸散（→p.126）を減らすために夜に気孔を開く。その間、二酸化炭素は有機酸化合物として貯蔵され、昼になってから葉緑体に送られ、その後、光合成に使用するため放出される。

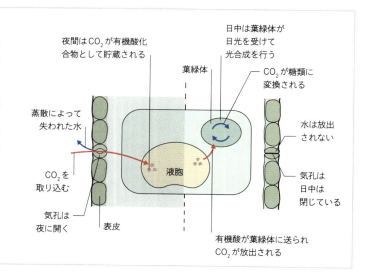

葉肉細胞の内部

貯水細胞
蝋質の厚いクチクラ
光合成を行う葉肉細胞
葉脈

水を貯める葉
このアロエベラ (*Aloe vera*) の葉は、柔細胞の中にある液体で満たされた広い区画（液胞）に水を貯めることができる。

多肉植物の花は、涼しくて、よく雨が降る時期に咲くことが多い

自己洗浄する葉

ハス（*Nelumbo nucifera*）の葉は、非常に細かい凹凸と、耐水性のある蝋質のクチクラで覆われている。この保護層には、水滴をはじきやすい性質がある。はじかれた水滴は、葉に沿って進む途中で汚れの粒子を拾って表面をきれいにし、光が葉の中の光合成細胞にまで届くようにする。この有用な特性を実験室で再現して、自己洗浄を行う塗料が開発されている。

拡大して見ると

蝋質のクチクラは、耐水性の化合物でできている。このクチクラのおかげで、葉から水が蒸発しにくくなるとともに、真菌や細菌の感染をある程度防いでくれる。表面を覆う毛皮のようなものは蝋の結晶で、クチクラの外側はこのような構造になっていることが多い。

トウダイグサ属の植物の葉の表面

蝋質の葉

植物は、最初は水中で進化した。しかし約4億5000万年前から、生育地を陸上へと拡大していった。そのときに、水分が失われないようにするため、葉や茎の表面にクチクラと呼ばれる防水性の蝋質の層が形成されるようになった。クチクラには、植物を細菌の感染から守る働きもある。クチクラは半透明なので、光合成のための光を取り入れることも、過度の光や熱を反射して、植物を保護することもできる。

傘のようなハスの葉は、幅が最大で60cmもある

長い葉柄は、葉と池の底に張られた根とをつないでいる

ハスの葉の表面には自己洗浄の働きがあり、生育場所が泥だらけでも汚れることはない

葉を流れ落ちる露

ハスは、スイレンとは違って、水面から細長く伸びた葉柄の先に葉をつけることが多い。バランスのとれた大きな葉が揺れると、葉の表面にある撥水性の隆起の間に水がたまり、水滴となって流れ落ちる。

Aloidendron dichotomum アロイデンドロン属の一種

矢筒の木（旧園芸名「アロエ・ディコトマ」）

このアロイデンドロン属の一種（*Aloidendron dichotomum*）は、南アフリカのサン族の人々からは「矢筒の木」と呼ばれている。この木の枝をくり抜き、矢を入れる矢筒にしているからである。非常に丈夫な種で、高さ7mまで成長し、80年以上も生き続ける大型多肉植物である。

矢筒の木は、ナミビア南部と南アフリカ共和国のケープ北部地域の固有種で、樹木と同じくらいの大きさまで成長する。より小さくて肉厚な、親戚に当たるアロエと同じように、特有のロゼットを形成するが、分かれた枝の先端にできるところが特徴的である。

矢筒の木の枝は、粉末状の白い物質で覆われており、これが日焼け止めの働きをしている。気温が上昇し、南アフリカの猛烈な太陽に焼かれるような環境になっても、この物質のおかげで、矢筒の木の内部は適温に保たれるのである。

春になると、ロゼット状の葉から伸びた穂に、鮮やかなオレンジイエローの花を咲かせる。この遠くからでもよく見える穂が野生生物にとっての信号となり、ミツバチや、鳥や、ヒヒまでもが、花の蜜を目当てに矢筒の木のところまでやって来る。しかし花が咲いていないときでも、非常に丈夫なその枝は鳥の巣づくりに利用される。十分に成長した矢筒の木には、シャカイハタオリが巨大な巣をつくることでよく知られている。この鳥は、枝と枝の間に、大きくて複雑な共同の巣を編んでつくるのである。

矢筒の木の固有の生育地のうち特に暑くなる地域では、長期にわたる干ばつのために多くの矢筒の木が枯れてしまっている。気候変動に伴い、干ばつはさらに広がり、一層厳しいものになると予測されている。矢筒の木が減っているのは、降水量の深刻な変化を示していると考えられる。

枝分かれする習性
矢筒の木は、樹木に匹敵する大きさに成長するものの、材木にすることはできない。しかしその頑丈な枝には、貴重な水を蓄えるための多肉質の繊維が詰まっている。矢筒の木は、成長につれて、2つずつに枝分かれする習性がある。

オレンジイエローの花の穂は、周辺の野生生物にとって非常に重要な大量の蜜を生産する

多肉植物の葉
矢筒の木は、真っ白な枝の先端にアロエに似た葉をつける。多肉植物のこのような葉は、光合成と貯水の両方にとって重要である。

銀色の葉

山の気候は日差しが強く乾燥しているため、水分が蒸発しやすい。そのため多くの植物が、銀色の葉をつけ、光と熱を避ける。これは、葉を覆う半透明の蝋や毛（毛状突起）の色で、その下には緑色の葉の細胞が隠されている。蝋や毛は、水分の損失を減らすのにも役立つ。毛によって葉の表面の周囲の湿度が高くなり、蒸発が最小限に抑えられる。蝋は、防水層の役割も果たす。

効率的な気体の交換
タスマニアン・スノーガム（*Eucalyptus coccifera*）は、太陽から受ける熱を最小限に抑えるため、葉が垂直についている。また葉の両面に気孔があるので、蒸散により水分を失うことなく、光合成のためにより多くの二酸化炭素を取り入れることができる。

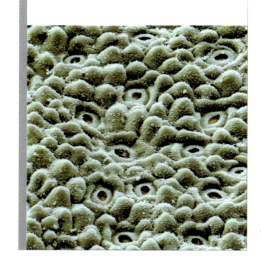

葉は形成され始めると同時に蝋質で覆われる

蝋質で厚く覆われているため、害虫が葉の表面を歩きにくい

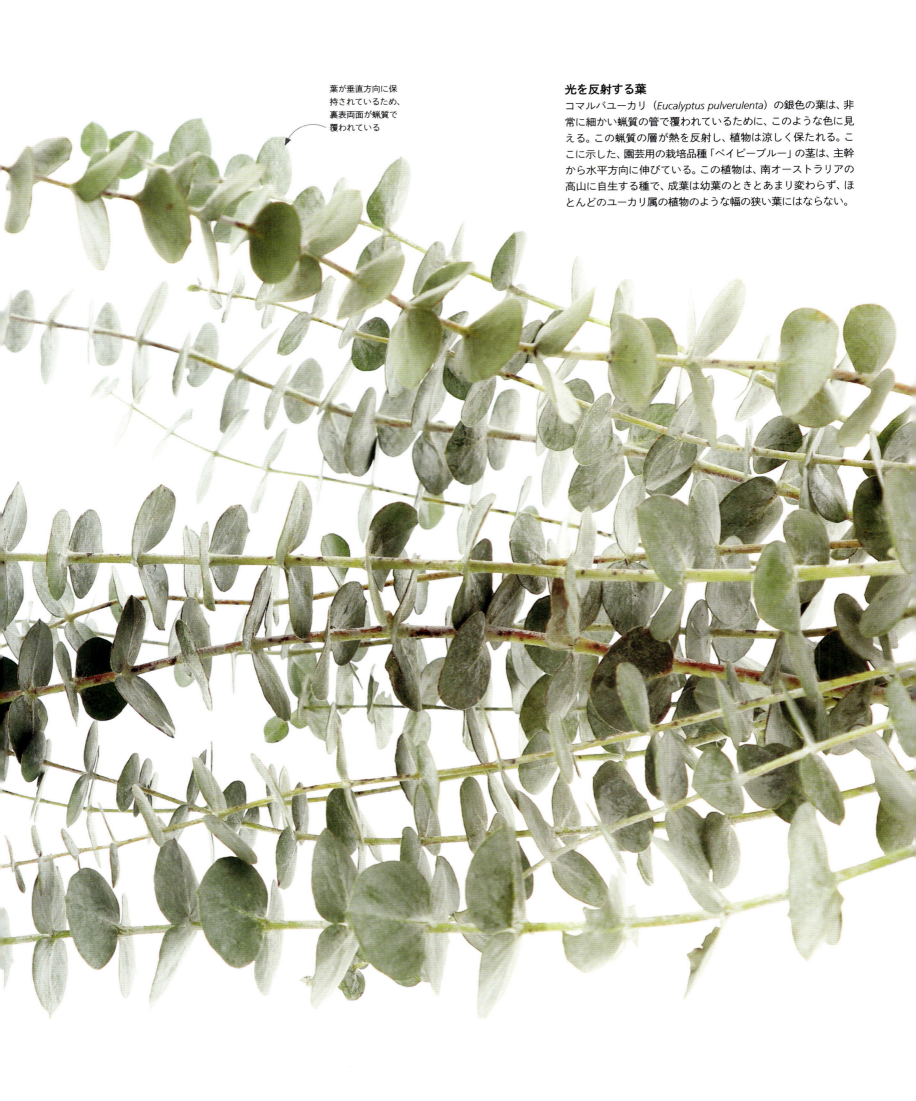

葉が垂直方向に保持されているため、裏表両面が蝋質で覆われている

光を反射する葉

コマルバユーカリ（Eucalyptus pulverulenta）の銀色の葉は、非常に細かい蝋質の管で覆われているために、このような色に見える。この蝋質の層が熱を反射し、植物は涼しく保たれる。ここに示した、園芸用の栽培品種「ベイビーブルー」の茎は、主幹から水平方向に伸びている。この植物は、南オーストラリアの高山に自生する種で、成葉は幼葉のときとあまり変わらず、ほとんどのユーカリ属の植物のような幅の狭い葉にはならない。

斑入りの葉

葉の色が2色以上になる現象を斑入りという。斑入りの葉は、庭に植える植物ではよく見られるが、光合成ができるのは緑の部分だけなので、自然界では非常に珍しい。斑入りの葉を持った園芸種は、ほとんどがキメラで、葉の色の異なる部分には、遺伝的に異なる細胞が含まれている。一方、熱帯雨林の植物の中には、枝の間から差し込む日光で傷まないようにしたり、動物に食べられないように病気にかかっていると見せかけたりするために、葉が斑入りになっているものがある。これは園芸種の斑入りと違い、構造斑入りといって、緑の色を下に隠しつつ、光を反射する層をつくることで白銀に、あるいは着色した色を見せるものである。

外側の「表皮」と、その下の細胞との間に光を反射する空気の層がある。構造斑入り

ベゴニアの園芸品種 "シルバーレース"
Begonia 'Silver Lace'

渦巻き模様の斑入りの葉は、園芸品種として開発された

ベゴニアの園芸品種 "エスカルゴ"
Begonia 'Escargot'

アミメグサ属の葉は、葉脈が斑入りになっていて、まるで神経のように見える

アミメグサ属の一種
Fittonia sp.

色が薄くなった部分は、光の反射による

カラテア属の一種
Calathea bella

クリーム色と緑色の部分は、それぞれ細胞が遺伝的に異なっている

ヨーロッパカエデの園芸品種 "ドラモンディ"
Acer platanoides 'Drummondii'

葉の色が違っているのは、異なる色素が含まれているため

クロトン
Codiaeum variegatum

模倣

カラジウム（*Caladium bicolor*）は、中南米の森林に自生する植物である。その葉の白と赤の斑点部分は、光合成の効率が低い。しかしこの色は、葉が昆虫に食われたかのように見せかけるものだ。このような策略は非常に効果があるようで、斑入りの葉のものは、その近縁種と比較して、葉を食べる昆虫が最大12倍も少なくなるという。

カラジウム
Caladium bicolor

白い部分は、昆虫に食われた跡を模倣している

カラジウム
Caladium bicolor

赤い斑入りの葉は光合成の効率が悪いため、緑色の葉よりも多くの光を必要とする

昆虫に食われたように見える葉は、病気にかかっていたり、食べ物として質が落ちていたりするように思わせて、食べられないようにするためのものである

アグラオネマ属の一種
Aglaonema sp.

紅葉するように改良された品種
原種のイロハモミジは緑色の葉をつけるが、夏の間も葉が赤い栽培品種がある。そして秋になると、さらに鮮やかな赤になる。

掌状（手の形）の葉は五裂、七裂、九裂し、鋸歯状の葉縁を持ち、先が尖る

Acer palmatum イロハモミジ

日本のモミジ

イロハモミジ（*Acer palmatum*）は、すぐにそれと分かる葉をしている。日本、北朝鮮、韓国、ロシア原産のこの魅力的な落葉樹は、その優美な樹形、優雅な葉の形、色鮮やかな紅葉のおかげで、世界中の庭園に植えられるようになっている。

イロハモミジは比較的背が低く、成長が遅い木で、高さが10mを超えることは珍しい。これはつまり、もっと高く育つ樹木の陰が生育環境だということである。野生のイロハモミジは、海抜1100mまでの温暖な森林地帯の低木層を占めている。

この木が特に魅力的な点は、バリエーションに富んだ見た目にある。小さな低木から、細長く伸びるものまで、さまざまな形の在来種がある。また、イロハモミジを有名にした葉にもさまざまな形や色がある。これらは全て、種のDNAに関係がある。イロハモミジの遺伝的多様性は非常に高く、同じ木からの種子でも、互いに見た目が全く違う子孫が生まれることがある。

育種家はこの本来備わった多様性を利用して、18世紀以降、1000種類を超える品種を生み出してきた。品種改良のほとんどは、鮮やかな紅葉をつくり出すことに重点が置かれていた。この鮮やかな色は、アントシアニンという植物色素によるものである。アントシアニンは葉の組織を、過度の紫外線から守り、傷まないようにする働きを持つ。またアントシアニンには、植物を食べる昆虫を追い払う働きがあるという証拠も見つかっている。

イロハモミジは、赤や紫の小さな花を咲かせる。この花は、風や昆虫によって受粉し、その後、翼果（→p.314）という、翼のある種子をつける。翼果は、小さなヘリコプターのように微風に乗って、親から離れ、遠くまで運ばれていく。

小さな奇跡

イロハモミジの中には直立した樹形になるもの、枝垂れになるもの、ドーム型に生育する習性を持つものがある。秋になると、葉は黄色、オレンジ、赤、紫、そして青銅色など、驚くほどさまざまな色に変化する。

秋の葉の色

夏が終わりに近づくにつれて、日が短くなり、気候も涼しくなる。それは樹木にとって、冬への備えが必要になったという合図にほかならない。緑から黄、オレンジ、赤への見事な葉の色の変化は、葉の中で起こる化学変化がもたらしている。

色の組み合わせ
葉の色は化学物質によって決まっている。最もよく見かけるのはクロロフィル（葉緑素）で、葉は緑色に見える。また、カロテノイドは黄色やオレンジ色を、アントシアニンは赤や紫をつくり出す。

クロロフィルは、太陽光に含まれる赤と青紫の光を吸収し、緑色の光を反射するため、葉は緑色に見える

緑色をしたクロロフィルは、強い光に当たると分解するが、成長期間には常に新しく補充される

葉緑体では、クロロフィルがとらえた光エネルギーを使って光合成を行う

葉の細胞の内部
葉の細胞にはいろいろな色素が含まれているが、春から夏にかけてはクロロフィルが優勢である。クロロフィルは、葉緑体と呼ばれる特別な細胞内構造の中にあり、植物の栄養分を生産している。

黄色やオレンジ色はカロテノイドによるもので、この色素は緑色のクロロフィルよりも分解する速度が遅い

黄色のカロテノイドは常に葉の中に存在しているが、クロロフィルが秋になって分解されることで、目に見えるようになる

化学物質の混合物
イラクサの毛状突起には、ギ酸、ヒスタミン、セロトニン、アセチルコリンなどの刺激性化学物質が多く含まれている。これらの化学物質が一度に作用することで、それぞれの物質が引き起こす苦痛や不快感がさらに持続する。

細い先端は
簡単に折れる

とげのある葉

イラクサなどのとげのある植物は、単細胞の毛（毛状突起）で覆われている。この毛には、触れた動物に痛みやかゆみ、炎症を引き起こす化学物質が多く含まれている。この毛状突起の先端はもろいため、触れると簡単に折れてしまう。すると、皮下注射針のように鋭い部分が現れて、草食動物の皮下にその有毒な混合物を注入する。草食動物に食べられたイラクサの葉は、対抗するように、さらに多くの毛状突起を形成するようになる。

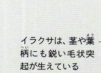

イラクサは、茎や葉柄にも鋭い毛状突起が生えている

葉の裏側の葉脈に沿った部分には、より多くの鋭い毛状突起がある

短く、尖っていない毛状突起は昆虫を防ぐ働きもする

イラクサ
イラクサ（*Urtica dioica*）のとげは、哺乳類や一部の鳥に刺激を与えるが、昆虫は影響を受けない。そのためイラクサは、身を守る手段を持たない毛虫やほかの昆虫の幼虫にとって重要な生息場所となっている。

イラクサの毛状突起はガラス状シリカでできているため脆い

Vachellia karroo ヴァケリア・カルー

スイートソーン

以前はアカシア・カルー（*Acacia karoo*）と呼ばれていた、この良い香りのするアカシアは、南アフリカでも特に硬い木の一つである。適応性が高く、湿潤な森林でも、サバンナでも、半砂漠の気候でも見られる。スイートソーンは一度根づくと、どんなに厳しい環境にも耐えることができ、火災からさえ生き延びることができる。

いかにも恐ろしげなこの木の「とげ」は、葉柄の基部にある葉に似た部分（托葉）が成長したもので、長さは5cmになる。とげで全体が覆われているため、ほとんどの草食動物は近寄ることができない。しかしキリンは、革のように丈夫な舌を枝に巻きつけながら、ミモザのように細かい葉を難なく食べることができる。また樹皮や、花や、栄養価の高い果実も動物の栄養となる。たとえば、幹の傷ついた部分からしみ出してくるゴム状の樹液は、ミドリザルやショウガラゴなどの動物の栄養になっている。

巨大な木ではないものの、高さ12mに達するものもある。スイートソーンの寿命は比較的短く、長くとも30〜40年である。しかし、過酷な条件に耐えることができる。スイートソーンは霜に強く、直根が非常に長いので、干ばつのときでも、地下深くにたまっている水を吸い上げることができる。また土壌栄養が足りなくても、根に窒素固定細菌をすまわせて、栄養を自給できるような構造を持っている（→ p.33）。

スイートソーンは、成長が早く、さまざまな土壌への耐性があるため、日よけや風よけのない場所にも根づき、火災の影響も受けにくい。最初の年を生き残った実生が、火災で焼け焦げた後でも新たに茎を伸ばすことができるのは、根に蓄えられた栄養のおかげである。

高い適応性があるため、本来の生育場所以外に導入されると、侵略的外来種となる。また、とげで守られた葉をあえて食べようとする動物がほとんどいないことも、ほかの植物との競争に勝つ理由となっている。

とげで覆われた壁
スイートソーンは、冬の間には葉を落とすので、長く白いとげで全体が覆われているのがよく見える。この木には、鳥が好んで巣をつくる。とげで守られているので、よほど執念深い捕食者でない限り襲われる心配はないだろう。

ポンポンのような花序は、多くの小さな花で構成されている

ポンポンのような花
初夏の頃、スイートソーンの樹冠には、ポンポンの形をした黄色い花が何百も咲く。この木は開花期間が長く、ハチにとっては花粉や蜜の頼もしい供給源となるので、蜂蜜づくりのために重要な種である。

身を守る葉

葉はその場所から動くことができないため、捕食者から身を守るためにさまざまな方法を進化させた。たとえば、葉を鋭いとげに変化させて、食べようとする動物を傷つけるものがある。とげは、維管束組織、葉柄、托葉など、葉の一部が変化して形成される場合もあれば、葉全体が変化する場合もある。

とげを安定させる仕組み

アカシアの木に生える大きなとげには、アリが巣を作る。このアリは、ほかの動物による攻撃から守ってくれる有益なアリである。ほとんどのサボテンでは、葉が全てとげに変わっており、光合成は多肉質の茎で行う。

アリアカシア
Acacia sphaerocephala

マミラリア属の一種のサボテン
Mammillaria infernillensis

- 花が開いたときの形はアザミとしては独特で、ヒナギクが咲いたときに似ている
- 主茎から出ている葉は幅広く、とげが生えた「翼」のようになる
- 葉の裏側は柔らかい白い毛で覆われ、クモの巣のようになっている
- 葉の表側には光沢がある

花の近くにある、とがった小さな葉は、主に草食動物から身を守るためのものである

とげで覆われた苞は、生育中の花芽を守る

花は主茎から分かれた短い側枝に咲く

守られていない花はゾウムシに食べられることがあるが、葉には普通害虫がつかない

乾燥地域の植物は、この南アフリカ産のアザミや、ベンケイチュウ (*Carnegiea gigantea*) などのように、葉がとげになっているものが多い

南アフリカのアザミ
このベルケヤ属の一種 (*Berkheya purpurea*) のとげは維管束組織が硬く伸びたもので、葉から突き出ている。とげになった葉縁は、草食の哺乳類に食べられないようにするだけではなく、毛虫やその他の小さな昆虫に対して、葉の食べやすい場所が分からないようにする働きもある。

嵐を耐え抜く
ココヤシ (*Cocos nucifera*) は非常に風に強い。葉が羽のような形をしており、風はその間を通り抜けていく。激しい嵐のときは、風に当たった葉が基部から折れてしまうことがあるが、そのせいで植物体のほかの部分が損傷することはない。

葉は長さ5.5mにまで
達することがある

葉は、成長中の繊細な
茎の先端を取り囲み
保護している

羽状の葉は、小葉が
中肋に沿って対にな
って配置されている

極端な気候での葉

嵐のときには、木の葉が帆のように風を捉えて、枝や幹が折れてしまうことが多い。しかしヤシの木は、極端な強風にあっても水平方向に曲がるので、たいていは無傷でいられる。柔軟な幹と、空気力学にかなった葉のおかげで、嵐を耐え抜くことができるのである。ほとんどのヤシの木は、柔軟な中肋のある翼のような羽状複葉で、そこに大きな損傷を受けないように、風が吹くと畳まれる小葉とをつける。

大きな葉の小葉は、扇のように畳まれることで、風に当たる面積を小さくしている

維管束組織が柔軟なので、幹は曲がっても、折れることはない

Bismarckia nobilis ビスマルクヤシ

ビスマルクヤシ

ビスマルクヤシは、その印象的な樹冠の下に心地よい木陰を作り出す。あらゆるオウギバヤシの中でも、特にエレガントで壮観なヤシだといえる。生育地は、マダガスカル北西部の乾いた草原で、今のところは減少が見られない、数少ないマダガスカルの固有種の1つである。

名前はドイツ帝国の最初の首相だったオットー・フォン・ビスマルク（1815〜1898）に因む。ビスマルキア属の唯一のヤシである。ビスマルクヤシは、特に高く育つヤシの木ではないが、100年くらいかけて18mの高さにまで成長することがある。

マダガスカルの生育地では極端な気候に耐える必要があるため、ビスマルクヤシは非常に頑健な種になった。生育地では乾季になると、太陽が容赦なく照りつけて暑くなり、雨はほとんど降らず、草原火災が起きやすくなる。一方雨季になると、多くの雨が降って、湿度が上昇する。最も乾燥して、日差しが強くなる時期には、ビスマルクヤシは、深く張られた根から地下水を吸い上げる。また、その葉の表面を覆う蝋質は、日差しを防ぐとともに、太陽光にさらされ過ぎないようにして、内部の光合成を行う繊細な構造を守る働きも持つ。頑丈な幹から出ている葉や成長する先端部は、火が届かない高さにあるので、ビスマルクヤシは、大規模な草原火災が起こっても生き延びることができる。雨が降ったときには、湾曲した葉柄が幹の根元まで水を運び、雨水を最大限に活用できるようになっている。

このヤシは雌雄異株、つまり、雄花と雌花が別の木に咲く植物で、受粉は昆虫が行ってくれる。雄花の木と雌花の木とが近くで成長している場合は、風によって受粉することもある。実を結ぶのは雌花を咲かせる木のみである。小さな花からは、肉質だが食用にはならない核果が実る。

巨大な葉状体
オウギバヤシは、扇形の葉をつける。ビスマルクヤシの、銀色を帯びた青や緑をした丸みのある葉は、幅が最大3mにまで成長する。それぞれの葉には、硬くて鋭い、複数の小葉が枝のように生えている。

ビスマルクヤシの花序（かじょ）
ビスマルクヤシは、雄花または雌花だけからできた、長いロープのような花序を作る。そして雌花には、果実が大きな房になって実る。

無数の小さなクリームホワイトの花が長い柄に沿って咲き、やがて果実の重さによって垂れ下がる

葉は広く、表の面で、できるだけ多くの日光を集められるようになっている

錨を下ろして固定
オオオニバス (*Victoria amazonica*) の葉は水面に浮かんでいるが、池の底では、地下茎でしっかりと固定されている。茎や葉の表面には、魚に食べられないように、鋭いとげが生えている。

水に浮かぶ葉は、稚魚や昆虫、両生類にとっての隠れ場所となるが、ほかの植物と競争することがほとんどないので、葉がすぐに水面全体を覆ってしまう。そのため、光や酸素を遮断して、ほかの水生生物に害を与えることもある

水に浮く葉

ほとんどの植物は陸上を生育地とするが、水上で生育する植物もある。オオオニバスなどの水生植物は、水を無制限に使えたり、光や栄養をほかの植物とあまり争わなくても済むといった恩恵を被っている。水に浮く葉は、浮力を増すために、葉の中や、葉の表面と厚く生えた毛との間に空気をためている。オオオニバスの葉の浮力はとても大きく、人間の赤ん坊くらいの重さなら支えることができる。

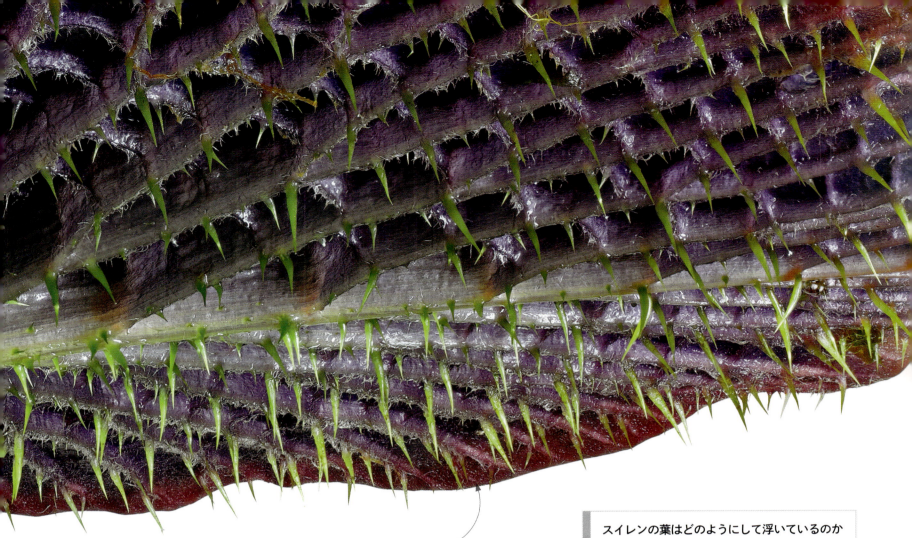

葉の裏の表皮に見られる紫色の組織は、表の表皮の光合成細胞を通過してきた余分な太陽光を吸収して、葉を温めるためのものである

盛り上がった葉脈

長い葉柄は、泥の底にある茎とつながっている

葉の裏側
スイレンは蒸発によって多くの水分を失う。水を多く摂取するほど、重金属など、水に溶け込んでいる毒性の化合物も吸収されるが、それは表皮にある腺毛に安全に貯蔵される。盛り上がった葉脈は、厚い壁を持った支持細胞で囲まれ、広い葉の構造を補強する役割を果たしている。

スイレンの葉はどのようにして浮いているのか
スイレンの葉の中にある大きな空気室が、水面に浮かんでいるのに必要な浮力をもたらしている。海綿状の葉の組織の中にある厚壁細胞と呼ばれる、星型をした硬い構造は、葉の形を維持するのに役立っている。この構造のおかげで、葉は浮遊するために、水の表面張力も利用できるのである。

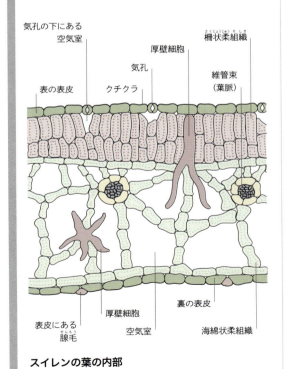

気孔の下にある空気室 　　　　　柵状柔組織
表の表皮　クチクラ　気孔　厚壁細胞　維管束（葉脈）
表皮にある腺毛　厚壁細胞　空気室　裏の表皮　海綿状柔組織

スイレンの葉の内部

表面が蝋質になっているので、中央のくぼみに水が流れ込みやすい

水をためる植物

木の中で成長するオタマジャクシというと奇妙に聞こえるかもしれない。しかしアマガエルの中には、このネオレゲリア属の一種（*Neoregelia cruenta*）の葉の間にたまった水の中に卵を産むものがいる。このファイトテルマータ（*phytotelmata*）と呼ばれる小さな水たまりには、昆虫や線形動物のほか、小型のカニが生息していることもある。ファイトテルマータは、葉と葉の間の隙間やくぼみ、ウツボカズラやサラセニアの捕虫袋、木のうろ、竹の茎の中などで見られる。

内側がへこんだ幅広の葉で集めた雨水が、中央のカップ状の部分に流れ込むことで、植物に常に水が供給される

葉で食べる植物

食虫植物は、土壌の栄養素が不足しているときに、獲物をとらえて、栄養を摂取する。そのために獲物を捕獲する独特な方法を発達させた。ハエトリグサは、たたむように閉じて昆虫を閉じ込める罠を持ち、水生植物のタヌキモには陰圧になる部分があり、水中を泳ぐ生物をそこに吸い込む。また、モウセンゴケは粘毛で獲物をとらえ、消化してしまう。ウツボカズラは、捕虫袋の底の液体に落ちた昆虫をおぼれさせ、ゲンセリア属の一種は、獲物に気づかれないように、消化液の方へと誘い込む仕組みを持っている。

嚢状葉植物

サラセニア科（Sarraceniaceae）と写真のウツボカズラ科（Nepenthaceae）は、代表的な嚢状葉植物である。嚢状になった葉に落ちた昆虫はゆっくりと消化され、主にリンと窒素が栄養素として吸収される。しかし昆虫の幼虫の中には、ウツボカズラの嚢状葉の液体にも消化されず、生き延びるものもいる。

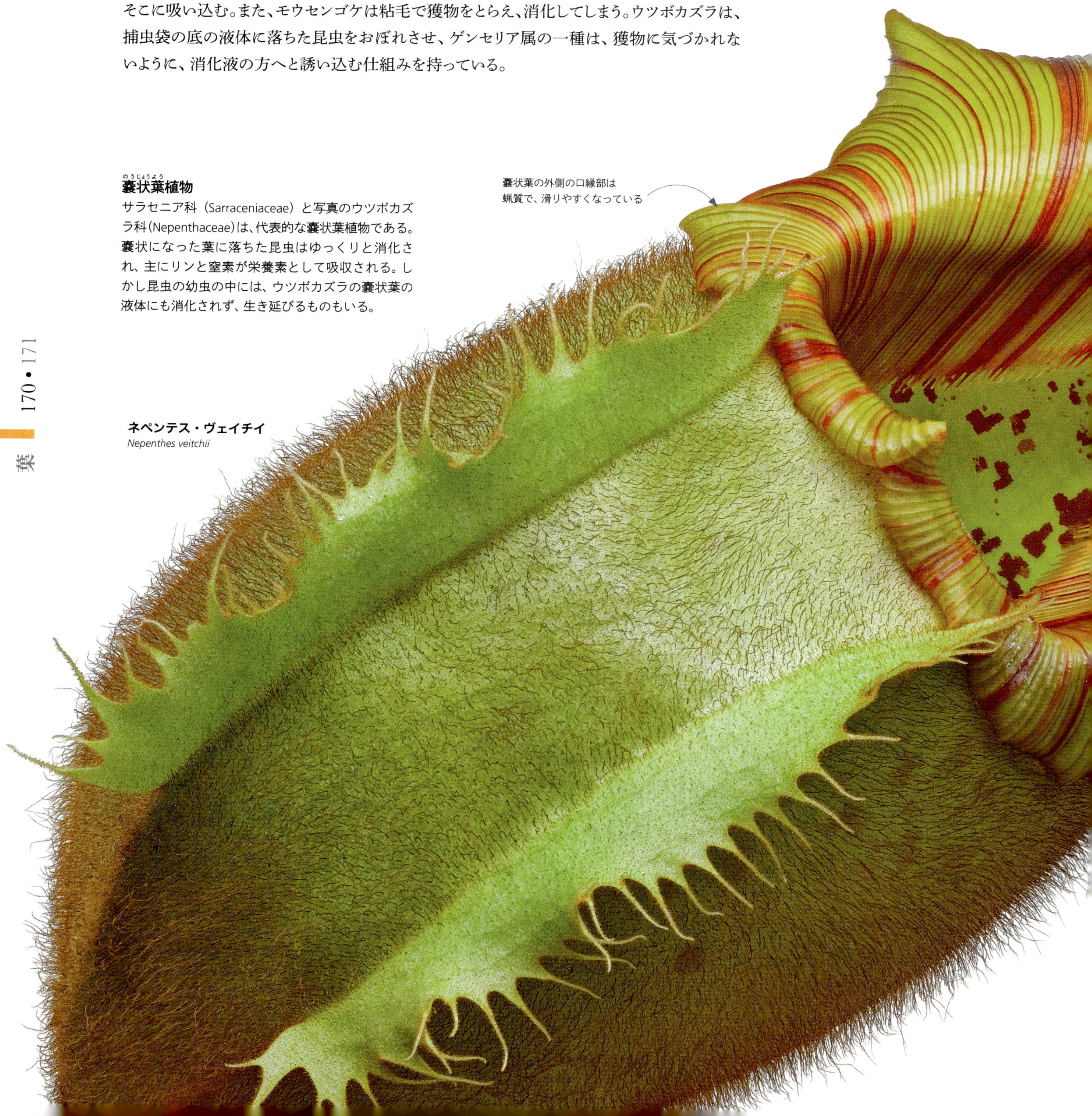

嚢状葉の外側の口縁部は蝋質で、滑りやすくなっている

ネペンテス・ヴェイチイ
Nepenthes veitchii

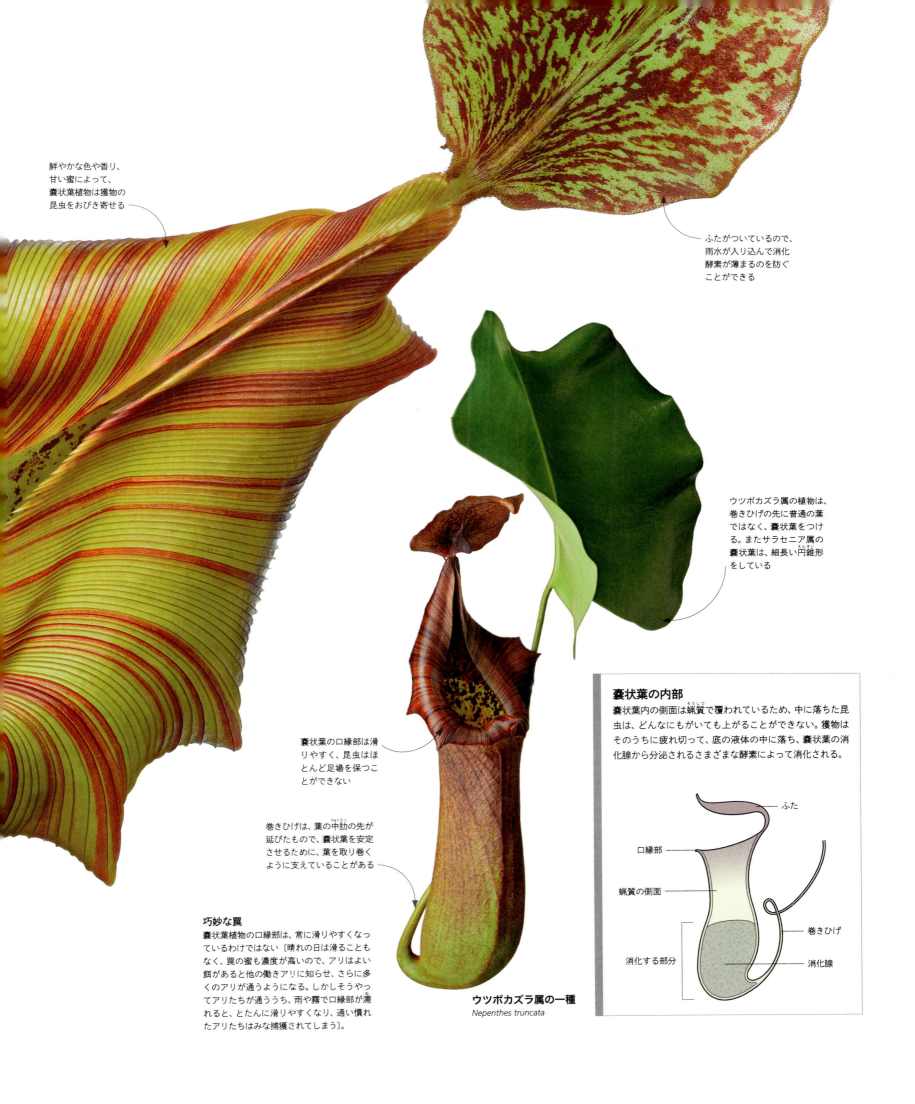

鮮やかな色や香り、甘い蜜によって、嚢状葉植物は獲物の昆虫をおびき寄せる

ふたがついているので、雨水が入り込んで消化酵素が薄まるのを防ぐことができる

ウツボカズラ属の植物は、巻きひげの先に普通の葉ではなく、嚢状葉をつける。またサラセニア属の嚢状葉は、細長い円錐形をしている

嚢状葉の口縁部は滑りやすく、昆虫はほとんど足場を保つことができない

巻きひげは、葉の中肋の先が延びたもので、嚢状葉を安定させるために、葉を取り巻くように支えていることがある

巧妙な罠
嚢状葉植物の口縁部は、常に滑りやすくなっているわけではない〔晴れの日は滑ることもなく、罠の蜜も濃度が高いので、アリはよい餌があると他の働きアリに知らせ、さらに多くのアリが通うようになる。しかしそうやってアリたちが通ううち、雨や霧で口縁部が濡れると、とたんに滑りやすくなり、通い慣れたアリたちはみな捕獲されてしまう〕。

ウツボカズラ属の一種
Nepenthes truncata

嚢状葉の内部
嚢状葉内の側面は蝋質で覆われているため、中に落ちた昆虫は、どんなにもがいても上がることができない。獲物はそのうちに疲れ切って、底の液体の中に落ち、嚢状葉の消化腺から分泌されるさまざまな酵素によって消化される。

ふた
口縁部
蝋質の側面
消化する部分
巻きひげ
消化腺

Drosera sp. モウセンゴケ属の一種

モウセンゴケ

モウセンゴケの葉には何百もの粘着性のある腺が生えており、昆虫にとっては最悪の罠となっている。甘い蜜や朝露に引き寄せられた昆虫は、すぐに粘液細胞から分泌される粘液にとらえられ、もがきながら、葉で包まれ、次第に消化されていくのである。

食虫植物の存在には、数多くの初期の博物学者が衝撃を受けた。カール・リンネにとって、それは神が計画した自然の秩序に真っ向から対立するものだった。しかし、必ずしも否定的な意見ばかりではなかった。チャールズ・ダーウィンは、喜々としてモウセンゴケを研究したという。そして同僚への手紙に、「今のところ、世界中のあらゆる種の起源よりも、モウセンゴケに興味を引かれている」と書いている。

モウセンゴケが食虫性を持つように進化したのは、その典型的な生育地が、沼地や、湿地、湿原など、栄養が不足しやすい場所だったからである。窒素が不足しているため、モウセンゴケは土壌の菌類との共生関係ではなく、その代わりに、窒素に富んだ昆虫を捕獲するようになった。蜜を求めてやって来る昆虫の動きを感知して、モウセンゴケの粘着性のある腺が獲物をとらえる。そして獲物はもがけばもがくほど、しっかりからめとられてしまう。ほとんどのモウセンゴケでは、葉で昆虫を包んでしまえば、それで捕獲のプロセスは完了する。その後、葉から消化液を分泌して獲物の体を溶かし、それをほかの腺で吸収するのである。

どのモウセンゴケも、ポリネーター（花粉媒介者）をとらえてしまわないように、葉からずっと離れた場所に花を咲かせて昆虫などを引き寄せる。見た目は風変わりだが、モウセンゴケの生育地は、南極を除くすべての大陸に広がっている。特にオーストラリアでは、モウセンゴケ属の植物が数多く見られ、これまでに確認されたモウセンゴケの種の50%はオーストラリア原産である。奇妙な植物ながら、モウセンゴケは人気があり、多くの種が家庭で栽培されている。

死のロゼット

モウセンゴケ属には、矮性のものやつる性のものなど、190以上の多様な種がある。モウセンゴケの英名である「sundew（太陽の滴）」は、その「触手」の先で光る粘着性のある滴にちなんで名づけられた。

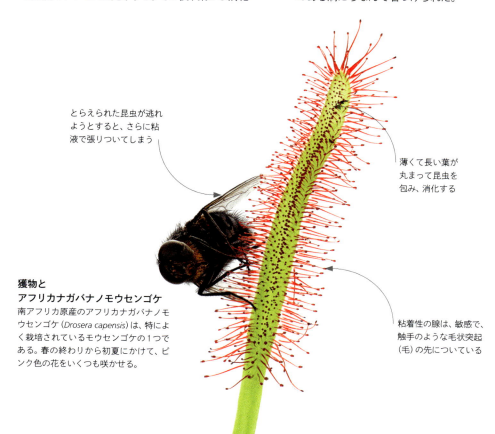

獲物とアフリカナガバノモウセンゴケ
南アフリカ原産のアフリカナガバノモウセンゴケ（*Drosera capensis*）は、特によく栽培されているモウセンゴケの1つである。春の終わりから初夏にかけて、ピンク色の花をいくつも咲かせる。

とらえられた昆虫が逃げようとすると、さらに粘液で張りついてしまう

薄くて長い葉が丸まって昆虫を包み、消化する

粘着性の腺は、敏感で、触手のような毛状突起（毛）の先についている

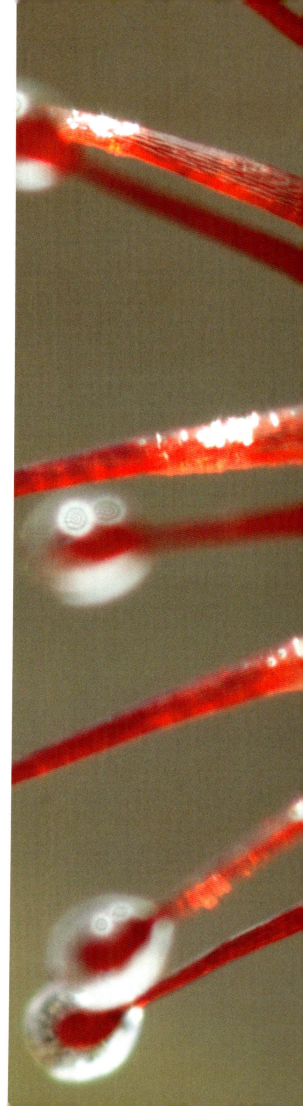

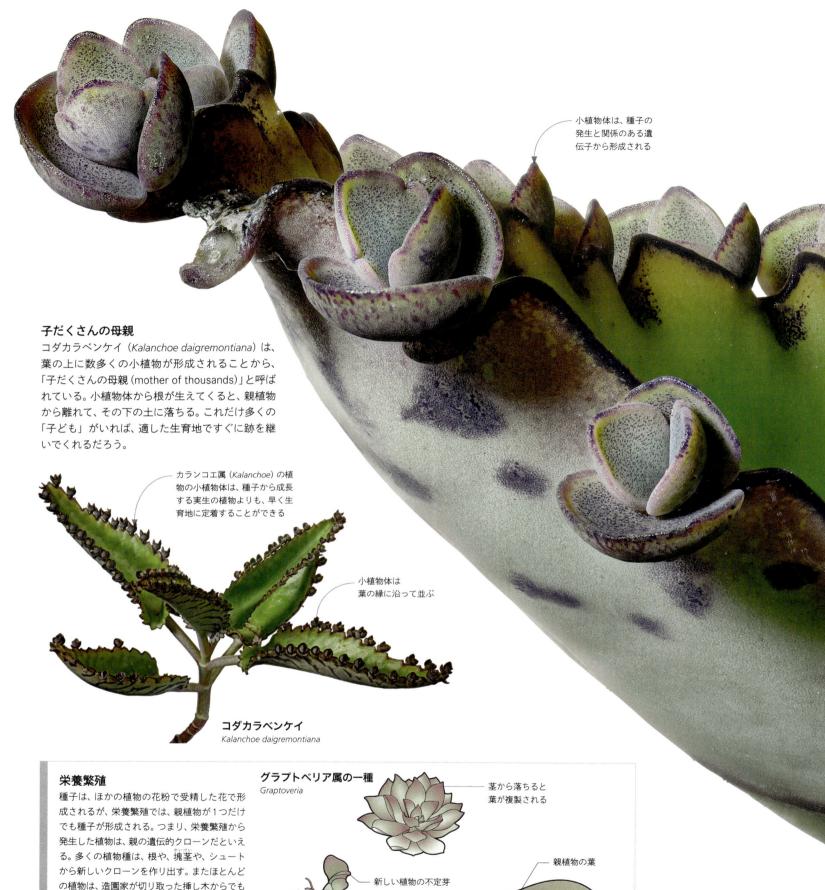

小植物体は、種子の発生と関係のある遺伝子から形成される

子だくさんの母親

コダカラベンケイ（*Kalanchoe daigremontiana*）は、葉の上に数多くの小植物が形成されることから、「子だくさんの母親（mother of thousands）」と呼ばれている。小植物体から根が生えてくると、親植物から離れて、その下の土に落ちる。これだけ多くの「子ども」がいれば、適した生育地ですぐに跡を継いでくれるだろう。

カランコエ属（*Kalanchoe*）の植物の小植物体は、種子から成長する実生の植物よりも、早く生育地に定着することができる

小植物体は葉の縁に沿って並ぶ

コダカラベンケイ
Kalanchoe daigremontiana

栄養繁殖

種子は、ほかの植物の花粉で受精した花で形成されるが、栄養繁殖では、親植物が1つだけでも種子が形成される。つまり、栄養繁殖から発生した植物は、親の遺伝的クローンだといえる。多くの植物種は、根や、塊茎や、シュートから新しいクローンを作り出す。またほとんどの植物は、造園家が切り取った挿し木からでも成育することができるが、これらもまた栄養繁殖の一種である。実際、条件が適切であれば、ほとんど全ての植物組織は、新たに植物体全体を複製することができるのである。

グラプトベリア属の一種
Graptoveria

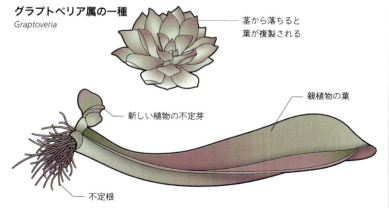

茎から落ちると葉が複製される

親植物の葉

新しい植物の不定芽

不定根

自分自身を複製する葉

植物が自らにとって完璧な生育地を見つけられるかどうかは、全くの偶然に頼ることになる。植物の種子は、親から吹き飛ばされたり、流れ落ちたり、運ばれたりして、最終的にはどんな場所にでもたどり着く可能性がある。そこが生育に適した環境なら、植物は、自分自身を複製（クローン）して、新たな生育地に広がっていく。それらの中に、葉の上に小植物体をつくり繁殖するという興味深い植物がある。小植物体は自分で生育できる大きさになるまで、親植物によって育てられるのである。

小植物体は、葉の縁から落ちるまで、親植物から栄養を受け取る

小植物体が親についている間に根や葉が形成される

苞で虫を捕らえる

強いにおいがするクサトケイソウ（*Passiflora foetida*）の羽毛のような苞は、花や果実を食べる昆虫をとらえる粘着性の物質を分泌する。

クサトケイソウ
Passiflora foetida

とげだらけの苞

カルドン（*Cynara cardunculus*）は、アーティチョークの親戚に当たる植物である。その見事な花序は、総苞片という、とげだらけの分厚い苞で覆われている。これは、草食の昆虫や哺乳類から成育中の柔らかい花の組織を守る役目を持つ。どの花にも、痩果という種子が1つだけ実る。痩果の先に生えている冠毛（萼が変化したもの）は、風に乗って運ばれるときに役に立つ。

野生のカルドンには、成長中の花を保護する鋭いとげがあるが、栽培用のアーティチョークには、保護のためのとげはない

苞は葉が変化したもので、大きくて縁に切れ込みのあるカルドン本体の葉とは似ていない

苞によって守られる

多くの花や花序の下には、苞と呼ばれる、葉の変化した部分がある。苞の働きには2つあり、1つは、花が咲いているように見せかけて、花粉を媒介する昆虫を引き寄せる働き（→p.179）、もう1つは、花や果実を保護する障壁となって、草食動物や天候から守る働きである。苞に毛が生えているのは、風や熱を避けるため、とげが生えているのは動物に食べられないようにするためである。

葉状苞は本物の葉のように見える

葉状苞
パイナップルリリーの一種
Eucomis pole-evansii

仏炎苞は花序を取り囲むような苞で、色鮮やかなものが多い

仏炎苞
アメリカミズバショウ
Lysichiton americanus

この植物の苞は、花序の下に渦巻き状に形成される

総苞
グズマニアの園芸品種"オリンピック・トーチ"
Guzmania 'Olympic Torch'

護穎と内穎は、苞穎の内側に形成されて花を取り囲む

イネ科の花の小穂は包穎と呼ばれる2つの鱗片状の苞で守られている

包穎、護穎、内穎
コメガヤ
Melica nutans

木質の苞は花を保護するように、花序の基部で融合している

殻斗
コナラ属の一種
Quercus sp.

萼片に似た苞が、真の萼片の下に形成される

萼状総苞
ブッソウゲ
Hibiscus rosa-sinensis

苞の種類

植物の花や花序の下や周りには苞が形成される。花弁のように見えるもの、葉のように見えるもの、生殖が終わる前に落ちてしまう落葉性のもの、成育中の果実を保護するために花序がある間も残っているものなど、さまざまな種類がある。

鮮やかな色の苞は花弁に似ており、ポリネーターを引き寄せる

花弁状
ポインセチア
Euphorbia pulcherrima

それぞれの花は、小さくて硬い苞で守られている

鱗片状
カラハナソウ(ホップ)
Humulus lupulus

紙のように薄い苞
ブーゲンビレア（*Bougainvillea × buttiana*）の花弁状の苞は紙のように薄い。このよく目立つ構造をした苞で花を取り囲んで保護し、ポリネーターを引き寄せる。鮮やかなピンクは苞で作られるベタレインという色素によるものである。

先の方に新しい葉をつける

目を引く白や赤の花弁状の苞が、小さな黄色い花を囲む

葉の基部にある托葉から、それぞれ一対のとげが生えてくる

葉や茎から出る樹液は多くの動物にとって有毒である

とげは茎全体を覆う

葉ととげ

多くの植物では、葉、葉柄（柄）、托葉のような葉の派生物からとげを形成している。とげの主な働きは、草食動物から植物を守ることである。サボテンのように葉が全てとげに変化しているものもあり、これは葉の表面積を減らして蒸発による水分の損失を抑える。

とげの冠

ハナキリン (*Euphorbia milii*) は、「茨の冠 (the crown of thorns)」とも呼ばれているが、実際には、針状のとげ (thorn) ではなく、短いとげ (spine) が生える植物である。とげは、植物の葉の基部にある托葉が変化したもので、多肉質の茎を草食動物から守っている。植物の成長につれて古い葉は落ち、その後、茎はとげで覆われて、先の方に数枚だけ新しい葉が残る。

さまざまに変化する托葉

多くの植物では、葉柄の基部に托葉ができる。托葉は、真正双子葉植物によく見られるもので、それぞれの葉の基部に一対の托葉ができる。しかし、単子葉植物にも托葉ができるものはある。托葉は、さまざまに変化・適応することで、特定の機能を果たすようになる。たとえば、這い登るための巻きひげになるものもあれば、鱗状や刺状に変化して植物を守る働きをするものもある。

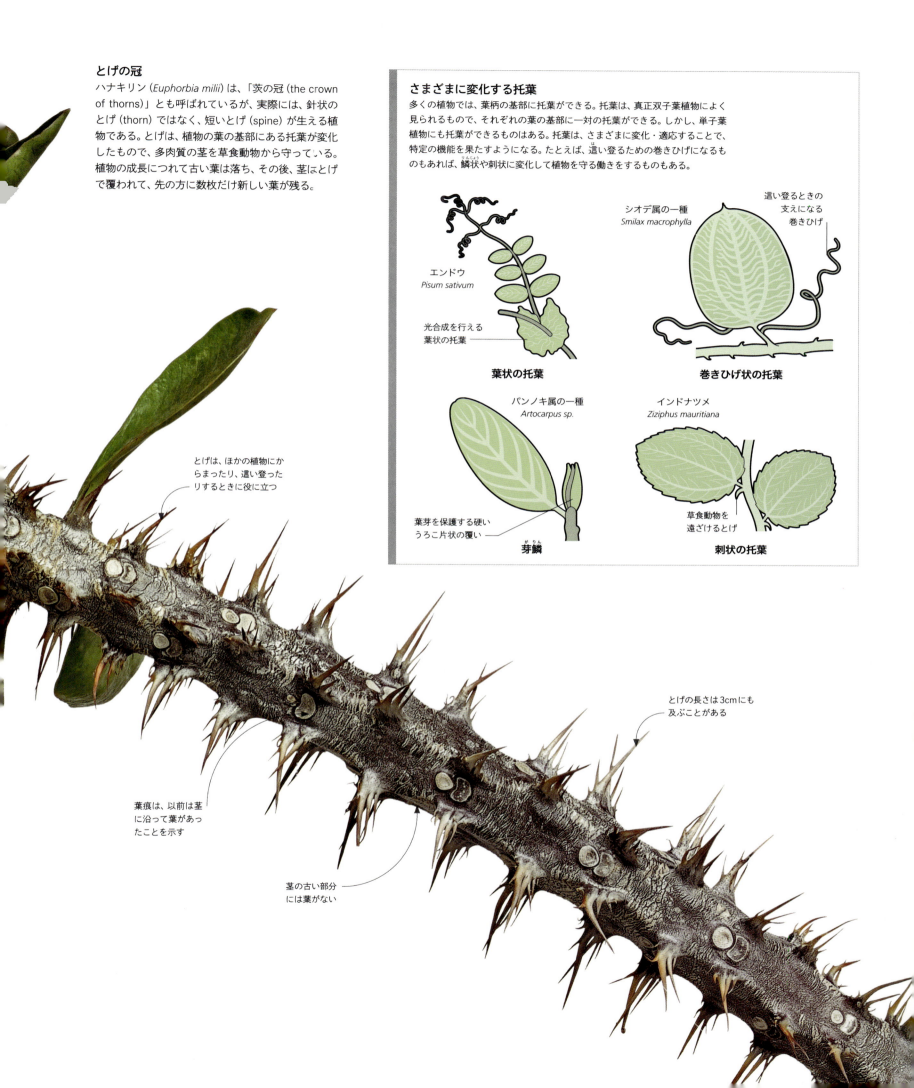

花
flowers

花。生殖器官（雄しべと雌しべ）からなる、果実
や種子が実る植物の部分。さまざまな色の花弁
および緑色の萼片に囲まれていることが多い。

花の各部分

植物のうち約90％が花をつける。顕微鏡でないと見えないほど小さな草花から、宇宙生物かと思わせるような、幅が1mもある巨大なものまで、多種多様な花がある。最も身近なのは、1つの花の中に雄性と雌性の両方の生殖器官が含まれている花、いわゆる「完全花（完備花）」である。

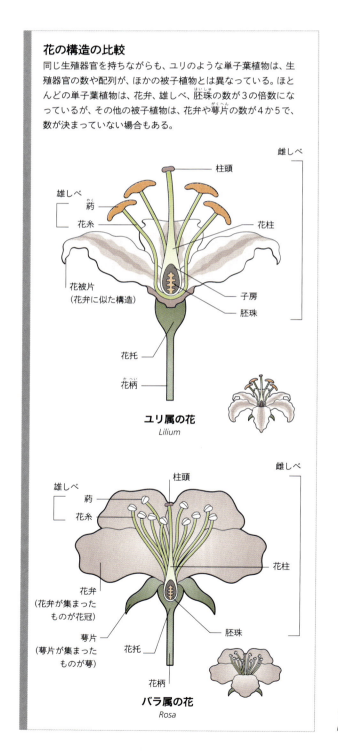

花の構造の比較

同じ生殖器官を持ちながらも、ユリのような単子葉植物は、生殖器官の数や配列が、ほかの被子植物とは異なっている。ほとんどの単子葉植物は、花弁、雄しべ、胚珠の数が3の倍数になっているが、その他の被子植物は、花弁や萼片の数が4か5で、数が決まっていない場合もある。

ユリ属の花
Lilium

バラ属の花
Rosa

単純な花

このフクシアのような単純な花は、雄性の雄しべと雌性の雌しべを花弁や萼片が囲んでいる。この花を、複雑な頭状花と比較してもらいたい（→p.218）。

花糸で支えられた雄性の葯で花粉が生成される

萼片は頭状花を囲んでいるが、花が咲くと剥がれ落ちる

フクシア属の一種
Fuchsia sp.

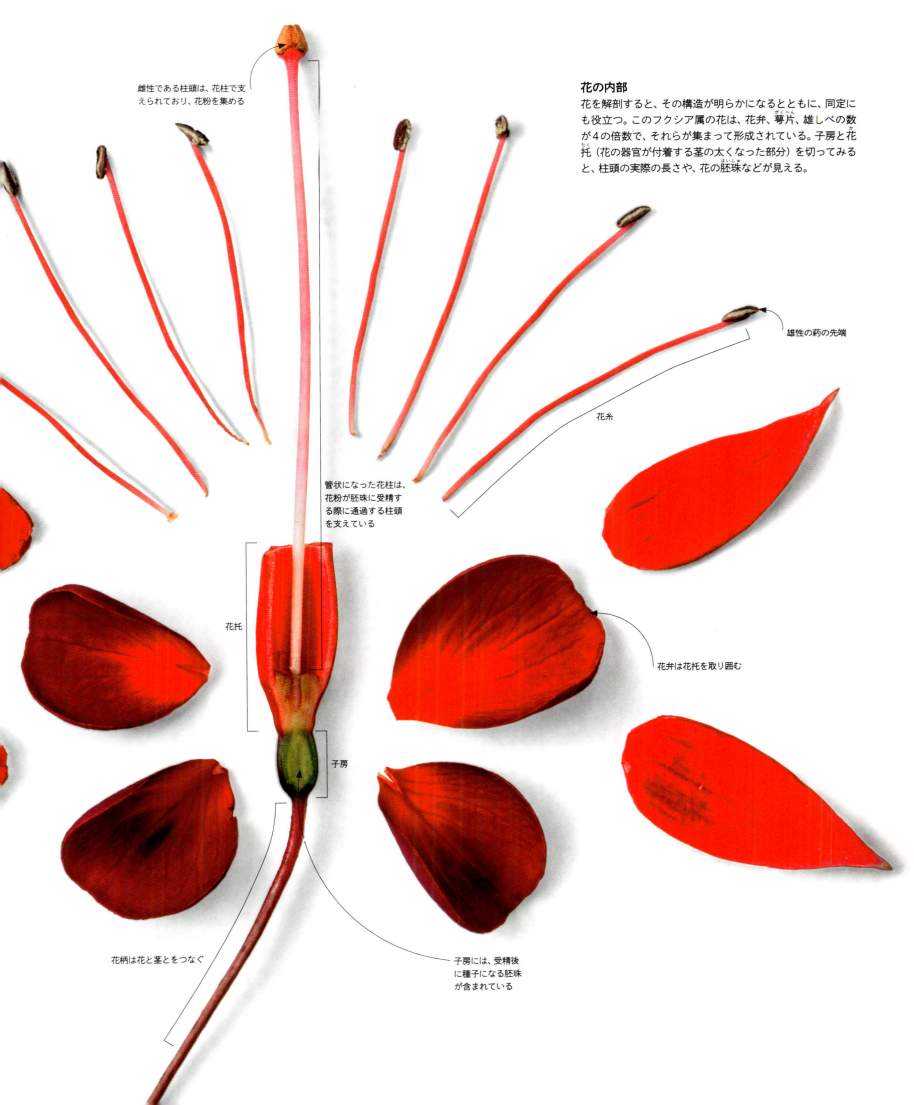

古代の花

ほとんどの被子植物は、単子葉植物または真正双子葉植物に分類されるが、中にはどちらにも属さない植物がある。このような植物は、いわゆる「原始的」な種（基部被子植物）で、被子植物の5％未満がこの種だ。地球上で最初の被子植物種に現存する中で最も近い仲間で、モクレン科またはモクレン類もここに含まれる。

初期の花芽
多くの被子植物の種とは違って、モクレンの蕾は、防護のための萼片ではなく、苞に包まれている。

細長い円錐形の蕾は、蝋質の厚い花被片で覆われている

葉は、茎の周囲に3枚ずつ輪になって、交互に出る

花の外側には、花弁が萼片に分化しきらない花被片が輪生している

花の先祖

最初の被子植物は、2億4700万年前に出現したと考えられている。この花は、スイレンのような、花粉と胚珠の両方が形成される単純なものだった。そこから次第に、木本植物、陸上の草本植物、そして水生植物へと分かれていった。古代の木本植物は、ほかの植物より巧みに生き延び、さまざまな木本植物や低木へと進化している。その好例がシキミ（*Illicium anisatum*）で、胚珠の数が減って星形の果実になっていることから、現在では、進化途上にある木本植物の最初のグループの1つに属すると考えられている。

シキミ属
Illicium

モクレン科の類似性
植物学者たちは、最初の花はタイサンボク（*Magnolia grandiflora*）のような形をしていたと考えていた。タイサンボクの花は、螺旋状に並んだ多数の雄性器官と雌性器官を持ち、受精すると円錐形の花托に種子が形成される。

花の形

植物学者は花を分類するために、生殖器官の配置や、特定の構造の存在に注目するなど、さまざまな方法を用いている。しかし形は、特に有用な分類方法の1つで、まず花が左右対称かどうかを確認し、それから花弁（花冠）の配列を調べるのが最善の出発点だといえる。

花冠の形

扁平で車輪のような形をしている花冠。花筒に対して直角についている

車形
ムラサキハナナス
Lycianthes rantonnetii

花冠から王冠形をした部分が突き出している

王冠形
スイセンの園芸品種"ジェットファイヤー"
Narcissus 'Jetfire'

対称

放射相称の花は、半分に割った場合、中央の点を通るように分割さえすれば同じ形となる

放射相称
プリムローズ
Primula vulgaris

5枚の花弁で構成された花冠。互いに重なり合っていることが多い

バラ形
バラ属の一種
Rosa rubiginosa

互いに直角に並んだ4枚の花弁

十字形
ハナタネツケバナ
Cardamine pratensis

左右相称の花の、半分に割った形が同じになるのは、1本しかない中心線で分割したときだけである

左右相称
コチョウラン属の一種
Phalaenopsis sp.

丸みを帯びた鐘形の花冠。ぶら下がって咲くことが多い

鐘形
ネソコドン属の一種
Nesocodon mauritianus

先端が狭く、基部が広いつぼ形の花冠

つぼ形
クレマチス属の一種
Clematis viorna

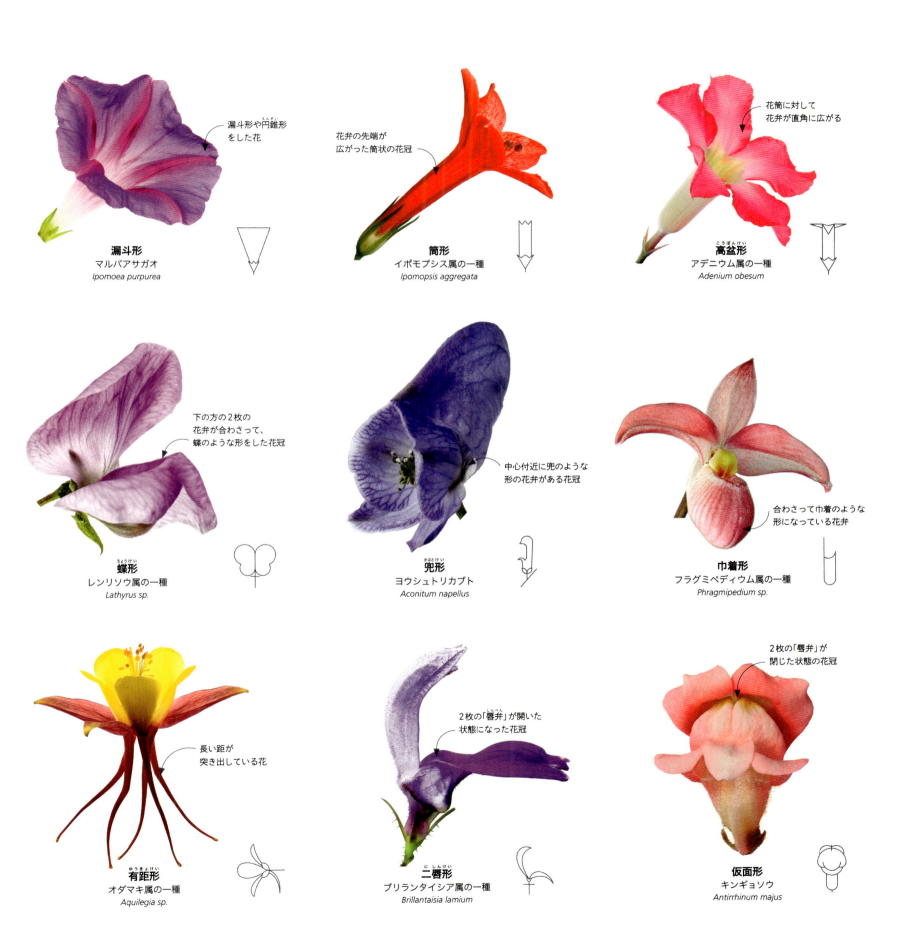

多年草

植物学的には、巨大なカシでも、控えめなゼラニウムでも、毎年花を咲かせて種子をつくる植物は多年生の植物と呼ぶ。しかし園芸で多年性といえば、木本植物は含まないことになっている。「多年草」という語は、シャクヤクのように、秋か冬には完全に茎が枯れる、軟らかい茎の植物を意味する。その点で、クリスマスローズのような常緑性の多年生植物とは対照的である。

ボタン科の一種 *Paeonia peregrina*

開き切った花の中央には、紫色の柱頭が突き出している

萼片が開くと、緑色の花糸の先端に紫色の葯が見える

クロタネソウ属は、種をまいて 10 〜 12 週間で花を咲かせる

花の発生

花をつける植物であれば、生殖の準備ができたときに花が発生する。花の寿命は種によって異なり、数週間から数年に及ぶ。1年草は、1年ほどの間に発芽して花を咲かせ、生殖を行ってから枯れる。2年草は、種子から成長した1年目の年は冬を越し、そして次の年の春に花を咲かせるので、寿命は約2年となる。多年草は、毎年花を咲かせ、寿命は3年以上である。木本植物の中には多年性のものがあり、数百年にわたって生き続けることができる。

萼片は、成熟した雄しべと柱頭から離れるように、反り返り始める

柱頭が枯れると丸まり、いくつもに分かれた内部に種子が形成される

葯はしおれて枯れ、最後は花から落ちる

クロタネソウ属の花の一生
クロタネソウ属の園芸品種"アフリカン・ブライド"(*Nigella papillosa* 'African Bride')のような1年草は、1年の成育期間の間に成長して、種子をつくり、枯れる。その後は根も、茎も、葉も残らず、種子だけが生き残る。

成熟するにつれて、長い小花の花柱の先が外側に反り返る

ダリアの園芸品種 "デビッド・ハワード"
Dahlia 'David Howard'

ヒゴタイ属の一種の園芸品種 "タプロウ・ブルー"
Echinops bannaticus 'Taplow Blue'

昼の長さ

日光に当たることで引き起こされる遺伝子の働きの変化により、フロリゲンと呼ばれる花成ホルモンが葉でつくられ、花が咲くべきときが来たことを植物に「伝える」。どんな植物でも、日照条件に反応してフロリゲンを生成し、種によっては長い時間の日照を必要とするものがある。

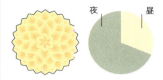
日照時間が8時間
短日性植物は、1日に8〜10時間日光に当たり、その後14〜16時間続けて暗くならないと、花をつけることができない。例：ポインセチア、ダリア、ダイズなど。

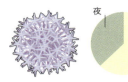
日照時間が14時間
長日性植物は、1日に連続で14〜16時間続けて日光に当たり、8〜10時間は暗くならなければならない。つまり、明るい時間が重要である。例：タマアザミ、レタス、ダイコンなど。

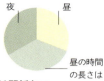
日照時間は関係ない
中性植物は、花をつける植物の中では特に柔軟性があり、連続して5〜24時間、日光に当たることができれば、花をつけることができる。例：ヒマワリ、トマト、エンドウなど

昼の時間の長さは変わる

花と季節

世界のどこにあっても、植物は季節の変化に反応するものである。北半球でも南半球でも、ほとんどの植物は春から夏にかけて発芽して成長し、生殖を行う。気候が温暖になると、ポリネーター（花粉媒介者）が多く活動するようになるからである。そして夏の終わりから秋には、種子を散布するとともに、冬に備えて成長が鈍くなる。こうした反応は、気温の季節的な変化に対するものといえるが、特に重要なのは、光周性という、日照時間（日長）の変化に対する反応である。赤道上で成育する植物だけは、1年を通じて昼と夜の長さが同じ場所で成育している。

イヌバラ
Rosa canina

咲く時期

開花するのに必要な日長は植物によって異なるし、花が咲く時期もさまざまである。タマアザミの花は真夏に咲くが、ダリアは一年の終わり頃まで咲かない。バラは、初夏にしか咲かないものもあれば、栽培品種では、夏の間ずっと花を咲かせるものもある。

> 一年好景君須記
> （四季の美しい景色をぜひ記憶してほしい）

蘇軾の詩より

ガビチョウ
花鳥画は、さまざまな技術を称賛された清代の金元（1857年頃）が得意としていた。この墨と絵の具による作品は、ガマズミ属（Viburnum）の一種の花に囲まれて、ガビチョウがさえずっているところを描いている。

plants in art 芸術の中の植物

中国の書画

中国の花の絵は、絹や紙に墨と絵の具とで描かれているが、その筆使いは書と非常によく似ている。これらの絵を多く描いた文人画家たちは、幼い頃から書の手ほどきを受けており、絵を描くときにも、書の筆使いをするのである。花の絵は「静かな詩」、詩は「音のある絵」と見なされていたが、時が経つにつれてこの2つは、自然という歌を表現するための1つの芸術作品に融合していった。

花と詩
上品な筆使いで描かれたモクレンは、清代の文人画家である陳鴻寿（1768〜1821）の書画集『花果図冊』12作のうちの1つである。中国では早咲きのモクレンを珍重し、「春を歓迎する花」と称されている。また、かつては皇帝のみが植えることを許された木だったという言い伝えもある。

花に込めた思想
明代の陳淳（1483〜1544）も文人画家で、古代の詩文や書をよく研究し、その豊富な知識を自分の作品に生かしていた。陳淳は、春のモモの花やナツメなど無造作に咲いている花の絵を「写意」つまり意を写すものとして描いた。「意」は描く対象の本質、描く者の精神性である。

中国の花の絵は、1世紀にインドから中国に持ち込まれた、花で飾られた仏旗を起源としている。書画という形態は唐王朝（618〜907）で頂点に達し、その後何世紀にもわたって受け継がれてきた。

伝統的な中国の書画では、「文房四宝」といって、硯、墨、紙、筆を重んじている。これらの道具を使い、画家は、輪郭を描き彩色する「工筆」、色の面で描く「没骨」、線で描く「白描」、対象の意（本質）をつかもうとする「写意」という4つの基本的な技法を組み合わせて絵を描く。また、穂先の細い筆の、どの部分を使うか、そして紙や絹にどれだけ筆圧をかけるかによって、筆跡が無限に生み出される。

植物という主題は、画家の目から見るとはっきりとした特徴を持っているため、中国文化のあらゆる場面で、その象徴性が認められている。花鳥画は、自然との調和を説く道教哲学と結びついた1つのジャンルで、鳥と植物をそれぞれの象徴性に従って対にしている。例えば、「松に鶴」といえば、いずれも長寿の象徴である。

花の受精

花の形成は、その植物に種子をつける、あるいはつくる、いい換えれば、遺伝子を伝えられる準備ができたことを示す。受精は、精細胞を中につくる花粉が、花の雌性生殖器官、つまり雌しべに運ばれたときに起こる。そして、雌の胚珠(はいしゅ)の中の生殖細胞と融合して種子がつくられるのである。

花が受精した後、葯はしおれ、雄しべは垂れ下がる

受精した子房は色が変わり、赤く熟した果実になる

花弁が反り返って、受精した子房の周囲でしおれ始めるのは、この花が種子をつけ始めたサインである

柱頭は粘着性を失い、熟しつつある果実の先で茶色に変わる

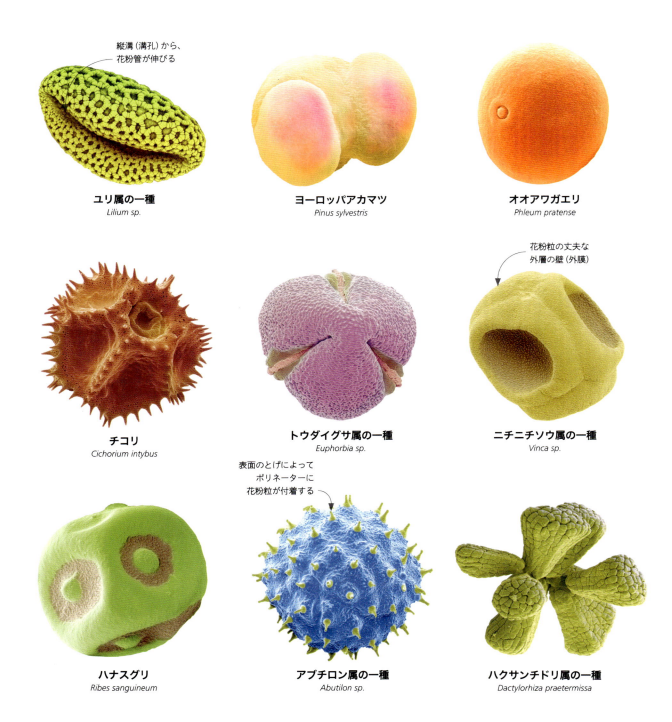

花粉粒

花粉粒は人間の目にはほこりのようにしか見えないが、形や、大きさや、質感はそれぞれ大きく異なっている。走査型電子顕微鏡で見ると、球形、三角形、楕円形、糸形、円盤形が特に多いことが分かる。花粉粒の表面は、滑らかだったり、粘着性があったりする。また、とげ、しま模様や網目模様、溝、孔、縦溝が見られることもある。

花粉集め
サボテンの花にやって来たミツバチ。
1回当たり約15mgの花粉を脚の花粉籠に集めることができる。

空間的な制約

フウリンブッソウゲ（*Hibiscus schizopetalus*）のような種では、それぞれの花が離れて咲く。花が枝の端からぶら下がっているおかげで、鳥や昆虫などのポリネーターからすぐに見つけてもらうことができる。

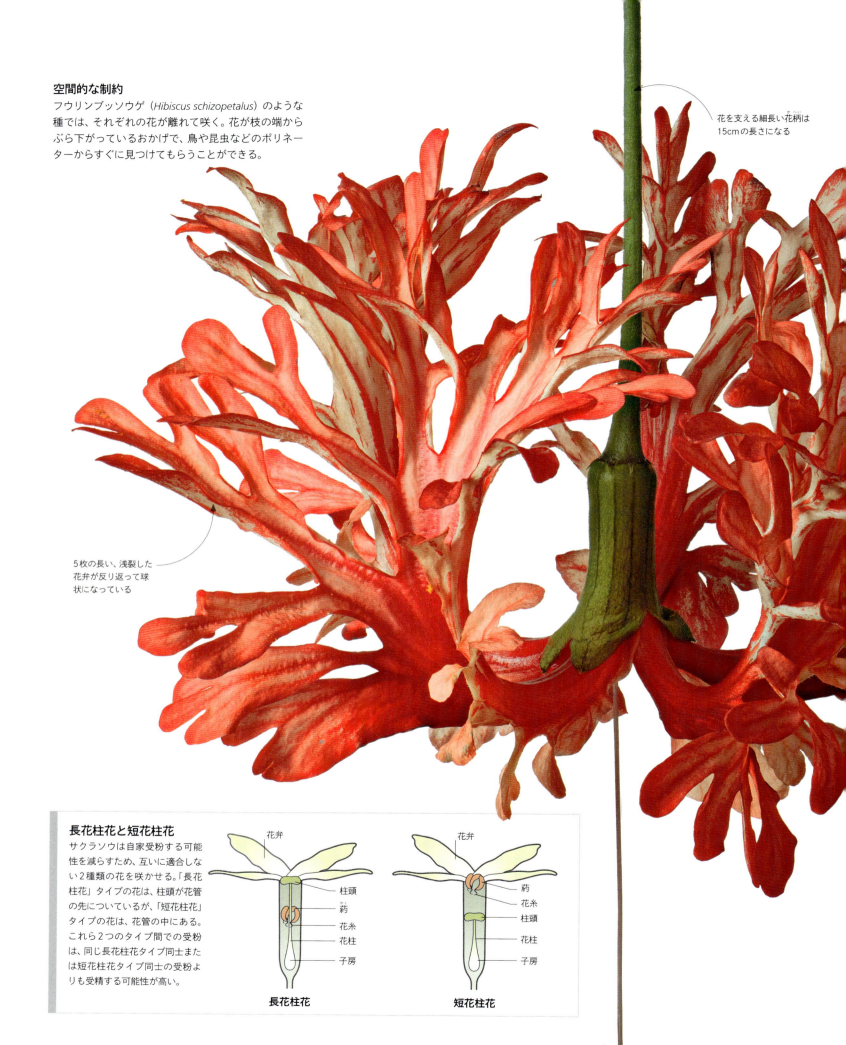

花を支える細長い花柄は15cmの長さになる

5枚の長い、浅裂した花弁が反り返って球状になっている

長花柱花と短花柱花

サクラソウは自家受粉する可能性を減らすため、互いに適合しない2種類の花を咲かせる。「長花柱花」タイプの花は、柱頭が花管の先についているが、「短花柱花」タイプの花は、花管の中にある。これら2つのタイプ間での受粉は、同じ長花柱花タイプ同士または短花柱花タイプ同士の受粉よりも受精する可能性が高い。

長花柱花　　　短花柱花

花弁の裏側には、フヨウ属（*Hibiscus sp.*）の種に特徴的な脈や斑紋が見られる

緑色の蕾は、上部の茎の葉腋から出た花柄からぶら下がっている

花柄と花序柄とがつながっている節

自家受粉を自ら回避する
ほとんどのフヨウ属（*Hibiscus*）は、花柱が受粉可能な状態になる前に、自分の花粉を落としてしまう。花粉はポリネーターの足や腹側を覆い、その後、別の花へと運ばれていく。受粉可能になった花柱は、ほかの花から花粉を受け取れるように、曲がった形になる。

花の中央から伸びる雄しべ筒は、花弁の2倍の長さがある

花粉を担う葯

曲がった花柱

多種多様な花

植物種の多くは、ほかの植物体からの受粉を自家受粉よりも優先するように進化してきた。通常、他家受粉の場合、より強い種子が形成され、病気への抵抗性も強い、より健康的な植物体が生まれる。植物が自家受粉の可能性を減らしつつ、他家受粉の可能性を高めるには、フウリンブッソウゲ（*Hibiscus schizopetalus*）のように、自分の生殖器官である花を可能な限り離すという方法がある。

花粉を管理する

花の形は、その植物が花粉を放出したり、受け入れたりする方法に影響するので、植物によっては、自家受粉がしにくい、あるいはできないような花が進化している。エンドウのような非対称の花には、力の強い昆虫だけが中に入れる。そしてひとたび中に入ると昆虫は、内部の構造によって、花粉を受け取る段階から花粉を与える段階へと順に導かれる。これにより自家受粉が避けられる。

植物は巻きひげによって、さまざまな場所を這い登ることができる

2段階の受粉

ヒロハノレンリソウ（*Lathyrus latifolius*）には、2種類の蜜腺がある。ハチが中に入ってくると、花弁はそのハチを最初は右へ、次に左へと導き、花柱を露出する。柱頭の下には、ブラシ状に毛が生えた部分がある。柱頭はハチに触れると、あらかじめハチに付着していたほかの花の花粉を集めることができる。ハチが別の側に移動すると、ブラシがもう一度ハチに触れる。今度は、自らの花粉をハチに付着させて、ほかの植物体に運んでもらうためである。

花粉を管理する

花の形は、その植物が花粉を放出したり、受け入れたりする方法に影響するので、植物によっては、自家受粉がしにくい、あるいはできないような花が進化している。エンドウのような非対称の花には、力の強い昆虫だけが中に入れる。そしてひとたび中に入ると昆虫は、内部の構造によって、花粉を受け取る段階から花粉を与える段階へと順に導かれる。これにより自家受粉が避けられる。

植物は巻きひげによって、さまざまな場所を這い登ることができる

2段階の受粉
ヒロハノレンリソウ（*Lathyrus latifolius*）には、2種類の蜜腺がある。ハチが中に入ってくると、花弁はそのハチを最初は右へ、次に左へと導き、花柱を露出する。柱頭の下には、ブラシ状に毛が生えた部分がある。柱頭はハチに触れると、あらかじめハチに付着していたほかの花の花粉を集めることができる。ハチが別の側に移動すると、ブラシがもう一度ハチに触れる。今度は、自らの花粉をハチに付着させて、ほかの植物体に運んでもらうためである。

『桜花に富士図』
北斎によるこの多色木版画は、1805年頃の作とされている。桜と春霞の向こうに、頂上が雪で覆われた富士山を眺めながら春を愛でる作品となっている。「摺物」と呼ばれる豪華な版画は、奉書紙の上に、銅や銀粉などの金属顔料を使って刷られている。

plants in art 芸術の中の植物

日本の木版画

菊
名所絵師として絶頂期にあった北斎は、花に対しても関心を向け、『花鳥画集』という全10図からなる、様式的な木版画集を制作した。長大判のこの作品には、菊の花の数多くの花弁の細かい部分までがとらえられている。

日本では、何世紀にもわたって木版画が芸術の中心であった。そして19世紀には、その人気が頂点に達した。木版画は、発色、光沢、透明性を高めた水性の顔料で刷られており、力強く単純化した形と微妙な色彩は、日本の風景や固有の植物の美しさを表現するのに最適だった。

江戸時代末期になって幕府の力が衰え、旅行の制限が解除されると、日本の植物学者たちは西洋の科学的方法に目を向けるようになった。岩崎常正（1786〜1842）は、自然界に対して情熱を傾ける若者だった。オランダ領東インド（現在のインドネシア）にいたドイツ人科学者フィリップ・フランツ・フォン・シーボルトとも交流があったという。岩崎は、またの名を灌園といい、農村を歩き回って、図版を描くための標本を集めた。こうして完成させたのが、2000種の植物の図版を載せた『本草図譜』である。

江戸時代で最も有名な浮世絵師といえば、葛飾北斎（1760〜1849）だろう。北斎は、若い頃に絵師に弟子入りして、木版画の技術を学び、あらゆるジャンルの肉筆画や版画に秀でるようになった。北斎は次のように綴っている。「73歳になってようやく、さまざまな生き物の構造や植物の成長について分かってきた。このまま行けば、80歳になる頃にはさらに理解を深め、……100歳でその神髄にまで達することができるだろう」。

『本草図譜』
本草学者（医薬学者）の岩崎常正は、農村に出掛けて植物や種子を集め、細部まで描いて記録できるようにするため、自宅の庭で栽培を行った。この生き生きとしたケシ（*opium poppy*）の木版画は、『本草図譜』に掲載されたものである。『本草図譜』の最初の4巻は1828年に出版され、1921年にようやく残りの92巻が出版された。

❝ 図版を描くときには、優れた技術をもって、
できる限り正確に行わなければならない。
そうしなければ、互いによく似た植物を
見分けることなどできなくなる ❞

岩崎常正『本草図譜』序文より

植物の雄性と雌性

単性花は、両性花より小さいことが多いが、早く成熟する傾向がある。左ページのセイヨウヒイラギ（Ilex aquifolium）の雄花は、多くの葯をつける花を咲かせることで、液果を実らせる雌木へと花粉が運ばれる可能性を高くしている。

セイヨウヒイラギの雌花
Ilex aquifolium

セイヨウヒイラギの雌木の液果

単性の植物

動物界では、生殖に関し、雄の個体と雌の個体とが別々なのが普通だ。しかし植物界では、1つの植物体が1つの性別の花しかつけないと、さまざまな問題に直面することになる。多くの木のように雌雄異株の植物は自家受精を避けることができるが、花粉が雄木から雌木へとうまく、それもしばしばかなり離れた距離の間を運ばれなくてはならない。

花の不完全な構造

雄性または雌性のどちらかしか生殖構造を持たない花を、単性花または「不完全花」といい、自家不和合性である。自家不和合性とは、生殖のための自家受粉ができないという意味だ。カボチャやキュウリのように、それぞれの性の不完全花が同じ植物体に咲く場合、その植物は、雌雄同株という。ただし雄性の不完全花は、1つの個体にある場合でも、2つの個体に分かれてある場合でも、多数に分かれた（離生の）雄しべ、葯や花糸が合着した単一の雄しべ、あるいはその両方を備えている。

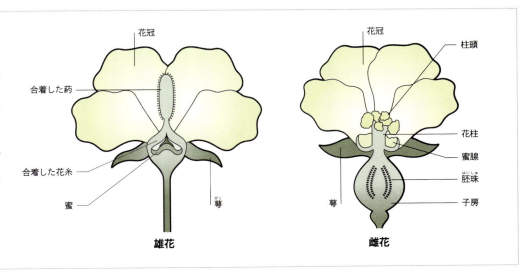

不稔部（附属体）は、不完全な雄花からなり、ポリネーターを引き寄せる役割を一部果たしている

両立させない花

両性花の場合、構造の配列の工夫をしたり、雄花と雌花をそれぞれ別の植物体に咲かせたりすることで、自家受粉が起こらないようにしている。1つの花序の中に雄花と雌花の両方がある場合でも、成熟に時間差を設けたり、葉的な器官で防いだり、緩衝地帯を設けたりすることで、主に他家受粉が行われるようにし、より健全な遺伝子の混合を実現している。

分離させる戦略

ディフェンバキア属の一種（*Dieffenbachia sp.*）は肉穂花序の中央に不稔部があって、雄花と雌花が分離している。この部位の花は決して完全に成熟することがないものの、生殖可能な雄花から生殖可能な雌花に花粉が運ばれないようにするのに役立っている。

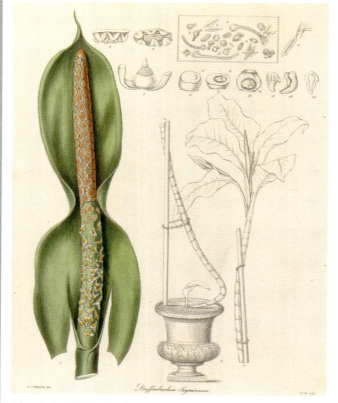

ディフェンバキア属の一種 *Dieffenbachia sp.*

雄花

雌花

雌花は仏炎苞で囲まれており、雄花よりも1日か2日早く成熟することで自家受粉のリスクを減らしている

花粉放出のタイミング

プセウドドラコニウム属の一種（*Pseudodracontium lacourii*）など、サトイモ科（Araceae）の植物は肉穂花序（円柱状の花序）をつけ、その中には、生殖可能な雄花と雌花に加え、不完全な花（通常は雄花）を花序の先端や中央に持つ。雌花は鞘のような苞で覆われた花序の基部につき、雌花が甲虫によってすでに受粉している場合に限り、雄花から花粉が放出される。

Amorphophallus titanum

ショクダイオオコンニャク

スマトラの熱帯雨林で見られるこの巨大な花は、花序が分枝していない花としては世界最大のものである。巨大な花序から発する強烈なにおいは腐った肉にたとえられ、そのためにこの花は、「死体花」や「腐肉の花」とも呼ばれる。

ショクダイオオコンニャクは、まぎらわしい見た目をしている。高さ3mもある花のように見える部分は実際には、仏炎苞という、ひだのある組織で囲まれた、肉穂花序である。花自体は、その肉穂花序の内側の奥深くにある基部についている。

この植物が特異な点は花序だけではない。この植物は自ら熱をつくり出す。花序が成熟するにつれて、植物界で最大といわれる、50kgもの重さになる巨大な地下器官の球茎に蓄えられていたエネルギーを使って、花が約32℃まで温められる。この熱は全て、密生した熱帯雨林の中でポリネーターを引き寄せる悪臭をまき散らすのに役立っていると考えられる。

要するに、ショクダイオオコンニャクの受粉は戦略によって支えられているのである。腐った肉のにおいは、食物や、交尾して産卵する場所を求めるハエやシデムシなどの昆虫を引き寄せる。しかしこの昆虫たちは何も得ることはできず、その代わりに花粉で覆われてしまう。そして生きていれば、次の日の夜にまた計略に引っ掛かり、別のショクダイオオコンニャクの花に受粉することになるのである。

花序自体の寿命は、たった24〜36時間である。大変なエネルギーを必要とするため、この植物が花を咲かせるのは3〜10年に一度だけである。花が咲いていない間のショクダイオオコンニャクは、高さ約4.5mもある単一の巨大な葉の姿をしている。とても印象的な植物だが、その生育地の森林伐採が今のペースで続くようだと、絶滅の危険にさらされる恐れがある。

巨大な花
ショクダイオオコンニャクの花は密集した塊になっていて、上部には雄花(白)が、下部には雌花(赤)が並んでいる。ショクダイオオコンニャクは全体的に煙突のような構造をしており、そこを通じて広く遠くまで悪臭がまき散らされる。

肉で引き寄せる
ショクダイオオコンニャクの巨大な花弁のような仏炎苞の陰には、何百もの小さな花が隠されている。仏炎苞がワインのように赤い色をしているのは、腐りかけの肉に見せかけるためと考えられる。

中が空洞になった肉質の仏炎苞は、地下で生成した熱を保つ働きをする

ひだのついた仏炎苞は、肉穂花序の基部にある花を囲んで保護している

210・211 花

白い花弁は夜でも非常に見えやすく、ポリネーターの甲虫からすぐに見つけられる

パイナップルの香り
オオオニバスの花は、比較的寿命が短い。夕方になってから開き、コガネカブト（*Cyclocephala*）属の甲虫をとらえるのに、熱を発生して、魅力的なパイナップルの香りを漂わせる。そして甲虫を中に入れたまま花は閉じ、次の日の晩まで開かない。

性を変える花

花をつける植物はほとんどの場合、雌雄の両方の部分を含む雌雄両性花を咲かせる。この性の異なる器官は、通常、開花期に隣り合って成熟する。しかし雌雄両性花の中には、生殖部が別のタイミングで成熟することで、雌性から雄性（雌性先熟）、あるいは雄性から雌性（雄性先熟）へと、効率的に性を変えるものがある。オオオニバス（*Victoria amazonica*）は、花がとらえた昆虫を介して受粉する植物で、この花は、雌性の器官が雄性のものより早く成熟する。

とらえられたポリネーター
オオオニバスを受粉させる甲虫には、花の心皮についている高カロリーのデンプン質が報酬として与えられ、甲虫は花に閉じ込められている間、それを味わうことができる。甲虫は、閉じ込められた花の中で、心皮の上を歩き回る間に、ほかの雄花から集めてきた花粉を柱頭につける。やがて雌花が雄花に変化して、甲虫はさらに多くの花粉にまみれることになる。

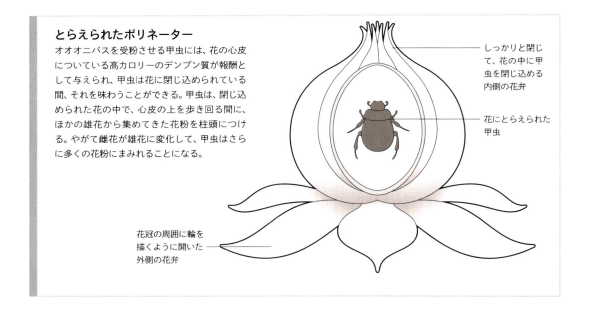

しっかりと閉じて、花の中に甲虫を閉じ込める内側の花弁

花にとらえられた甲虫

花冠の周囲に輪を描くように開いた外側の花弁

変化していく花
オオオニバスの花が、白からピンクがかった紫へと変化するのは、雄花の段階に入っていることを示す。花の中に閉じ込められた甲虫は、成熟した葯から放出される花粉にまみれて、まる一日を過ごす。そして次の日の夕方に花が開いたとき、甲虫はより多くの雌花を探して飛び去っていく。その後、役割を終えた花は水中に沈む。

鐘形の花は成熟するにつれてピンク色に変わる

タンチョウアリウム
タンチョウアリウム（*Allium sphaerocephalon*）は、球型や卵型の散形花序をつける。散形花序では、花序柄（花梗）の幅が広く、先の方が丸くなっている。この花柄は数多くの花の「土台」として機能しており、その花の柄、すなわち小花柄の長さは全て同じである。

散形花序

葯は、柱頭が完全に成熟する前の、1〜2日の間に最も多くの花粉を放出する。花柱が成熟すると、数日にわたって、下部にある若い花からの花粉を受け入れられる状態になる

ハチが若い花から古い花に移動することで、花粉が最上部の花へと運ばれる

花弁は、報酬があることを示すために、ポリネーターを引き寄せるような色に変化する

基部に近い花は最上部の花より2週間も遅れて咲くことがある

花序

特に目立つ花は、ほとんどの場合、1本の茎に多数の花を咲かせる花序を持つ植物のものである。ネギ属の園芸種はその好例である。これらネギ科の植物は、遠くから見ると、大きな花を1つだけ咲かせているように見えるが、実際にはその「花」は、多数の小さな花、つまり小花でできている。数日から数週間にわたり咲く1つの花序の中で、小花ごとに咲くときがまちまちで、しかもどの花も、同じ個体の小花を受精できる花粉がつくれるとすれば、自家受粉の機会は非常に多くなる。

異なる開花時期
多くの花を咲かせる花序は、蜜と花粉の供給源が狭い空間に詰め込まれているので、ポリネーターが花から花へと移動する際の労力を最小限に抑えられるだけでなく、報酬を与えることも可能である。また、開花時期がそれぞれ異なっていることが多いため、ポリネーターは繰り返しやって来る。この戦略は、同じ花序での自家受粉と、異なる植物体との間での他家受粉の両方を促すためのものである。

最上部の花が最初に開き、
やがてより多くの蜜をつくることで、
多くの昆虫を引き寄せるようになる

花序の種類

花序の種類は、花柄（花梗）という主軸と、小花柄というその外側につく柄との周りに花がどのように配列されているかによって定義される。花序には、有限花序と無限花序との2種類がある。有限花序の花序茎は単一の花で終結するのに対し、無限花序の花序茎の先端には成長する芽が残る。有限花序では、頂花の芽が形成されると、その軸方向への成長が停止する。それとは対照的に、無限花序は成長を続け、同じ花序に、さまざまな成熟段階にある花をつけることが可能である。ここに挙げるように、花序にはさまざまな種類がある。

有限花序

主茎、つまり花柄の先に大きな花が1つ、つく

単頂花序
チューリップ属の一種
Tulipa sp.

無限花序

花は、中央の花柄の周囲につく

花は下から上に向かって成熟する

総状花序
デルフィニウム属の一種
Delphinium sp.

側枝が複数の花を支える

円錐花序
ゴールデンシャワー・ツリー
Cassia fistula

花柄は総状花序と同様に先端部の成長を続けるが、側枝は、集散花序のように花芽で終わる

密錐花序
ハシドイ属の一種
Syringa sp.

花柄から交互に出た小花柄の先に花が咲く

複散房状花序
アジサイ属
Hydrangea sp.

花柄の頂点1カ所から伸びた複数の小花柄の先に小花をつける

散形花序
ラムソン
Allium ursinum

花柄の先が小さな散形花序になる

複散形花序
ノラニンジン
Daucus carota

頂花は通常、側花が開く前に咲く

花は主軸から生じ、単純な集散花序を形成する

集散花序
セキチク
Dianthus chinensis

単純な集散花序からなる二次分岐

複集散花序
ミヤマキンポウゲ
Ranunculus acris

両側に交互に花柄がつき、ジグザグに花が咲く

さそり型花序
アヤメ属の一種
Iris sp.

花柄のない（無柄）花が花柄に直接つく

穂状花序
ブラシノキ属の一種
Callistemon sp.

雄花が細長い房になり、通常は垂れ下がる

尾状花序
ヨーロッパハンノキ
Alnus glutinosa

小さな雄花と雌花からなる肉質の穂

仏炎苞は、花弁に似た幅広の苞で穂を囲む

肉穂花序
アンスリウム属の一種
Anthurium sp.

密集した小花が花序柄の先に直接つく

頭状花序
タンポポ属の一種
Taraxacum sp.

円盤状の頭頂に無柄の小花が密集する

頭状花序
ムラサキバレンギク
Echinacea purpurea

渦巻き状に配列された花序

輪散花序
オトメイヌゴマ
Stachys palustris

苞が渦巻き状に折り返されると、頭花が広がる

中央の筒状花は、舌状花が伸びるのにつれて色づく

ムラサキバレンギクの園芸品種"マキシマ"
Echinacea purpurea 'Maxima'

舌状花が開くにつれて、1枚1枚の花弁に見える舌状小花が見えてくる

キク科の花の開き方
キク科の花は、外側から内側へと開く。筒状花は成長につれて大きくなり、色は変化するものの、周囲の舌状花が完全に開くまでは、閉じたままである。

舌状花と筒状花

キク科（Asteraceae）は、花をつける植物の中でも特に数が多い。キク科の花は、他とはっきり見分けのつく構造をしており、その頭状花序は「1つ」の花に見えるが、舌状花と筒状花という小さな花の集まりである。タンポポのように、花弁の形をした舌状花で構成されている花もあれば、アザミのように筒状花だけでできているものもある。また、ムラサキバレンギク属の花のように、舌状花と筒状花の両方からできているものもある。

花の構造
花弁（舌状弁）はそれぞれ大きく異なっているのに対して、舌状花と筒状花はいずれも癒合して筒状になった葯を持っている。そして普通の花に見られるような萼片や萼の代わりに、冠毛という硬い毛が生えている。この冠毛は、種子散布に役立つ。

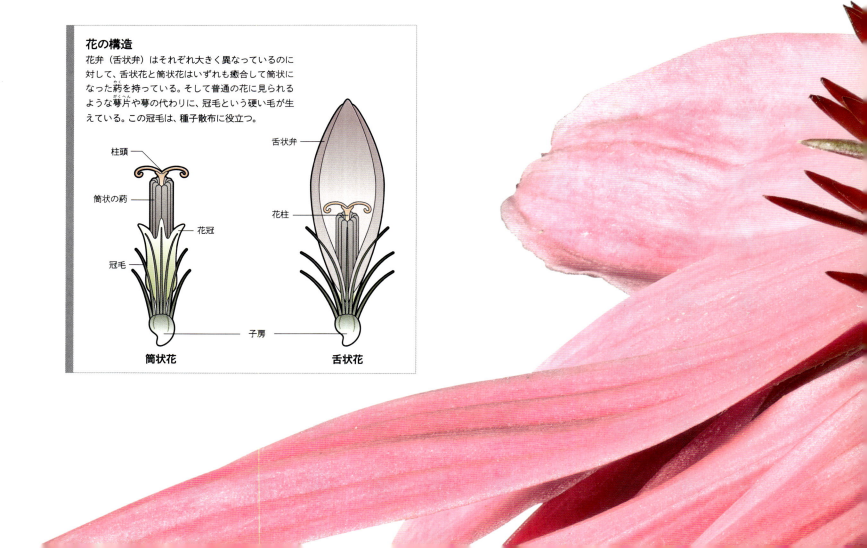

多くの花でできている花

ムラサキバレンギク属の頭花では、筒状花が成熟すると大きくなり、中央の丸い部分をつくる。ピンク色を帯びた楕円形の舌状花は、不稔の場合もあるが、ポリネーターを引き寄せる役割を果たすもので、平らに開き、筒状花から離れるように反り返っていく。筒状花の色は、オレンジがかった赤に変わり、開くにつれて暗くなる。また、花粉に覆われ、二股に分かれた花柱と、それを取り囲む5つの小さく尖った縁が現れる。

外側の筒状花は、基部では緑色だが、先端に向かって赤橙色を示す

Helianthus sp. ヒマワリ属の一種

ヒマワリ

ヒマワリは、少なくとも紀元前2600年頃から栽培されてきた。それは太陽を思わせる明るい黄色の花が愛されたからというだけでなく、栄養価の高い種子が収穫できたからという理由もある。元々はアメリカ大陸の原産で、その後世界中に広がった。

ヒマワリは、空を横切る太陽の後を追うという習性があることで知られている。しかし、一般に信じられているのとは逆に、この向日性は植物が成長しているときにしか生じない。葉と花芽の両方が、太陽を追うことで、生命の源になる日光にさらされる時間を最大限とするのである。しかし花が咲くと、この日中の動きは止まり、花はたいてい、東を向くようになる。これによりヒマワリは、太陽が地平線上に昇るとすぐにその熱を使って多くのポリネーターを引き寄せ、種子の成長を速めることができるのである。1つの花のように見えているのは、実際には数多くの小さな花で構成される花序である。花序の中の花は、外側から内側へ向かって順番に成熟し、開花の間中、数多くのポリネーターが集まるようにしている。

ヒマワリ属（*Helianthus*）には、約70種が属しており、たいていは1年生か2年生である。最もよく見られるヒマワリ属の植物はヒマワリである。何世紀にもわたって選択的に栽培が行われた結果、直立した、剛毛の生えた長い花柄の先に1つだけ、非常に大きな花序をつけるようになった。しかし、野生のヒマワリの見た目はかなり異なっていて、数多く分岐し、その先にはるかに小さい花序をつける。

ヒマワリの中には他感作用（アレロパシー）を引き起こすものがあり、ほかの植物の成長を阻害する化学物質をつくり出す。周囲の植物を中毒にすることで、ヒマワリは競争を避け、多くの種子を実らせるのである。

大きな黄色の花序
花序の中央部にある花は筒状花（とうじょうか）といい、花1つにつき1つの種子が生成される。この写真の筒状花は、ほとんどがまだ開いていない。植物がより多くの種子をつけることで、次の年に子孫を残せる可能性も高くなる。

それぞれの「花弁」は、1つの舌状花で、合着した花弁からできている

偽の花弁
ヒマワリの鮮やかな黄色の「花弁」は、実は舌状花（ぜつじょうか）と呼ばれる不稔花（ふねんか）である。花の中央にある数多くの筒状花にポリネーターを引き寄せる役割を果たす。

220・221　花

弾ける尾状花序
風媒花の中でも注目すべきは、ホワイトオーク (*Quercus alba*) やハシバミ属 (*Corylus* spp.) などの木がつける尾状花序である。ほとんどの尾状花序は雄花でできており、ごくわずかな風でも花粉が雲のように放たれ、雌花を受精させる。

小花はそれぞれ、護穎と内穎という2枚の苞の内部にある

内穎は、内側にある短い苞である

個々の小穂は、鞘状をした基部側の苞である2枚の苞類で包まれている

長い方の苞は護穎という

小穂には1つまたは複数の小花がつく

きらめく穂
ヘンペイソウ (*Chasmanthium latifolium*) は、北アメリカ東部から中部の森林地帯や内陸の水路に密生する背の高い植物である。ヘンペイソウの花序は、風媒受粉植物によく見られるぶら下がった形となる。カラスムギのような形の穂が日光に当たるときらきらと輝くので、「きらめき草」と呼ばれることもある。

主茎である稈から垂れ下がった大きな小穂は、微風にさらされやすくなる

受精した小花は硬くなり、やがて種子を散布する

小さな花

その瞬間を生きる花
春から秋にかけて浜辺で見られるシーオーツ（*Uniola paniculata*）は、緑色の小穂に雄花と雌花をつける。小花は早朝に1度だけ開き、すぐに閉じる。

風媒花

ほとんどの風媒花は、そよ風さえ吹けば花粉を運ぶことができるので、目立つ花弁でポリネーターを引き寄せる必要がない。イネ科植物やハシバミ属の植物の尾状花序など、風を利用して受粉する植物の多くは特別な苞で花を隠し、受精するのに十分な長さに育つまで生殖器官を保護している。

葯

イネ科植物の花の内部
イネ科植物の小花には、花弁の代わりに、護穎と内穎という特殊な苞がついている。これらの苞は、その基部にある鱗被が膨れると、押されて離れ離れになり、それによって花が開く。葯と柱頭が花よりも伸びることで、風によって花粉を放出したり、受け取ったりできるようになる。

葯
花糸
柱頭
花柱
護穎
内穎
鱗被
子房

イネ科植物の小花

微風をとらえる
クリノイガ属の一種（*Cenchrus longisetus*）は、ふわふわした小麦のような房から、「フェザートップ」と呼び習わされているが、この雲のような花はただの見せかけではない。この柱頭の羽毛状の構造は、花粉を放出する長い葯と同様、通り抜ける微風に含まれている花粉粒をとらえて、ほかの花によって受精する可能性を最大にする。

イネ科植物の花

イネ科植物は、地球上で3番目に大きな植物群を構成しているにもかかわらず、花と関連づけられることはあまりない。その理由は、まず花の大きさのためである。成長の遅い種の場合、1つ1つの花が非常に小さく、肉眼で見ることはできない。また、構造にも関係がある。イネ科植物の花は風で受粉されるので、通常は長い花柄の先に、毛の生えた房状の花序をつけ、花粉や種子をまき散らすときには風を頼りにする。花粉を媒介する虫を引きつける鮮やかな色の花は必要ないのだ。

よく目立つ細かい剛毛で覆われた、細い円錐花序

花序が褐色に変わり種子が熟す

花の噴水
開花期になると、クリノイガ属の一種（*Cenchrus orientalis*）の、ボトルブラシのような長い花穂は細かい剛毛で覆われる。花序は高さ1mの花柄の先にあるので、最大限風にさらされるようになっている。

花から種子へ
ウサギノオ（*Lagurus ovatus*）の微妙な色の変化は、種子ができる時期を示している。この地中海性の種の花序の房は、全体が薄緑色で、黄色い葯が点在している。開花後、葯は失われ、綿毛の色は褐色に変わる。

切っても切れない関係
ある生育地では、爬虫類がポリネーターとして重要な役割を果たしている。モーリシャスでは、絶滅危惧種であるポリスキアス属の一種（*Polyscias maraisiana*）の花の蜜をなめに、ニシキヒルヤモリがやってきて、このときに受粉が行われる。

蜜を求めるヤモリが花の上を這い回ると、次第にその体に粘着性の花粉がつく

鐘形の花が垂れ下がって咲くので、そこまで巧みによじ登れる動物だけが甘い報酬を得ることができる

ネソコドン属の一種
Nesocodon mauritianus

花と蜜

蜜は、植物が使う究極の賄賂である。蜜腺という腺でつくられる、粘りのある甘い液体は、さまざまなポリネーターを引きつける。蜜腺は茎や、葉や、芽でも見られるが、最も関係が深いのは花で、花蜜は受粉に対する報酬として役立っている。蜜の主成分は、スクロース、グルコース、フルクトースなどの糖類で、そのほかに微量のアミノ酸なども含まれている。花がつくり出す蜜は、その種によって、種類や量だけでなく、色も異なり、受粉を行う動物の好みに合わせている。

淡い青色の花弁は、蜜の真っ赤な色を際立たせ、花粉を媒介してくれるヤモリを引き寄せる

独特の色
ほとんどの蜜は無色で、香りによってポリネーターを引きつけている。しかし青い花を咲かせるネソコドン属の一種（*Nesocodon mauritianus*）は一風変わっている。この花は、生殖の機会を増やすために、血のように赤い蜜腺から緋色の液体を放出する。緋色は、岩場で育つこの珍しい花の受粉を手伝うニシキヒルヤモリが特に好む色である。

花の蜜
花の内部で多くの蜜腺がある場所は、子房の基部、雄しべの基部（具体的には花糸）、花弁の基部の3カ所である。これらはいずれも花が生殖を行う部分で、ポリネーターが蜜までたどりつくには、必ずここを通って受粉を行うことになる。しかし蜜腺は、子房のほかの部分、葯、雄しべ、雌しべ、柱頭、花弁組織にも見られることがある。

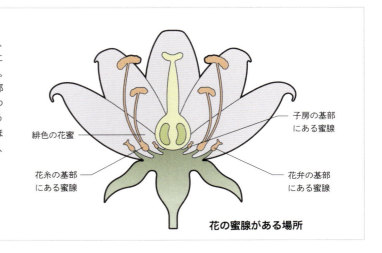

緋色の花蜜 ・ 子房の基部にある蜜腺 ・ 花糸の基部にある蜜腺 ・ 花弁の基部にある蜜腺

花の蜜腺がある場所

中央部を取り囲む花弁の変化した蜜腺

クリスマスローズ属の一種の花

独特な蜜腺

キバナオダマキ（*Aquilegia chrysantha*）の蜜腺は極めて特殊である。花弁の先端の小部屋にあるため、蜜腺に近づけるのは、長い舌を持ったスズメガの仲間だけである。また、クリスマスローズ属の花の蜜腺は円錐形をした距の中にあり、口器が長いマルハナバチしか蜜を吸えない。

蜜腺

蜜腺の場所は、どんな動物が花粉を媒介するかによって異なる。キヅタ属の一種（Hedera）の蜜腺は露出しており、舌の短いスズメバチやハエが好む蜜がにじみ出している。ヘレボルス属の花は、春先になると、円錐形をした花弁蜜腺の基部に蜜をためる。また夏に開花するトリカブト属（Aconitum）では、フード状の花の下に2つの大きな蜜腺が隠されている。いずれの種も、マルハナバチを引きつける。

キヅタ *Hedera* — 表面から分泌される

クリスマスローズ属の一種 *Helleborus* — 花弁が円錐形に変化した蜜腺

トリカブト属の一種 *Aconitum* — 花弁が変化した蜜腺が隠されている／マルハナバチはこのフードの中に入る

花蜜がたまる場所

花をつける植物は進化の過程で、蜜腺（花蜜を分泌する腺）を、生殖を行う花の内部に集中させ、花の色と香りは花蜜の存在を知らせるよう発達してきた。蜜腺の多くは、さまざまなポリネーターを引き寄せるべく花の表面にあるが、特定の動物しか近づけないような場所に蜜腺が存在する場合もある。

距を覆う細い毛状突起（毛）の存在は、外側から昆虫に蜜を盗まれないようにするためかもしれない

距の長さは3〜7cm

距の底に蜜がたまっており、スズメガがこの蜜を吸うために口吻を伸ばすことで、受粉が行われる

キサントパンスズメガ（*Xanthopan morganii praedicta*）の舌の長さは最大で30cmもある

花柄

蜜腺のある距は、20〜35cmの長さがある

ダーウィンの予想

マダガスカル固有のランであるアングレカム属の一種（*Angraecum sesquipedale*）の花は、非常に長い距を持っている。チャールズ・ダーウィンは、これを専門に受粉させる種類として、この距と同じくらい長い舌を持つガが進化したに違いないと結論づけた。それから約130年後の1992年、ダーウィンの仮説が正しいことが証明された。

椀形の花

ケシのような広く開いた花は、空を飛ぶ昆虫にとって最適な形である。椀形になっているので簡単に止まれるし、花の各部分が露出しているので、ポリネーターはエネルギーの消費が少なくて済む。ケシの花は、より短い期間で、より多くの花にポリネーターを引き寄せ、受精させることができるので、非常に都合が良い形をしているといえる。

花弁が広く着地するのに理想的な形状

豊富に花粉をつけた葯に近づきやすい

アイスランドポピー
Papaver nudicaule

訪問者のためのデザイン

花の色と香りは、ポリネーターの注目を集める上できわめて重要な役割を果たしているが、花の形が、特定のポリネーターを対象としている場合もある。ハチドリ以外の鳥は、止まり木が必要であるし、ミツバチなどの昆虫には着地する場所がなければならない。このような機能を提供することで、来てほしい訪問者を引き寄せるだけでなく、適切なタイミングで、適切なポリネーターを生殖器官まで導くことができるのである。

着地用の場所

着地する場所にはさまざまな形がある。アザミ属の一種（*Cirsium rivulare*）の海綿状のドームは、チョウやミツバチがその上をつかみやすくしている。

ポリネーターを引きつける数多くの小花

未成熟な花が傷つかないようにする鱗片状の苞

昆虫のニーズに応える

バイカルハナウド（*Heracleum mantegazzianum*）の汁液は、人間に対しては毒性があるが、その巨大な傘形の花は、チョウ、ハエ、甲虫には蜜と花粉を大量に与える。昆虫は花の上に快適に「止まり」、じっくりと花を調べながら歩き回ることができる。

マルハナバチ専用の花
ジギタリスは、色や、蜜のありかを示す指標や、「着地場所」を組み合わせて、マルハナバチを引き寄せる。花は下から上に向かって順番に開き、葯は柱頭よりも早く成熟する。

ジギタリス
Digitalis purpurea

正確な受粉

植物には、特定のポリネーターしか近寄れないような形に進化したものがある。よく見かけるジギタリス（*Digitalis purpurea*）の花の特徴は全て、ただ1種類の昆虫を受け入れるように工夫されている。その昆虫とは、マルハナバチである。細長く閉じた花がつくる蜜は、長い舌を持った昆虫にしか届かない。また、小さなハチが入り込めないようにガードのための毛が生えている。一方マルハナバチは、この管状の花から蜜を吸い、受粉をするのに最適な大きさと、形と、重さをした昆虫なのである。

助け合い
ジギタリスの生殖器官は、マルハナバチが子房の基部にある蜜を探している間はハチの体の下へと押しやられるように配置されている。管状の花は狭いので、葯から放出された花粉や、底に溜まった花粉は、確実にハチの体に付着する。こうすることで、ジギタリスの花から花へと移動するハチに、できるだけ多くの花粉を交換させることができる。

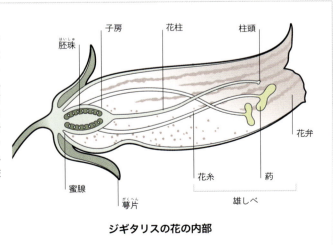

ジギタリスの花の内部

振動による受粉

約2万種の植物が、高タンパク質の花粉を使って、ポリネーターを引き寄せている。ジャガイモやトマトなど、そうした植物のほとんどは、遺伝子を次世代へつなぐ機会を増やすため、特定の昆虫だけが花粉までたどりつけるような独特の構造の花をつける。これに対して今度は昆虫が、報酬を集めるための独自の方法を編み出した。たとえば振動受粉では、ある種のハチは花粉粒を振り落とすために花を振動させる。

意図的な受粉
ボリジ（*Borago officinalis*）の花は、振動受粉が行われるほかの植物と同様に、孔開葯の中に花粉を蓄える。花粉はこの管状の葯の先端から少量ずつしか放出されない。また毛状突起などは、望ましいポリネーターだけを花に近づけ、好ましくない訪問者を遠ざける役目があるのだろう。

ボリジの茎や、葉や、頭花に生えている硬い毛は、食べられないようにするためのものである

花の中央から突き出した円錐形の葯は、特定のポリネーターだけを引き寄せ、それ以外は遠ざける

マルハナバチは花粉を花粉籠に集めるが、一部は体に付着し、同じ種の別の花へと運ばれる

マルハナバチはあごを使って葯にしがみつく

振動受粉はどのように行われるか

ミツバチが飛翔筋を振動させると、その動きによって花の葯が揺れ、小さな雲のように花粉が放出される。このときに発生する「超音波」によって、ハチは重力の30倍に相当する力にさらされることになる。

花粉にたどりつけないようにする仕組み

振動受粉が行われる植物の花は、お互いに関係の遠い種であっても、共通の特徴を持っている。中央から突き出している管状の葯は花糸が短く、閉じた円錐形に配置されていることが多い。花粉は、管の先端にある切れ目や孔から放出される。

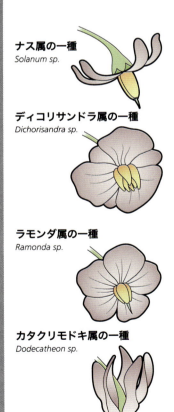

ナス属の一種
Solanum sp.

ディコリサンドラ属の一種
Dichorisandra sp.

ラモンダ属の一種
Ramonda sp.

カタクリモドキ属の一種
Dodecatheon sp.

ダチュラ（1936年）
ケチョウセンアサガオ（*Datura wrightii*）は砂漠でよく見かける植物で、米国の道端や荒地に生えている。ジョージア・オキーフはこの花を、巨大なカンヴァスいっぱいに拡大して描いた。種子に毒があるのにもかかわらず、オキーフはこの植物を特に好んでいた。エネルギーと動きに満ちあふれる、生き生きとした構図の中に、風車のように成長する習性を持つケチョウセンアサガオをとらえている。

> "長い間、花に見入っていたことに驚くだろうか？
> 忙しいニューヨーカーでさえ、私が花の中に見たものを
> じっくり眺めずにはいられなくなるだろう"
>
> ジョージア・オキーフ

Dodecatheon sp. ドデカテオン属の一種

急進的な視点(ラディカル)

20世紀初頭、モダニズムの芸術家たちは、自分を取り巻く都市の機械化された風景を反映する新しい技法を模索していた。そのため、自然界に忠実な、写実主義的な表現は見向きもされなかった。その急進的なアプローチは、何世紀にもわたって続いてきた具象美術を捨て去り、抽象化や、内省化や、プリミティヴィズムへの回帰に重きを置いた。時間が経つにつれて、こうした新しい自由に刺激を受けた芸術家たちは、自然を強く意識した現代的な作品を描くようになった。

米国の画家ジョージア・オキーフは、代表作である花の絵を数多く描いていた1920年代から30年代に、すでにモダニズム運動の初期の参加者だった。巨大なカンヴァスの上に拡大して描かれた花は、遠近法をもてあそび、絵を見る者をバラの中心へと引きずり込んだり、高くそびえ立つカンナに釘付けにしたりした。

モダニズムには、フロイト心理学が見え隠れする。オキーフが描いた花弁や開いた花のひだには、女性的なエロティシズムという厄介な解釈が添えられることになった。しかしこれは、オキーフ自身が意図したものではない。オキーフの説明によれば、植物の美しさという日常の奇跡を、誰もが一目で見られるようにするため、植物の細部をとらえ、それを拡大して描いたのだという。

1960年代、ヒッピーたちの平和の象徴として、フラワーパワーが再び注目を浴びるようになった。シンプルな形、大胆なパターン、鮮やかな色で描かれた花は、現代的なデザインとして確かな位置を占めることになった。アンディ・ウォーホルの『花』と題する遊び心にあふれた作品は、シルクスクリーン印刷によるポストモダンの連作で、商業ブランドとポップカルチャーとに根ざした作品群の衝撃的な出発点で、まさにこの時代にふさわしい作品だった。

ポストモダン芸術
アンディ・ウォーホルのポップアート連作『花』は、4つのハイビスカスの花の写真をもとにした、シルクスクリーン印刷のための色見本による実験的作品である。草むらを背景にして、花の色は、黄色、赤、青から、ピンクやオレンジに変わり、時には真っ白になることもある。

リボンのような花弁は暖かい日には完全に開く

春になると鱗片葉または芽鱗で包まれていない裸の葉芽が開き、茎の節ごとに1枚ずつ葉をつける

茎には花や実がつくが、花が咲いた翌年にならないと実が熟さない

冬のポリネーター

マンサクの花蜜は、寒さが続く数カ月間、多くの昆虫の糧となっている。例えば、秋から春にかけて活動するエゾミツボシキリガ（*Eupsilia transversa*）は、マンサクにとっての重要なポリネーターである。

エゾミツボシキリガは氷点下の状態でも飛行できるように、体を震わせて体温を上昇させる

早く咲く花

オオユキノハナ（*Galanthus elwesii*）のような寒さに強い多年生植物は、ミツバチにとって最も早い時期から見つかる食料源の1つであり、健全な生態系には欠かせない。オオユキノハナは冬の気候条件によく適応していて、暖かく乾燥した気候になるといち早く反応し、夏の間は休眠状態になる。トルコ原産の種だが、現在は北半球の庭園でよく植えられている。

オオユキノハナ
Galanthus elwesii

冬に咲く花

秋から冬にかけて、ほとんどの種は、花を咲かせた後の長い休眠期に入っており、ポリネーターをめぐる植物間の競争は激減する。しかし植物の中には、一年で最も寒い月にだけ花を咲かせるものがある。寒さに強いことで知られているのは、マンサク属の一種（*Hamamelis sp.*）の花である。リボン状の花弁がクモのようにも見えるこの花は、マイナス18℃の寒さにも耐えられるだけでなく、日中の最高気温が氷点下でも、何週間も咲き続ける。

花の周囲には苞があって、花を保護し、花弁が散った後でも残っている

次の年に実る果実
マンサクは、北米、中国、日本原産の植物で、種によって9月から翌年の3月、4月に花を咲かせる。受精した花は実を結ぶが、マンサクの実は成熟に1年もかかるので、花を咲かせている茎とは別の茎に実ることになる。熟した果実からは小さな黒い種子がはじけ飛び、その高さは9mにもなる。

花は繊細でスパイシーな香りを漂わせ、受粉するガを引き寄せる

2mもの花茎に
長さ6cm足らずの花が咲く

融合した花冠の先
にある葯と柱頭

花冠の基部にある子房の
蜜腺からは、スクロース
が豊富な蜜が生成される

鳥を引き寄せる花

花の中には、鳥を引き寄せて花粉を媒介させるように進化したものが数多くある。このような花には、香りがないこと、特徴的な鮮やかな色をしていること、蜜の量や種類など、共通の特徴が多い。ハチドリのような長い嘴と舌を持ち、空中で静止できるような種は管状の花を好むが、ミツスイやタイヨウチョウなどの鳥は、止まるのに便利な場所がある花にやって来る。

ハチドリは、花筒部と花弁が分かれた部分に嘴を挿入する

歓迎するのはハチドリだけ
ハチドリは、左の写真に示すミゾカクシ属の一種（*Lobelia tupa*）のような赤い花を目当てにやってくる。花柄の先には複数の花序があり、花蜜は花筒部の中に隠されているので、特定の鳥しか蜜にアクセスできないし、その間に彼らだけが花粉を媒介するのである。

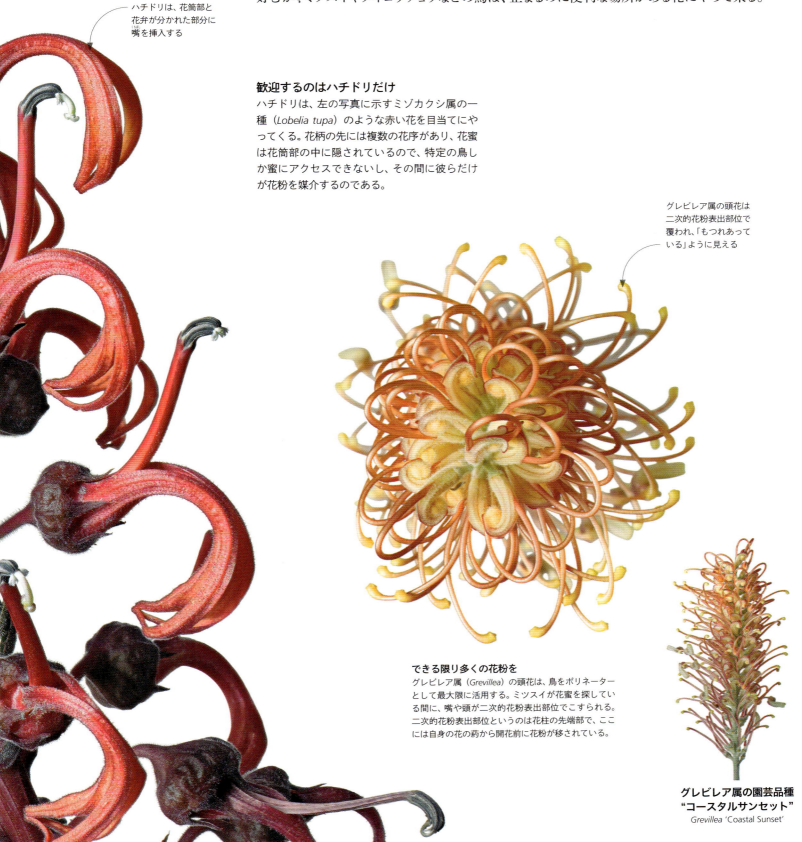

グレビレア属の頭花は二次的花粉表出部位で覆われ、「もつれあっている」ように見える

できる限り多くの花粉を
グレビレア属（*Grevillea*）の頭花は、鳥をポリネーターとして最大限に活用する。ミツスイが花蜜を探している間に、嘴や頭が二次的花粉表出部位でこすられる。二次的花粉表出部位というのは花柱の先端部で、ここには自身の花の葯から開花前に花粉が移されている。

グレビレア属の園芸品種"コースタルサンセット"
Grevillea 'Coastal Sunset'

霊長類のポリネーター

タビビトノキ（*Ravenala madagascariensis*）は、大型の哺乳類がポリネーターになるように適応したように見える。キツネザルが、この花の蜜を「手ですくったり」、じかに飲んだりしようとして、花を保護している硬い葉を押しのける際、植物間で花粉のやり取りが行われる。

アカエリマキキツネザルとワオキツネザル

頑丈な花

バンクシア属の一種（*Banksia marginata*）は、頑丈な穂状花序を持っており、この部分に木質種子が実る。蜜で満たされた大量の花が順番に開くと、日中は鳥が、夜間には小型の哺乳類が引き寄せられる。花粉は羽毛や毛につき、花序は夜行性の小動物が蜜を探している間に、動物の重さを支える。

1つ1つの花がポリネーターに蜜を提供し、動物が蜜をなめるときに花粉が毛皮に付着する

穂状花序の長さは3〜13cmで、順番に開く数百から数千もの花を支える

動物を引き寄せる花

鳥や昆虫がポリネーターになることは珍しくないが、哺乳動物も受粉の際に重要な役割を果たす。これら体が毛で覆われたポリネーターの多くは、マウス、ラット、ハネジネズミのような夜行性の小動物で、甘くてエネルギー豊富な蜜に引き寄せられ、花を傷めず、その上を歩き回ることができる。ケープグレイマングースのような、より体の大きな肉食動物でさえ、花のところにやって来ることがあり、その間に受粉を果たす。

動物が蜜を探しながら、穂状花序の上を這い回ると、腹側の毛に花粉が付着する

小型のポッサムは、ニワトリの卵よりも軽く、体長はわずか9cm

フクロヤマネ
オーストラリアに生息するポッサムの一種フクロヤマネは、蜜と花粉を主食とする多産の動物で、多くの植物の生育地の維持に役立っている。これらの小型の有袋類は、バンクシア属、ユーカリ属、ブラシノキ属の植物の受粉を手伝う。

超音波に適応した花

花の蜜を食べるオオコウモリは嗅覚と視覚を使って花を見つけるが、カグラコウモリはエコーロケーション（反響定位）を使い、超音波を発して花を探し出す。カグラコウモリが受粉する植物は、クッションを備えたり、鐘形の花をつける。これによってコウモリが発する超音波が効果的に反射し、花の位置がコウモリに分かりやすくなる。キューバの熱帯雨林で見かけるマルクグラビア属の一種（*Marcgravia evenia*）は、パラボラアンテナのような皿形の葉をつけて、コウモリを花に導く。また、エクアドルのエスポストア属の一種（*Espostoa frutescens*）は、けば立った花座が「吸収材」の働きをすることで、スピーカー形の花の場所を分かりやすくしている。

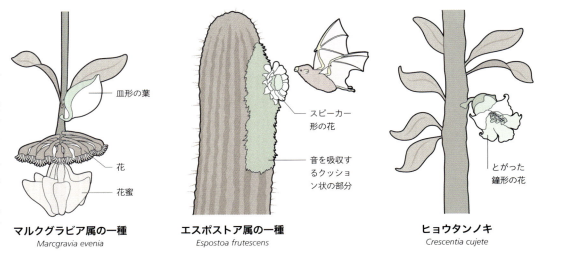

マルクグラビア属の一種
Marcgravia evenia

エスポストア属の一種
Espostoa frutescens

ヒョウタンノキ
Crescentia cujete

空からの訪問者

鳥は多くの種類の植物にとってポリネーターの役割を果たしている。しかし、熱帯の生態系や砂漠では、コウモリが500〜1000種もの花をつける植物（被子植物）を受粉している。世界中で少なくとも48種のコウモリやオオコウモリが植物を主食として共に進化しており、植物とコウモリはお互いに合わせた形に適応している。

マングローブに咲くこの花の太くて頑丈な花茎は、オオコウモリがしがみつきやすいようになっている

オオコウモリが食事をすると、頭や顔を中心として、体じゅうに花粉が付着する

葉痕は、開花前に葉柄が落ちた場所であることを示す

オオコウモリ

蜜を食べる小型のコウモリとは違って、オオコウモリには食事の際にとまることのできるような、大きくて頑丈な花が必要だ。ヨアケオオコウモリ（*Eonycteris spelaea*）は、アジアに生息するオオコウモリの一種で、マングローブに咲く花や、バナナやドリアンのような有用作物の蜜や花粉を食べている。コウモリが花によじ登るときに、花粉がコウモリに付着し、簡単にほかの場所へ運んでもらえる。

鮮やかなピンク色の雄しべは約10cmの長さで何百本もあり、大量の花粉をコウモリに付着させる

1本しかない柱頭は、葯が届かないところまで伸びるので、自家受粉を防ぐことができる

プセウドボンバックス属の花
コウモリは、メキシコや中央アメリカ原産のプセウドボンバックス属の一種（*Pseudobombax ellipticum*）の主なポリネーターの役割を果たしている。木の上にある花は一晩だけ開き、翌日には散る。葉が落ちてから花が咲くので、シタナガコウモリは容易に花を見つけられる。

萼片に似た長い花弁が、雄しべから離れるように反り返る

蕾
芽は、葉のような形の茎の縁にあるくぼみから伸びてくる。夜になって気温が下がるのに反応して、通常は午後10時から真夜中にかけて開花する。

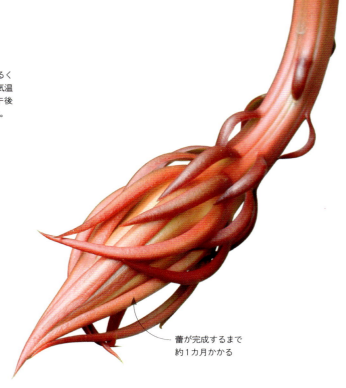

蕾が完成するまで約1カ月かかる

Epiphyllum oxypetalum ゲッカビジン

夜の女王

熱帯雨林の森林でサボテンを探すというとぴんと来ないだろうが、実はまさにこの場所で、「夜の女王」の異名を持つゲッカビジンが見つかるのである。メキシコ南部とグアテマラの大半を生育地とするこのサボテンは、うっとりさせられるような香りの花を、たった一晩だけ咲かせる。

ゲッカビジンは着生性のサボテンで、樹冠の中で成長する。この種のサボテンが種子を生成するには、木のうろや、枝の股の部分の、やや湿った場所が必要となる。珍しい外観をしているのにもかかわらず、ゲッカビジンは円筒形をした類縁のサボテンと、多くの点で共通した解剖学的特徴を持っている。長く広がった葉のように見えるものは、実際にはサボテンの主茎である。常に木の股で成長するゲッカビジンは、不安定な表面にしがみつきやすいように、茎が平らな形に進化している。また根は、水と栄養素を吸い上げるだけではなく、樹冠から落ちないように、本体を固定する働きもしている。また、ゲッカビジンにはとげがない。サボテンのとげは、多量の日光を避け、草食動物を追い払うのに役立つものだが、日陰の多い熱帯林で生育する種にとっては、これらは問題にならない。

ゲッカビジン（月下美人）という名は、このサボテンの巨大な花が、暗くならないと咲かないことに由来している。すばらしい香りと輝きを誇るこの白い花には、夜行性のスズメガがやって来る。スズメガが花を受粉する機会は1回しかない。日が昇るまでに、幅17cmの花は枯れてしまうからである。受粉に成功すると、花の後にすぐ、鮮やかなピンク色の果実ができる。鳥や、樹上で生活する動物は、まるまるとした小さな果実の中の軟らかい果肉を好んで食べる。そして、種子は消化管を通って、樹冠の枝に排泄され、そこから次の世代が誕生する。

香りの高い花
漏斗形をした花の中央には、花粉をつけた雄しべと、長くて白い柱頭が見える。ゲッカビジンの花の芳香は、サリチル酸ベンジルという化合物によるもので、これは広く香水の添加物に使用されている。

色で誘う

花の香り、大きさ、形はいずれもポリネーターを引き寄せるのに極めて重要な役割を果たしている。しかし色こそ、ポリネーターを植物に引き寄せるのに最も重要なものの1つである。昆虫や鳥の色の好みは、人間には奇妙に思えることがあるが、昆虫や鳥の目の構造は人間の目とは異なっていて、人間とは異なる色のスペクトルを知覚できることが明らかにされている。ハチなどの昆虫の多くは、紫外線を感知することができるので、蜜のありかをより簡単に知ることができるのである。

白い花は、チョウやハエのほかに、夜行性のガや甲虫も引き寄せる

赤やオレンジ色の花は鳥が好む

ピンクの花はチョウやガが好む

チョウ、ミツバチ、ハナアブ、スズメバチは黄色に引きつけられる

好みに合わせた花の色
植物は、ポリネーターの視覚的な選好に合わせて豊かな色彩へと進化をとげた。昆虫にも鳥にも見分けることができる色は数多くあるが、だからといってそれらが同じように見えているわけではない。たとえば、ハチは紫色に引きつけられるが、鳥の中には、鮮やかなオレンジや赤を好むものがいる。

緑色の花

植物学者たちは、花は多くの昆虫のポリネーターよりも早い時期に進化していて、元は周囲の葉と同じ緑色だったと考えている。その後、植物とポリネーターとの関係が進展するにつれ、ポリネーターの獲得競争が激しくなった。それにともなって、花の色は特定の種の昆虫だけを引き寄せるように適応していった。

アサギフユボタン
Helleborus viridis

淡い色をした花の中央は、ミツバチに甘い報酬があることを知らせる

青みがかった紫色の花はハチやチョウが好む

紫色はハチが最も好む色である

青はどんな色合いであっても、ハチが見分けやすい色である

紫がかった濃い茶色はスズメバチが好む

花蜜へと導く

人間の目は、反射光をさまざまな色として見ているが、ポリネーターの多くは、それとは全く違った世界を見ている。特にハチは、紫外線域を含む特定の波長範囲を知覚しており、それによって、人間の目には見えない線や点、その他の模様といった花の特徴を見ることができる。この特徴は、蜜がある場所へハチを直接導く標識となっている。この「蜜標」は、花が花粉をまき散らすのに役立つものなので、ハチにとっても、植物にとっても非常に重要である。

斑点が小さいほど蜜腺から遠い

斑点には、赤紫色のほか、青紫や青のものもあり、これら3つの色には、特にハチが引き寄せられる

蜜標の暗い色とは対照的な明るい背景

大きな点によって、蜜が近くにあることをマルハナバチに知らせる

ハチの目から見ると

ハチは赤い色を見るのに必要な光受容体を持っていないが、紫外線を見分けることができるので、人間の目には何もないように見える表面に、複雑な模様があるのが見える。エンコウソウ (*Caltha palustris*) の花は、黄色で何の模様もないように見えるが、ハチには、中央に対照的に暗い色をした部分が見えている。この部分が「的の中心」で、「着地点」であることを知らせているのである。

人間が見た場合　　ハチが見た場合
日光　　　　　　**紫外線**

点をたどって

ホトトギス (*Tricyrtis hirta*) の独特なまだら模様は、蜜を求める昆虫に、蜜があることを知らせている。ホトトギスの斑点模様は人間にも見えるが、ハチは蜜標としては線よりも点を好むので、次第に大きくなる点は主なポリネーターであるマルハナバチを特に引き寄せる。

まだ成熟していない緑色の蕾

蜜は花の奥深くにあるため、ハチがそこへたどりつくには生殖器官に触れていかざるを得ない

茎には腺毛（毛状突起）が生えていて、招かれざる訪問者が蜜腺に近づけないようにしている

Alcea sp. タチアオイ属の一種

タチアオイ

タチアオイは、大きくて人目を引く花からなる背の高い総状花序を持つことから、園芸植物として特に親しまれている。花をつける植物には珍しいことではないが、タチアオイの花にも人間の目には見えない模様がある。この模様は、紫外線（UV）波長域を知覚できるポリネーターにしか見ることができない。

アオイ科（Malvaceae）に属するタチアオイ属の植物（*Alcea sp.*）は60種ほどあり、フヨウ属の植物（*Hibiscus*）とは遠い類縁に当たる。夏には大きな漏斗形の花を咲かせる。この花の高くそびえ立つ様は、造園家にとって魅力的だが、紫外光を見分けるポリネーターは全く別なところに引きつけられる。人間の目には普通の花にしか見えないが、ハチをはじめとする、紫外線を知覚できるポリネーターには、タチアオイの花の中央を囲むように目印があるのが見える。

この目印は、紫外光を反射したり、吸収したりする特殊な色素でつくられている。ハチだけでなく、チョウなどの数多くの昆虫や、さらには鳥やコウモリの中にも、紫外線を知覚できるものがいる。

このような模様は蜜標といい、タチアオイだけでなく多くの花が、紫外光でしか見えない模様を持っている。模様はさまざまだが、その機能は全て同じで、滑走路灯のように、花の蜜と花粉のある場所へとポリネーターを導くのである。これは植物にとっても、ポリネーターにとっても好都合だ。ポリネーターは、短時間で花粉と蜜を見つけることができるし、花はより早く受粉することができるからだ。事実、昆虫は、蜜標のない突然変異体の花にはやって来ない。この習性を利用して、カニグモやハナカマキリなど、花の上で狩りをする昆虫類の中には、紫外線を当てると蜜標のように見えるものがいる。この巧妙な変装は、蜜に引き寄せられる昆虫を誘い込み、餌食とするのに役立っていると考えられている。

タチアオイの蛍光色

タチアオイに紫外線を当てると蛍光色に光り、中央の的のような模様が浮かび上がってくる。ポリネーターはこの模様によって蜜に誘導され、同時に人間の目にはほとんど同じに見える花を見分けているのかもしれない。

漏斗形の花の直径は約10cmで、色は白、ピンク、赤、紫、黄色である

タチアオイの花は一度に咲かず、順番に咲くことによって、自家受粉を防いでいる

タチアオイ
タチアオイ（*Alcea rosea*）は、高さが2.5mにも達し、その直立した茎に沿って皿ほどの大きさがある花を咲かせる。中国原産で、現在では魅力的な花として広く栽培されている。

咲き始めの花は淡いピンク色で、酸性度が高く、蜜も豊富にあることを示している

時間が経つと花は青紫色に変わり、蜜が少なく、酸性度が低いことを示す

花を見れば酸性度が分かる
プルモナリア属の一種（*Pulmonaria officinalis*）の花は、咲き始めはピンク色だが、時間が経つにつれて青紫色へと変化する。この色の変化は、花の酸性度が色素（アントシアニン）に影響を及ぼすことで起こる。花が成熟するにつれて酸性度は変化する。若くてピンク色をした蜜の豊富な花は、青紫色の花よりも酸性度が高い。

濃いピンク色の蕾は、酸性度が最も高い

花が成熟したり、受粉したりすると花弁の赤い色が薄れる

ピンクがかった赤い色は、ほころびていない蕾か、未熟な花の色で、報酬がほとんどないか、全くない状態を示す

色による信号

花はその独特の色合いによって、ポリネーターを引きつけているが、さらに一歩進んだ色の使い方をする植物も数多くある。ニオイニンドウ（*Lonicera periclymenum*）は、それぞれの花の色合いを、特定の段階や時期に従って変えることによって、適切なポリネーターを引き寄せるだけでなく、彼らを蜜や花粉の報酬が特に多い花へと導いている。その見返りとして、近くを通りかかった昆虫が数多く引き寄せられ、花が受精する割合がはるかに高くなる。

色の微妙な変化
花の中には、色を微妙に変化させて、そのときの状態を示すものがある。スノーフレーク（*Leucojum vernum*）の花は、成熟するにつれて小さな斑点が緑色から黄色に変化する。この斑点は、花が受粉しているかどうかを示すものと考えられており、早春に多くの蜜を必要とするハチを花に引き寄せる働きをしている。

斑点の色が薄れて緑から黄色に変わる

受粉後の斑点は全て黄色

スノーフレーク
Leucojum vernum

濃い緑色の斑点がある花

色を使ったコミュニケーション
ニオイニンドウは、香りと色との組み合わせによって、訪れる価値があるのはどの花かを示している。まだ成熟していない蕾はピンクがかった赤だが、白い花のときには最も花粉を多く出している。受粉が起こった後では黄色に変わる。

濃いピンクから赤い色の花は、ポリネーターに対して、まだほころびていない蕾を避けるように警告している

白い花は強い香りを発して、夜行性のガなどのポリネーターを引き寄せる

蜜が豊富な黄色い花は、長い舌を持ったハチを引き寄せ、このときに、隣接して咲いている白い花も受粉する可能性がある

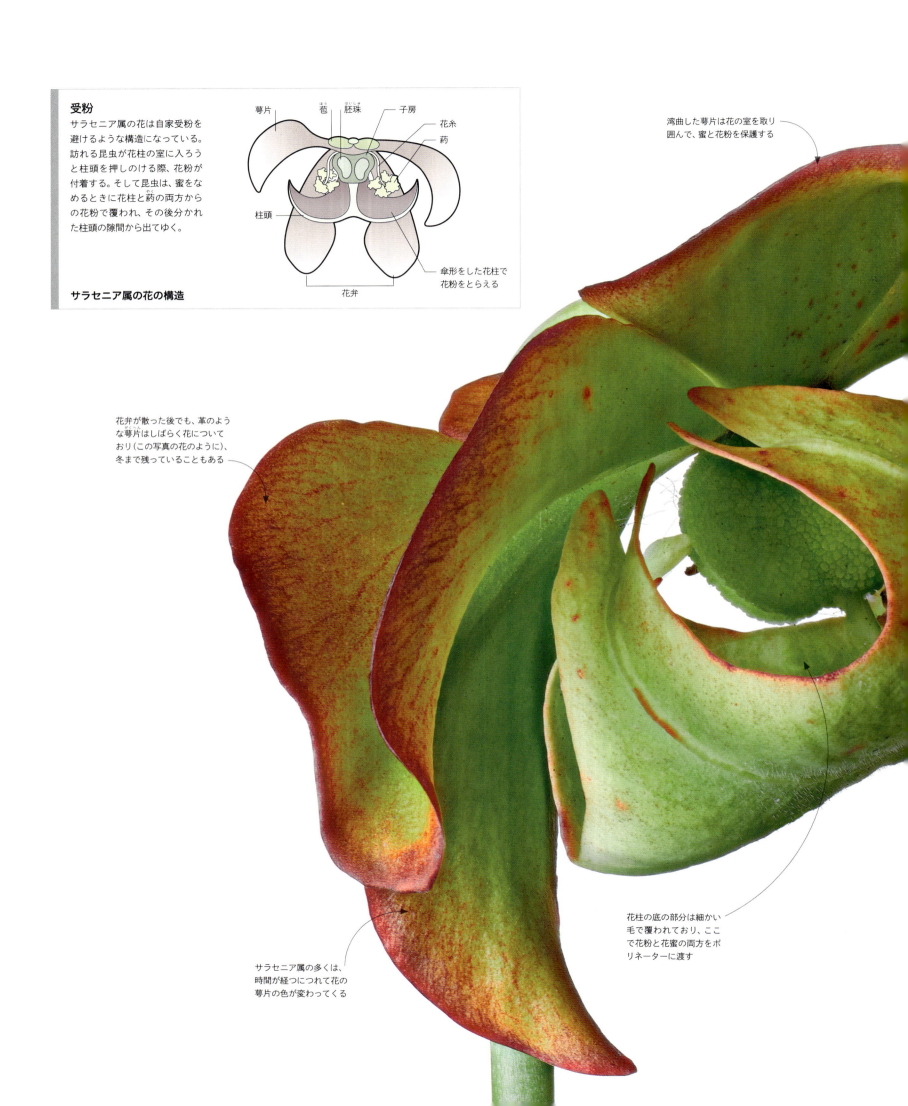

受粉

サラセニア属の花は自家受粉を避けるような構造になっている。訪れる昆虫が花柱の室に入ろうと柱頭を押しのける際、花粉が付着する。そして昆虫は、蜜をなめるときに花柱と葯の両方からの花粉で覆われ、その後分かれた柱頭の隙間から出てゆく。

サラセニア属の花の構造

萼片　苞　胚珠　子房　花糸　葯　柱頭　傘形をした花柱で花粉をとらえる　花弁

湾曲した萼片は花の室を取り囲んで、蜜と花粉を保護する

花弁が散った後でも、革のような萼片はしばらく花についており（この写真の花のように）、冬まで残っていることもある

サラセニア属の多くは、時間が経つにつれて花の萼片の色が変わってくる

花柱の底の部分は細かい毛で覆われており、ここで花粉と花蜜の両方をポリネーターに渡す

ユニークな花柱
サラセニア属（Sarracenia）の花は、地面近くに多数生える食虫用の嚢状葉とは別の茎に咲く。花は、夏になって嚢状葉が活動するよりもはるかに早く、春のうちに咲くので、貴重なポリネーターを捕獲してしまう危険性は少ない。花柱が奇妙な形をしているのは、自家受粉を防ぐためかもしれない。このような形をしているおかげで、交雑（他家受粉）が容易に行われるのである。

傘型の花柱の重さのため、花は上下が逆さになる

花柱が丸まって、成長中の子房を取り囲む

新大陸の嚢状葉植物
新大陸の嚢状葉植物は、全てサラセニア科に属する。サラセニア科には、ダーリングトニア属（Darlingtonia）、ヘリアンフォラ属（Heliamphora）、サラセニア属（Sarracenia）の3つの属があり、全部で34種が確認されているが、大部分が絶滅の危機にさらされている。どの種の生育地も、沼地で土壌がやせているため、昆虫を捕獲して栄養素を摂取する必要がある。

サラセニア・ドラモンディ
Sarracenia drummondii

出入りを制限する花

食虫植物である嚢状葉植物は、昆虫を引き寄せて栄養を摂取するが、それとは別に、生殖のためにはポリネーターに出入りしてもらう必要がある。嚢状葉植物の花が咲くのは罠が使えるようになる前なので、花にやってきたポリネーターは、危険な罠からは空間的にも時間的にも離れていることになる。また花の構造も独特で、ポリネーターの出入りを制限するようになっている。

香り高い罠

多くの植物が、花の香りでポリネーターを引き寄せる。しかしさらに一歩進んで、抗いがたい香りによって昆虫を引き寄せ、花の内部に昆虫を閉じ込めて「強制受粉」させる植物もある。ラン科の植物には、この方法を使って確実に他家受粉を行い、より広い遺伝子プールを利用するものが何百種もあり、そのうちプテロスティリス属（*Pterostylis* spp.）には300種もある。

萼片と2枚の花弁は癒合して、フードのような形をした兜をつくり、生殖器官を覆う

蝶番のついた唇弁は、基部の誘引部に移動した昆虫をとらえる

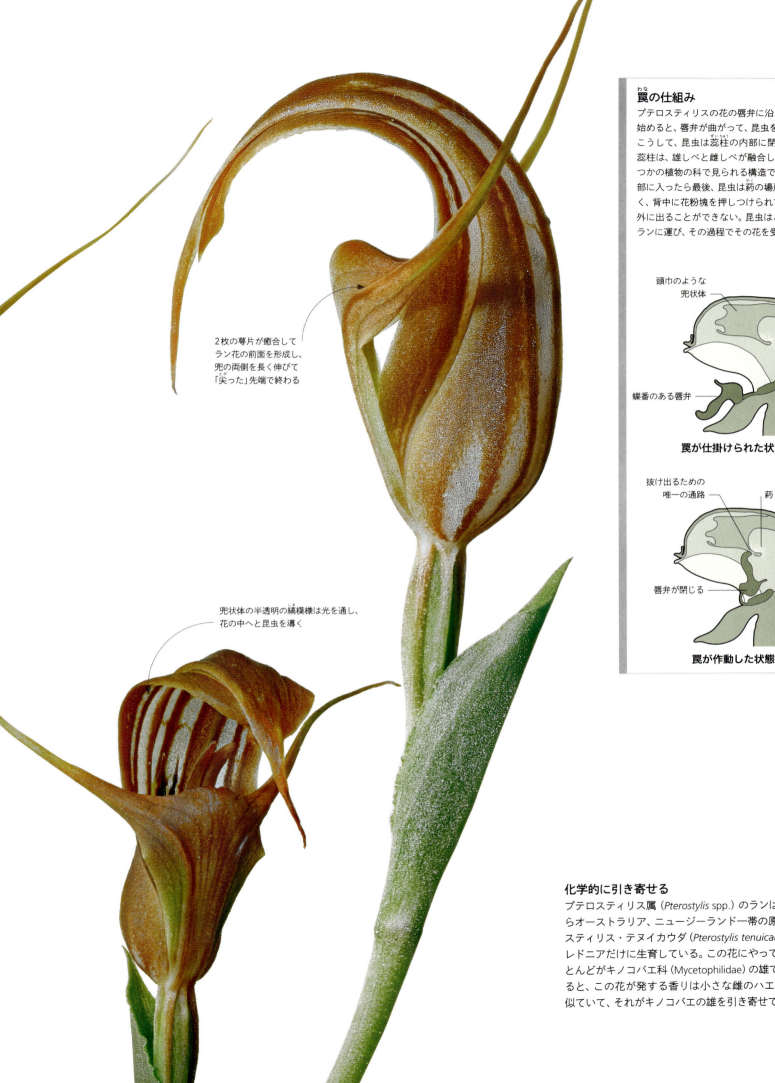

2枚の萼片が癒合して
ラン花の前面を形成し、
兜の両側を長く伸びて
「尖った」先端で終わる

兜状体の半透明の縞模様は光を通し、
花の中へと昆虫を導く

罠の仕組み

プテロスティリスの花の唇弁に沿ってブヨが這い始めると、唇弁が曲がって、昆虫を中に追い込む。こうして、昆虫は蕊柱の内部に閉じ込められる。蕊柱は、雄しべと雌しべが融合したもので、いくつかの植物の科で見られる構造である。この蕊柱部に入ったら最後、昆虫は葯の場所を通るほかなく、背中に花粉塊を押しつけられてからでないと外に出ることができない。昆虫はこの花粉を次のランに運び、その過程でその花を受粉させる。

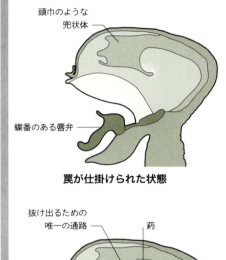

頭巾のような
兜状体

蝶番のある唇弁

罠が仕掛けられた状態

抜け出るための
唯一の通路　　葯

唇弁が閉じる

罠が作動した状態

化学的に引き寄せる

プテロスティリス属（*Pterostylis* spp.）のランは、マレーシアからオーストラリア、ニュージーランド一帯の原産だが、プテロスティリス・テヌイカウダ（*Pterostylis tenuicauda*）はニューカレドニアだけに生育している。この花にやって来る昆虫は、ほとんどがキノコバエ科（Mycetophilidae）の雄である。一説によると、この花が発する香りは小さな雌のハエのフェロモンに似ていて、それがキノコバエの雄を引き寄せているという。

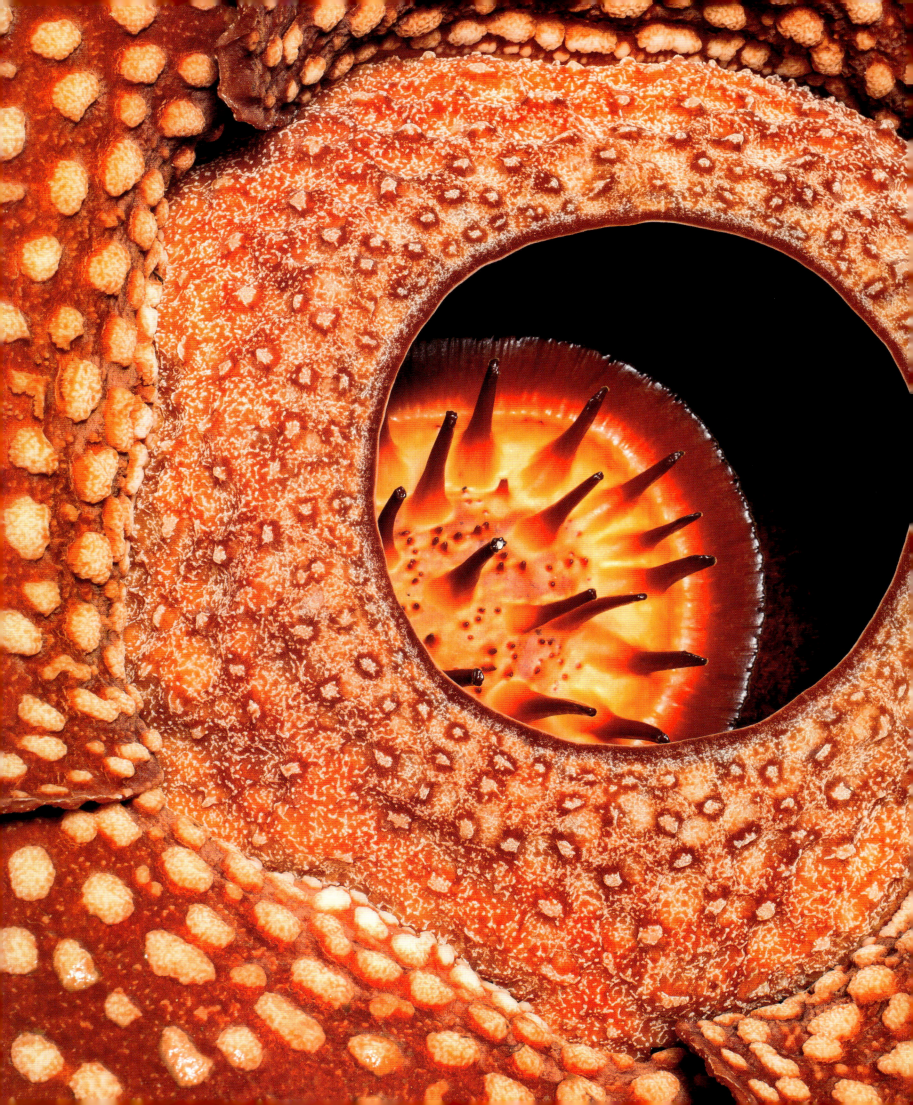

赤い色と、凹凸のある表面は、腐りかけの肉の見た目と感触とを模したものと考えられている

短くも壮大な一生
ラフレシアの花は、ポリネーターが見つけやすいように、これほど巨大な花に進化したのかもしれない。その壮大な花が咲いている期間は、わずか1週間しかない。

Rafflesia arnoldii ラフレシア

死体の花

「死体の花」の異名を持つラフレシア・アルノルディイは、直径1m、重さ11kgもあり、1つの花としては世界最大である。この珍しい花は非常に大きいが、見つけるよりも先に、たいていは、においによってその存在に気づく。スマトラやボルネオのさまざまな熱帯雨林の原産で、においも外観も、腐肉に似ていることで知られる。

全体が巨大な花で、茎も葉も根もないラフレシアは、森林に生える蔓植物に寄生する植物である。宿主である蔓植物の栄養を運ぶ維管束組織に侵入し、糸状の組織を宿主の細胞間に伸ばして、養分と水を得ている。しかし、ラフレシアは宿主なしでは生き延びることができないので、蔓植物の健康に深刻な影響を及ぼすことはめったにない。

開花期には、小さなつぼみが蔓植物の茎に形成され、ふくらんでくると、紫色や茶色をした大きなキャベツのような形になる。花芽は成長するのに最長で1年もかかり、その間は環境のかく乱に対して敏感である。雌花と雄花とがあり、繁殖するには、お互いの花が近くに咲いていなければならない。ラフレシアの主なポリネーターは、クロバエ科のハエである。ハエは、腐った肉があるように見せかけた雄花に引き寄せられ、そこでねばねばした花粉の塊をつけられる。そのハエが雌花にやって来ると、狭い隙間に入り込むときに、柱頭に体をこすりつけられるので、体についていた花粉が移される。この植物がなかなか見つからないのは、雄花と雌花とが同時に、しかもハエが移動できる範囲内に咲く確率が非常に低く、有性生殖が起こりにくいことによる。

謎めいた植物
ラフレシアの花の中央の空洞内には、突起で覆われた円盤状の部分があるが、この突起の役割は、はっきりしていない。葯と柱頭はこの円盤の下にある。ねばねばした花粉はハエの背中について乾燥し、数週間生存することもある。

ラフレシアが生存していけるのは、未開の森林だけである。森林伐採によって、この種は絶滅の危機に瀕しているが、稀少な植物であり、その生態もよく分かっていないことから、どれだけの数が自生しているかを知るのは極めて困難である。

特別な関係

共生とは、2種の異なる生物がお互いの行動から利益を得る関係のことをいう。このような関係は、森林の根系に栄養を供給する菌類から、動物による受粉まで、植物界の本質を占める部分となっている。長い年月の間に、高度に特殊化された関係が進化し、その結果、花をつける植物の側には構造的な変化が起こり、その植物に依存する動物の側には行動の変化が生じるのである。

青色をした内花被（花弁）は投げ矢のような形で、中には葯と花柱がある

1つの花には、鳥のとさかのように立ち上がった、オレンジ色の萼片が3枚ある

ゴクラクチョウカ
南アフリカ原産のゴクラクチョウカ（*Strelitzia reginae*）の花序は、異国の鳥の頭に似た形に進化した。ゴクラクチョウカの、鮮やかな色で尖った形の花は、鳥による受粉に特に適した形になっている。

基部にある鱗片状の構造は3枚目の花弁で、ここに花蜜が隠されている

オレンジ色の萼片は、青い花弁から離れるように反り返っている

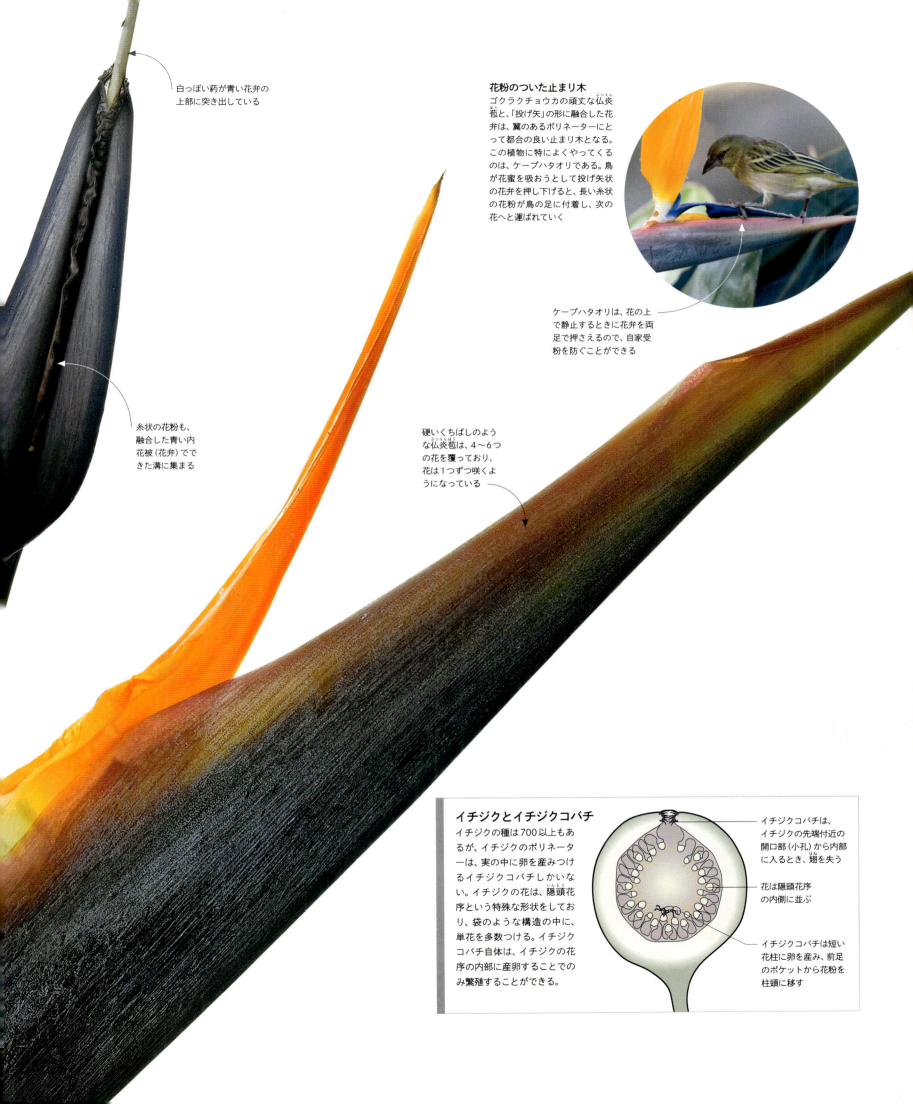

白っぽい葯が青い花弁の上部に突き出している

花粉のついた止まり木
ゴクラクチョウカの頑丈な仏炎苞と、「投げ矢」の形に融合した花弁は、翼のあるポリネーターにとって都合の良い止まり木となる。この植物に特によくやってくるのは、ケープハタオリである。鳥が花蜜を吸おうとして投げ矢状の花弁を押し下げると、長い糸状の花粉が鳥の足に付着し、次の花へと運ばれていく

ケープハタオリは、花の上で静止するときに花弁を両足で押さえるので、自家受粉を防ぐことができる

糸状の花粉も、融合した青い内花被（花弁）でできた溝に集まる

硬いくちばしのような仏炎苞は、4〜6つの花を覆っており、花は1つずつ咲くようになっている

イチジクとイチジクコバチ
イチジクの種は700以上もあるが、イチジクのポリネーターは、実の中に卵を産みつけるイチジクコバチしかいない。イチジクの花は、隠頭花序という特殊な形状をしており、袋のような構造の中に、単花を多数つける。イチジクコバチ自体は、イチジクの花序の内部に産卵することでのみ繁殖することができる。

イチジクコバチは、イチジクの先端付近の開口部（小孔）から内部に入るとき、翅を失う

花は隠頭花序の内側に並ぶ

イチジクコバチは短い花柱に卵を産み、前足のポケットから花粉を柱頭に移す

雄も雌も引き寄せる
オンシジウム属（*Oncidium*）のランは、ハチにしか見えない"ハナバチ色覚上の紫外－緑色"という色を帯びており、花の形はマスカグニア属の一種に似ている。これは、油や花粉を探すセントリス属のハチの雌を引き寄せる仕掛けである。花が風に吹かれると、このハチが敵対している昆虫の姿にも見える。そこで、オスのミツバチが攻撃を仕掛けると、花粉に覆われる。

先端が白い萼片は、白い色に攻撃的な反応を示すセントリス属のハチを引き寄せる

暗い色をした萼片は昆虫の「はばたき」を模倣しており、これを見るとオスのハチは攻撃に向かう

オンシジウム属の花弁は"ハナバチ色覚上の紫外－緑色"という色で、この色のせいでハチはマスカグニア属の花と間違える

ランの唇弁は、パドル形をしたマスカグニア属の花の花弁に似せて進化した

開く前の蕾は緑色をした萼片に包まれており、紫外線を知覚できるハチの目には、背景に溶け込んでしまって見えない

自然の擬態

植物界には、見事な擬態で知られるものがある。ランの中には、雌の昆虫の姿や、交尾の準備ができている雌が漂わせるにおいをまねて、ポリネーターをおびき寄せるものがある。亜熱帯地方原産のオンシジウム属の一種（*Oncidium*）は、攻撃しようとする敵の姿をまねることで雄のポリネーターを集め、食料のある花をまねることで餌を求める雌のポリネーターを引き寄せる。

264・265　花

腺状突起（分泌腺）

マスカグニア属の花の葯をまねた暗い色の突起

本物はこちら
中南米原産のマスカグニア属の一種（*Mascagnia macroptera*）は、花弁基部にあるエライオフォアという分泌腺で油を生成する。セントリス属のハチは、幼虫の餌として花粉のほかに、この油も集める。

まだある、まねする植物
この2種類のパフィオペディルム属の雑種にも、アブラムシに見せかけてポリネーターを引き寄せる縞模様や斑点がある。

パフィオペディルム属の雑種
Paphiopedilum Hybrids

花に着地したハナアブはしばしば唇弁の中に落ちて罠にはまる

目を欺く姿

植物の中には、ポリネーターに報酬を与えるものがある一方で、甘い報酬があると偽って、ポリネーターを欺くものもある。パフィオペディルム属の花は、アブラムシのように見える斑点や毛によってアブラムシの捕食者を引き寄せたり、あるいはハチの巣穴に似せたトンネル状の孔に導いたりして誘引する。この花にやって来た昆虫の多くは、一方通行に入り込んで罠にはまり、生殖器官の方へと誘導されて、何の報酬も与えられないまま授粉をさせられることになる。

266・267　花

袋状の唇弁は、実際には3枚目の花弁で、スリッパ状をしている

斑点のある細長い花弁は、ほぼ水平に延びて「広告スペース」を広げ、ポリネーターを花に引き寄せている

閉じた花の構造
ケマンソウ属（*Lamprocapnos*）の花冠は、ケシ科の類縁のものよりもはるかに小さい。そして、あまり目立たず、色がないこともある。この花は、葯と柱頭を中に完全に包み込んでいて、互いに触れ合うほどにぎっしりと詰まっている。これによって、花粉が花の中で移動しやすくなり、自家受粉により種子を発生させることができる。

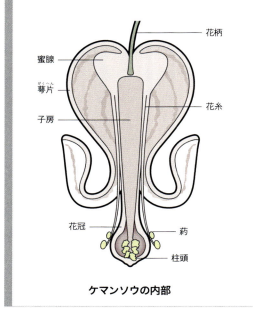

ケマンソウの内部

ハート型の花
ケマンソウ（*Lamprocapnos spectabilis*）は、昆虫の助けを借りた受粉も、自家受粉もできる植物である。花は花蜜を生成してマルハナバチを引き寄せるが、ポリネーターがいない場合は、筒状の花冠の内側にある雄性部と雌性部とが近くにあるため、自家受粉もできる。

総状花序の主茎（花序柄）の頂芽は成長し続ける

花冠の先端が葯と柱頭を囲む

自家受粉する花

植物がポリネーターを引き寄せる色や花蜜を生み出すには、多くのエネルギーを必要とする。そのため、花が自分で自家受精した方が都合が良い場合もある。自家受粉をすることで、困難な条件で生育する植物は、生き延びていくのに役立つ形質を受け継ぐことができる。植物が、数が少ないながらも点在して生き延びているのをよく見かけるのは、そのせいかもしれない。多くの種にとって自家受精は、ポリネーターがあまりいないときに使われる、有用な「奥の手」である。

ケマンソウの1つの総状花序には3〜15個の花が垂れ下がって咲く

花が成熟するにつれて、ピンクの萼片は反り返る

葯は柱頭のすぐそばにある

スミレ属の開放花。ポリネーターを引き寄せるように花弁が大きい

いざというときの戦略
植物の中には2種類の花をつけるものがある。スミレ属の一種（*Viola riviniana*）は、春に咲いた花が受粉できなくても、それで終わりにはならない。秋になると、地面の高さに、さらに多くの花を咲かせる。この閉じた花（閉鎖花）は、風や昆虫の助けなしで自家受精して種子を結ぶことができる。

Rosa Centifolia. *Rosier à cent feuilles.*

P. J. Redouté Langlois

**カンランズイセン (*Narcissus x odorus*)
(1800年頃)**
香り高い水仙を描いた、この素晴らしい水彩画は、キューにある王立植物園の初代専属画家になったオーストリアのフランツ・バウアーによるものである。バウアーは、国王ジョージ3世お抱えの植物画家でもあった。

plants in art 芸術の中の植物

王家の花

18世紀後半から19世紀初頭にかけての植物画の黄金時代、一流の画家たちはヨーロッパ各国の宮廷の後ろ盾を得て、その作品が国際的に評価されるようになった。それらの水彩画は、印刷技術と、銅版画のエングレーヴィング技術とが大きく進歩したおかげで、細部まで正確に複製して出版された。

「花のラファエロ」の別名でも知られるベルギーの画家ピエール=ジョゼフ・ルドゥーテは、生涯に1800種の植物を描き、2000点以上を出版した。ルドゥーテは、フランスの貴族だったシャルル=ルイ・レリティエ・ドゥ・ブリュテルから植物の解剖学を、フランスのルイ16世お抱えの細密画家だったヘラルド・ファン・スペンドンクから花を描く技術を学んだ。ルドゥーテはまず、女王マリー・アントワネットの宮廷画家兼家庭教師に任命された。フランス革命後は、皇后ジョゼフィーヌの、マルメゾン城にヨーロッパ屈指の庭園を築く計画に加わっている。ジョゼフィーヌのバラ園では200種類が栽培されていたが、その大部分がルドゥーテの『バラ図譜』全3巻に収録された。『バラ図譜』は現在でも、古い品種を識別するために使用されている。

1790年、オーストリアのフランツ・バウアーは、英国のキュー王立植物園初代専属画家に任命された。バウアーは科学者であり、熟練の画家でもあった。そして、顕微鏡による、植物の解剖学的構造の研究も行っている。

八重咲きヒヤシンス（1800年）
フランドル地方の画家ヘラルド・ファン・スペンドンクが描く花には、オランダの伝統的な技法とフランス風の洗練が結びついた魅力がある。『八重咲きヒヤシンス』は、ルドゥーテが編み出した点刻彫版を使用した版画24点のうちの1点である。

**ロサ・ケンティフォリア（*Rosa centifolia*）
（1824年頃）**
はっきりとした甘い香りを漂わせるハイブリッド・ローズ。「百枚の花弁を持つ」という意味の名を持つこのバラは、ピエール=ジョゼフ・ルドゥーテの点刻彫版画集『バラ図譜』に収録されている（左）。ルドゥーテは、自分の完璧な水彩画で使用した色の濃淡を再現し、紙から発せられる「光」を透き通らせるようにするため、細かい点を使って銅板に点刻する技法を完成させた。こうして制作された版画は、その上から水彩で手彩色を施され、仕上げられた。

> " …変化できるという贈り物を、最高の形で受け取った花は、バラをおいてほかには存在しない… "
>
> クロード・アントワーヌ・トーリー『バラ図譜』序文より、1817年

温度の変化

花の多くが開閉するのは、温度の変化に応じて、細胞が細胞内の水分を動かし、膨張したり収縮するためで、細胞が膨張すると表面圧力が発生して花弁が開く。チューリップの花弁の表（内側）と裏（外側）との温度差は、最大で10℃にもなる。日光によって花が温まると、内側の花弁の表面温度が上昇して細胞が膨張し、花を押し開く。温度が下がると、最初に内側の細胞が収縮することで、また花が閉じる〔チューリップの開閉は温度傾性といって、つぼんでいるときに温度が上がると中にある表側の細胞の方が伸びが大きいため開花し、温度が下がると冷えやすい表側は成長が落ちる代わりに裏側の細胞の方が伸びて閉じる〕。

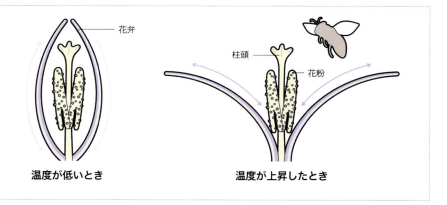

温度が低いとき　　温度が上昇したとき

花弁は光と熱とに反応して開閉する

柱頭が露出した円錐形の花托

大量の葯からは、1輪全体でおよそ100万の花粉粒がつくられる

ハスの花には18〜28枚の花弁がある

花が開いている時間

ハス（*Nelumbo sp.*）の開花期間は3〜4日で、明け方に開き、夕方に閉じる。最初の日は、柱頭が花粉を受け取れるように一部だけ開き、その後は完全に閉じる。続く2日間は明け方から完全に開き、香りを漂わせてハチ、ハエ、甲虫を引き寄せる。

夜に閉じる花

花の中には、何かの接触や、光、温度、湿度の変化といった外部刺激に反応して、開閉するものがある。こうした要因に対して物理的な反応を見せる種は多いが、夜になると閉じる花にも、生殖に関係する作戦があるのかもしれない。つまり、花を閉じることで花粉や生殖器官を厳しい自然から守り、夜行性の捕食者に食べられたり、傷つけられたりする危険性を減らしているのである。こうすることで、日中にポリネーターを引き寄せる可能性も高くなる。

花弁は、光が薄れて、気温が下がるとすぐに閉じる

最初の1日は、花弁はきつく閉じていて蕾のように見える

1つ1つの花には萼片が2枚しかない

夜に閉じる花

ハス属（Nelumbo sp.）の花は、夜に閉じている間に、花托内部の化学物質が変化して熱を発することで、外気よりも花の内部の温度が最大40℃も高くなる。この熱によって発生する香りは、蜜のほとんどないハスにとって、翌日の開花時にポリネーターを引き寄せるために必要な手段となる。

萼片は、出てきた蕾を保護する

腺毛が萼片を覆うことで、蕾をさらに保護する

子房は、雌しべの根元のふくらんだ部分で、受粉後にいわゆるヒップに成長する

蕾を守る

蕾(つぼみ)は通常、萼片(がくへん)によって守られているが、植物の中には、微細な毛(毛状突起)を使って蕾の保護をさらに強化しているものがある。この毛によって蕾の周囲に空気の層を保ち、過酷な天候から蕾を守り、温度や湿度を調整すると考えられている。さらに、毛に触れると化学物質を放出して、害虫を防ぐものもある。

花粉をつくる葯

内側と外側が毛状突起で覆われた萼片は、花が開くと反り返り、成長中のヒップを覆い隠す

葉の縁からも腺毛が突き出している

内側と外側を保護

バラ属の一種（*Rosa rubiginosa*）は、しばしば生け垣をよじ登ったり、林縁の低木を覆ったりする。このバラには多くの害虫がつくので、蕾を守る武器を揃えなければならない。それが毛状突起で、葉を保護し、ヒップ（果実）の内部にある種子を覆っている。毛状突起は非常に効果的で、ヒップ内部の毛を抽出したものが「かゆみ粉」として用いられていたこともある。

274・275 花

植物に生える毛

植物には、毛状突起（毛）が生えている。これは1つまたは複数の細胞からなり、表皮から伸び出したものである。保護のための物質を分泌するもの（腺毛）は、通常多細胞である。分泌物は、毛状突起の先端にある腺細胞に蓄えられている。

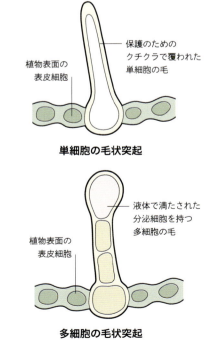

植物表面の表皮細胞 — 保護のためのクチクラで覆われた単細胞の毛

単細胞の毛状突起

植物表面の表皮細胞 — 液体で満たされた分泌細胞を持つ多細胞の毛

多細胞の毛状突起

蕾は成長するにつれて
ピンク色に変わる

とげのような苞で保護する
ラシャカキグサのとげに見える
ものは、実は成長中の蕾を保護
する硬く鋭い苞である。

段階的な開花
ラシャカキグサ（*Dipsacus fullonum*）の、鋭い苞で守られた花序には、約2000の花がつき、まず中ほどを輪のように取り囲んで咲く。上部と下部に帯状に連なる花は、中ほどで輪のように咲いた花が枯れてから後、数週間にわたって咲く。

先端が白く、上向きに湾曲した苞は、基部のものよりも、頭状花の上部のものの方が長い

中ほどの花が枯れて、とげのような苞だけが残った状態

よろいをまとった花

生き延びるという点では、植物には不利なことがある。捕食者の脅威にさらされたとき、植物はその場から移動することも、隠れることもできないのだ。そこで植物には、葉や枝、表皮が変形した大小のとげで葉や茎を保護しているものが多い。このラシャカキグサ（*Dipsacus fullonum*）は、頭状花まで鋭いとげを発達させて防御している。この「防具」は、花にやってくるポリネーターは拒まずに、蕾を保護し、種子をつくっている。

長くてとげのある苞は上向きに湾曲し、頭状花を籠のように取り囲んで保護している

複数の用途を持つとげ
花をつける植物の中で、ゴボウ属の一種（*Arctium sp.*）などの花の、とげのある苞には2つの役割がある。とげによって、捕食者となりそうな動物を追い払って頭状花を保護するだけでなく、いがのようになったかぎ状の先端が、そばを通った動物の毛皮にひっかかり、そのおかげで、ゴボウの種子が広範囲に散布される。面ファスナーはこの形状にヒントを得てつくられた。

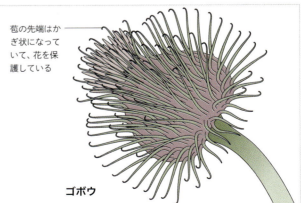

苞の先端はかぎ状になっていて、花を保護している

ゴボウ

葯と花糸が、淡いピンク色や紫色をした管状の花冠から突き出している

276・277 花

色鮮やかな苞

植物界の色といわれて思い浮かぶのは、秋の紅葉を別にすると、やはり花の色ではないだろうか。とはいうものの、もともと葉が変形して花を保護しているものでありながら、苞は花と同じくらいに色鮮やかで、特に暑い気候で生育する種では、花の一部と間違えられるものも多い。苞は、真っ赤なポインセチアのように、明るい色合いの花弁のように見せることもある。このような色にポリネーターは引き寄せられてしまうのである。

花なのか、花ではないのか
多くの熱帯種で、苞は保護の対象である特徴のない花よりもはるかに目立っていることが多い。南アメリカのヘリコニア属の一種（*Heliconia rostrata*）は、驚くほどに明るいクリムゾン色と黄色の苞が特徴的だ。この色によってハチドリを引き寄せ、苞に取り囲まれた小さい花に受粉させる。

苞の中には、3～18個の独立した両性花があり、いずれも1日だけ開花する

一番端の苞が最後に開き、ポリネーターが順番に花にやって来るようにしている

苞のかぎ状になった先端はエビやカニのはさみに似ているので、「ロブスター・クロー・プラント」という英語名がついている

クリムゾン色の花茎は、鮮やかな花序に色を添える

苞の表面は目立つ赤い色で、上から来るポリネーターを引きつける

小さな袋のような苞には、黄色い斑点のある繊細な紫色の花が隠れており、苞と花の両方の色で昆虫を引き寄せる

どの花でも萼片が1枚突き出ており、花蜜の場所まで通じている

管状の花を覆い隠す上向きの赤い苞にハチドリが引き寄せられる

日陰を照らす
熱帯種の形や鮮やかな色の苞は日陰でも目立つ。ペルー原産のルイラソウ属の一種（*Ruellia chartacea*）やマレーシア原産のオオヤマショウガ（*Zingiber spectabile*）などが花を咲かせるのは森林の低層だが、苞をさまざまな形に配列させることでポリネーターを引きつける。

ルイラソウ属の一種
Ruellia chartacea

オオヤマショウガ
Zingiber spectabile

ウマノスズクサ

メアリー・ヴォー・ウォルコットは、1935年にスミソニアン協会から出版された『北米の食虫植物』のために、水彩画を何点か描いている。この作品はその中の1点で、ウマノスズクサ属の植物を描いたものである。英語名の「ダッチマンズ・パイプ」は、かつてオランダや北ドイツでよく使われていた喫煙パイプに花の形が似ていることによる。

plants in art 芸術の中の植物

アメリカの熱心なアマチュアたち

北米に鉄道網が広がった19世紀、冒険家、博物学者、科学者たちが、広大な大陸のさまざまな未踏の地へ足を踏み入れた。熱心な写真家や芸術家は、ロッキー山脈などの人里離れた場所へと引き寄せられ、風景や野生生物の姿を撮影したり描いたりした。その中でも注目に値するのは、素晴らしい植物画の作品群を生み出した勇敢な女性画家たちである。

メアリー・ヴォー・ウォルコット（1860～1940）は、フィラデルフィアの裕福なクエーカー教徒の家庭に生まれた。1887年、休暇で初めて家族とカナダのロッキー山脈を訪れたとき、景観の素晴らしさにすっかり魅了された。それからは夏が来るたびにカナダのロッキー山脈を訪れている。ウォルコットは、野外での暮らしを満喫し、熱心に山登りをして、やがてアマチュア博物学者となった。ウォルコットが自分の生涯をかけて絵に打ち込んだのは、自然に対して強い関心を抱いていたおかげでもある。

ロッキー山脈を訪れたとき、ある植物学者から珍しい花の咲く植物を描くように頼まれたことが、植物画を描き続けるきっかけとなった。そして何年もかけて北米の険しい地形を歩き回り、重要な野生植物種を発見し、何百点もの水彩画を描いた。そのうち約400点は、1925年から1929年の間にスミソニアン協会から出版された全5巻の『北米の野生の花』に再現されている。その研究と、非常に魅力的で植物学的に正確な絵画で高い評価を受けたウォルコットは、「植物学界のオーデュボン」として称賛された。

ウォルコットの幼なじみだったメアリー・シャファー・ウォーレン（1861～1939）は、ウォルコットにも劣らない冒険心と絵の才能の持ち主で、ウォルコットと一緒に冒険に出かけることもあった。ウォーレンは、亡くなった博物学者の夫に触発されて『カナダのロッキー山脈で見られる高山植物』を1907年に出版した。この本には、ウォーレンが描いた、植物や花の見事な水彩画が数多く収められている。こうした先駆的な女性たちが生み出した作品は、新たな発見の時代の訪れを告げるものとなり、知る人ぞ知る、北米の植物の真の美しさを世に知らしめた。

教師と生徒
『壁の前のバラの花』（1877年）は、フィラデルフィアの有名な画家ジョージ・コクラン・ラムディンの作品である。ラムディンは、花の姿を正確にとらえた絵を描くことで有名だが、生徒にメアリー・シャファー・ウォーレンがいたことでも知られている。メアリー・ヴォー・ウォルコットもラムディンに絵を学んでいた可能性があると考える歴史家もいる。

> " …手に入れられる中でも最高の標本を集めてその絵を描き、そして伝統的なデザインにとらわれずに植物の自然な優美さや美しさを表現する "
>
> メアリー・ヴォー・ウォルコット

花をつけない生殖
花粉錐と種子錐は、別の個体につくられることもあるが、両方が同じ木に存在する場合、他家受粉を促すために樹冠の離れた場所に見られることが多い。アトラススギ（*Cedrus atlantica*）では、花粉を持つ花粉錐は主に下部の枝につく。種子錐は木の上部につくので、近くの木から放出された花粉を受け取りやすくなるというわけだ。

花粉錐の軟らかい鱗片は、秋になると花粉を大量に散布する

花粉粒は、風で種子錐まで飛ばされる前に針状葉に溜まる

スギの花粉錐は、長さが約8cmになる

種子を抱く球果

アトラススギ（*Cedrus atlantica*）の種子錐は、種子が成熟するまで最大2年もかかることがある。花粉錐の花粉管が、種子錐の鱗片の下にゆっくりと入り込んで胚珠に精子を提供するので、受精のプロセスが完了するだけで1年かかることも多い。受精した数カ月のうちに、小さな翼のある種子が鱗片の下面に生成される。

鱗片についた種子が成長するにつれて、青々とした若い種子錐は木質に変化し、樽のような形になる

幅広の鱗片から2枚の翼のある種子を散布する

球果による生殖

裸子植物は、ソテツ、イチョウ、針葉樹などの古代の植物群も含めて、花粉や胚珠をつくるが、被子植物の種とはほとんど共通点がない。裸子植物は、花粉錐と種子錐によって生殖を行い、非常に長い期間をかけて種子をつくる。「裸子植物」という用語は、文字通り「種子が裸である」ことを意味している。つまり、種子錐の胚珠が子房に包まれておらず、保護されていない完全にむき出しの状態であるということである。

花粉錐と種子錐

ほとんどの裸子植物では、花粉錐と種子錐は構造が異なっている。花粉錐の寿命は、通常2、3日間である。種子錐よりも軟らかく、細長い形をしており、苞鱗が中軸の周りにらせん状に並ぶ。それぞれの鱗片の下面には花粉嚢がつく。種子錐はより幅広で、どっしりとした形をしており、胚珠を持つ鱗片がらせん状に並ぶ。鱗片には1つ以上の胚珠がついており、受粉すると種子になる。

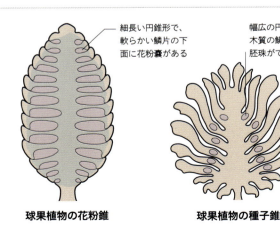

細長い円錐形で、軟らかい鱗片の下面に花粉嚢がある

幅広の円錐形で、木質の鱗片に胚珠ができる

球果植物の花粉錐　　球果植物の種子錐

種子と果実

seeds. and fruits

種子。植物の繁殖単位の1つである種子からは、新しい植物体が成長する。

果実。植物の種子を包む果実は、その多くが多肉質で甘く、食用になる。

果実に包まれた種子
被子植物の種子は果実の中にできる。ルナリアは、短角果タイプの円盤状の萌果の内側に種子をつくる。

胎座(子房内の種子がつく位置)を表す線

果実は種子を収めた2つのバルブに中央の隔壁で分かれている

外種皮(種皮)は、放出された後の種子を保護する

銀色の隔壁は、心皮がはがれ落ちた後も長く残る

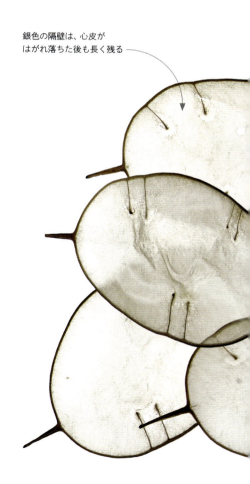

種子の構造

球果をつけるか、果実をつけるかという違いはあるものの、全ての裸子植物と被子植物は種子によって繁殖する。また、針葉樹の裸出した種子と、被子植物の果実に包まれた種子とでは成長の仕方が異なるが、外種皮を持ち、栄養を貯め、胚を含むという基本構造は同じである。

種子の内部

種子は必ず子葉を──単子葉植物は1枚、それ以外の種子植物はたいてい2枚──持つ。子葉には、単子葉植物の胚乳のような胚の栄養源を吸収する器官になるものもある。葉や子葉より上部の茎となる上胚軸、子葉より下部の茎となる胚軸、根となる幼根は、共通した要素である。

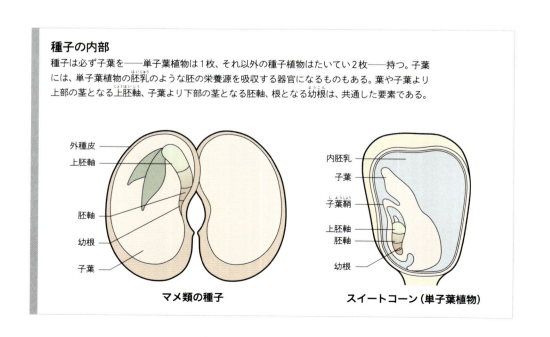

マメ類の種子 　　スイートコーン(単子葉植物)

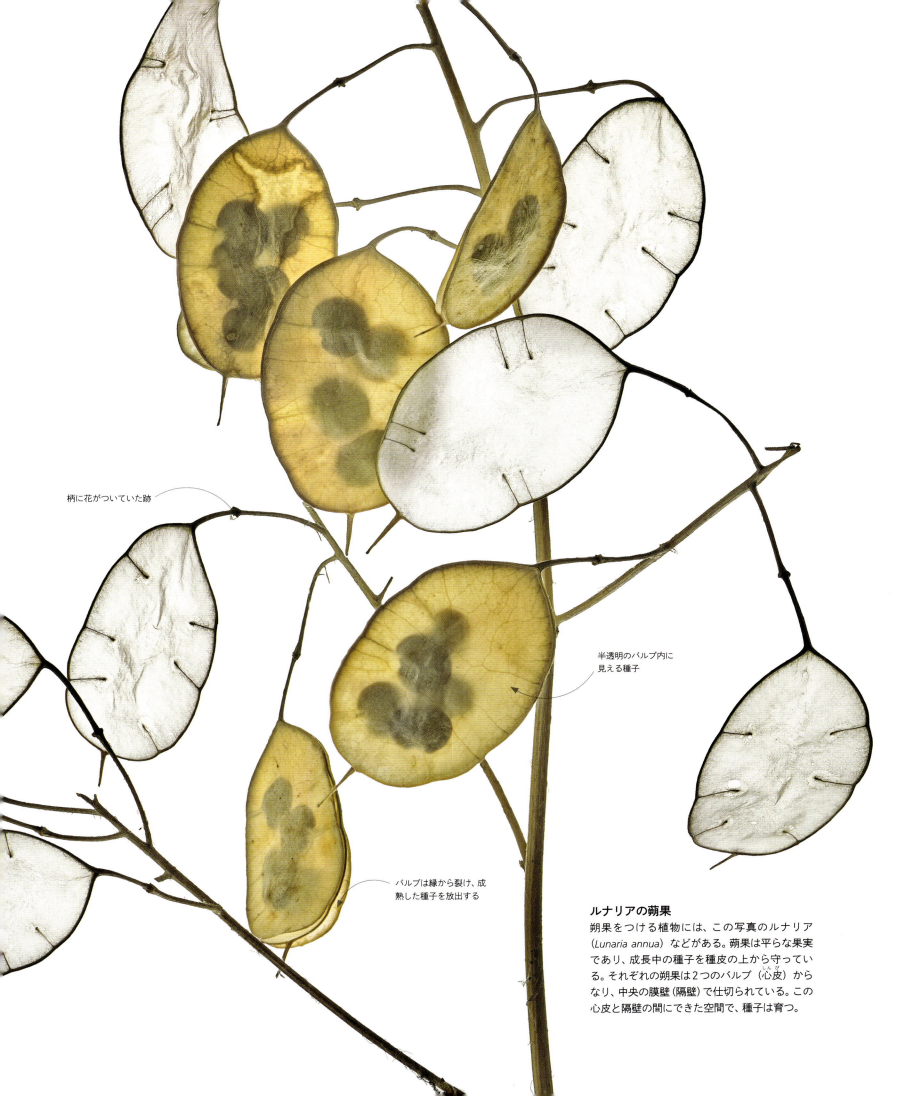

柄に花がついていた跡

半透明のバルブ内に見える種子

バルブは縁から裂け、成熟した種子を放出する

ルナリアの蒴果
蒴果をつける植物には、この写真のルナリア（*Lunaria annua*）などがある。蒴果は平らな果実であり、成長中の種子を種皮の上から守っている。それぞれの蒴果は2つのバルブ（心皮）からなり、中央の膜壁（隔壁）で仕切られている。この心皮と隔壁の間にできた空間で、種子は育つ。

むき出しの種子

裸子植物の種子は、子房に包まれずにむき出しのまま成長し、周囲の環境にさらされる。種皮を持つという点では被子植物の種子と同じだが、裸子植物の種子は、果実の中ではなく、球果の中で成熟する。そうした球果の中で最もよく知られているのは、木化した鱗片葉が成熟中の種子を守るもの、いわゆる「松かさ」だ。しかし、イチイなどではそれと大きく違い、肉質の鞘の中に種子を1つだけつくる〔針葉樹の多くは球果をつけるが、イチイ、イチョウ、ソテツなどの場合は球果とは言わない〕。

松かさ

種子を含む松かさには、さまざまな形や大きさがある。ただし、球果の大きさは、その木の大きさに比例するとは限らない。例えばセコイアデンドロンは、高さ94mにも達する巨木だが、球果の長さは5～8cmしかない。

先が3つに分かれた苞、通称「ネズミの尾」が鱗片の間から突き出る

きつく閉じた鱗片がはがれ落ち、幅広の翼がある種子を放出する

ベイマツ
Pseudotsuga menziesii

アトラススギ
Cedrus atlantica

球果は何十年も木に残り、山火事に遭ったり、リスや甲虫が近づいたりした場合にのみ種子を放出する

長さ24～40cmの巨大な球果は、乾燥する前には重さ5kgもある

シシマツ
Pinus coulteri

セコイアデンドロン
Sequoiadendron giganteum

珍しい構造を持つ種子

一部の裸子植物は、球果とは違う見た目の種子をつくる。イチイ属（*Taxus* spp.）やビャクシン属（*Juniperus* spp.）は針葉樹でありながら、その種子は「仮種皮」という肉質の器官の中で成熟する。イチョウ（*Ginkgo biloba*）は松かさに似た花粉錐をつけるが、種子は果柄の先で、やはり肉質の種皮に包まれて育つ。そしてこの「液果」状の種皮が崩れると、中から種子が1つ現れる。

- 種子は仮種皮の裂け目から風雨にさらされる
- 仮種皮は熟す過程で、鮮やかな色に変わりながら肥大し、種子を覆っていく
- 熟しきっていない薄緑色の仮種皮から、種子が飛び出ようとしている

ヨーロッパイチイの園芸品種"ルテア"
Taxus baccata 'Lutea'

- 胚珠は果柄の先に2つつく

イチョウ
Ginkgo biloba

- ビャクシン属の植物には、鱗片が合着した小さな球果ができる

セイヨウネズ
Juniperus communis

長期にわたる保護
私たちが一般に「松かさ」と呼んでいるものは、「種子錐(しゅしすい)」という裸子植物の雌性器官である。種子錐はふつう、寿命の短い花粉錐(かふんすい)よりも大きく、頑丈なつくりをしている。周囲に木化(もっか)した厚い鱗片(りんぺん)がついているため、この鱗片によって傷つくことなく守られるのだ。鱗片は本来、成長中の種子を守るためのものだが、その多くは受精後に種子を放出した後も親木(おやぎ)に長く残る。

鱗片は、中軸から生じる

鱗片についている突起は、1年目の成長の名残である

種子の成長

針葉樹の種子は、花粉錐から放出された花粉粒が、種子錐の鱗片上にある胚珠に付着することで生じる。風で運ばれた花粉は、珠孔という小さな穴から種子錐の中に入る。すると雄性配偶子は、花粉粒から伸びた管を通って、胚珠内の雌性配偶子と融合する。こうして受精が済むと、胚珠は外種皮に包まれた胚へと成長し、鱗片によって保護される。

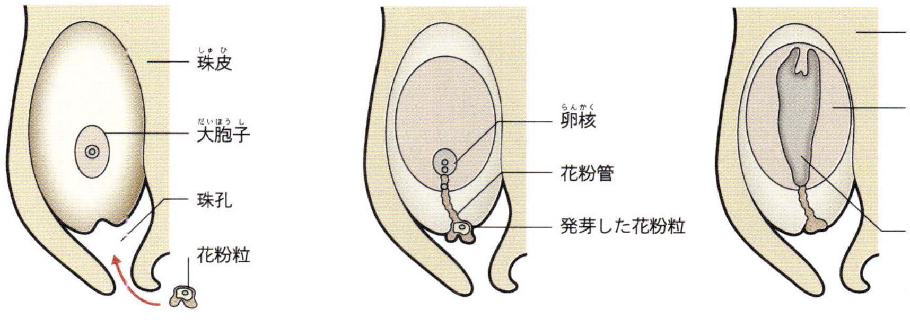

珠皮
大胞子
珠孔
花粉粒
卵核
花粉管
発芽した花粉粒
外種皮
栄養部（雌性配偶体組織）
胚
受精前の胚珠
受精後の胚珠
種子

松かさの内部

裸子植物は、その生活環において2つの核相を持つ。ともに円錐形をした雌雄の生殖器官は、それぞれ「配偶子」という半数体の生殖細胞を生じる。細胞が1倍体であるとは、その核内に染色体を1組だけ持っているという意味だ。したがって、これらの雄性配偶子と雌性配偶子が受精で融合すると、2倍体、すなわち2組の染色体を持つ種子が誕生する。裸子植物の木の多くは、2つの異なる半数体細胞が融合してできた2倍体の植物である。

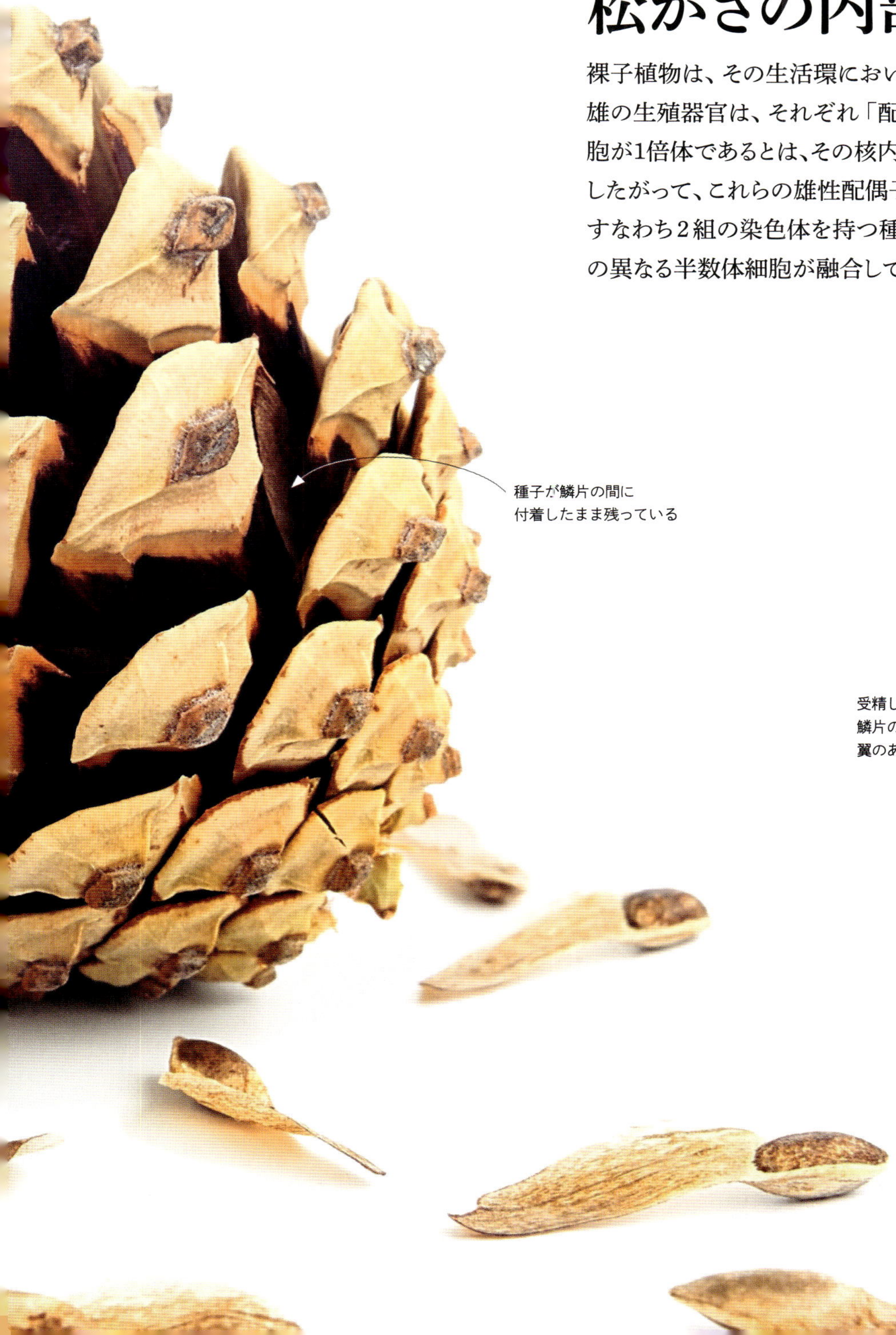

種子が鱗片の間に
付着したまま残っている

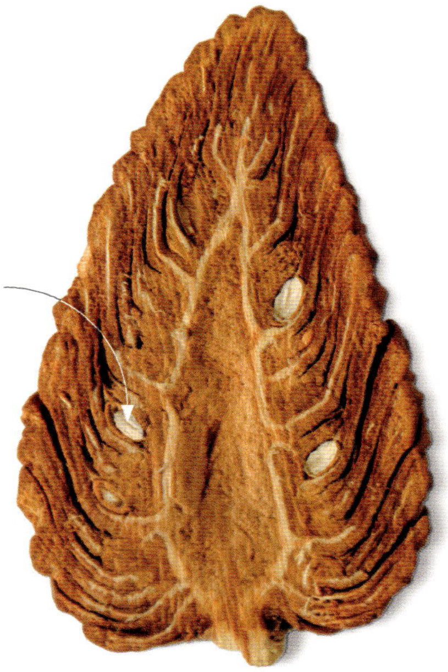

受精した胚珠は、
鱗片の間で成長し、
翼のある種子になる

松かさの内部

閉じた状態の種子錐を切り開いてみると、鱗片の密集具合や、成長中の種子が効果的に守られている様子が分かる。

脈だけになった提灯は、
種子が落ちた後も数カ月残る

被子植物の種子

被子植物の種子は子房の中で育ち、子房は成熟中の種子を覆い守るように果実
へと変化する。こうしてできる外層は、動物を引きつける食物として、種子の散布
を助ける役割も持つ。ただし、保護層の中には、ココナッツのようにかなり硬いも
のもあれば、一見すると役に立ちそうにない、非常に脆いものもある。

堅果か、種子か

「堅果」とは、植物学的には、非裂開性の硬い殻で種子を包んだ果実と定義される。つまり、自然に開いて種子を散布するものではないということだ。ヨーロッパグリ (sweet chestnut) やセイヨウトチノキ (horse chestnut) の英名には、いずれも「堅果 (nut)」という単語が含まれている。しかしヨーロッパグリは確かに堅果だが、セイヨウトチノキの方は堅果としての性質を備えてはいない。鋭いとげのある外皮に守られているものの、この外皮は自然に割れることから、その果実は「蒴果」に分類される。ブラジルナッツ (Brazil nut) も同じく蒴果であるが、カシューナッツ (cashew nut) は堅果にあたる。

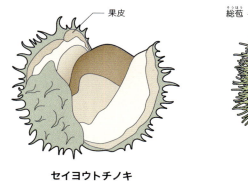

セイヨウトチノキ

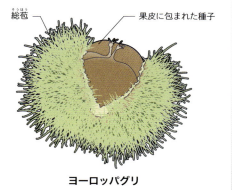

ヨーロッパグリ

ホオズキの果実の中には、多数の種子が入っている

ホオズキ

ホオズキ属（*Physalis sp.*）の可愛らしい紙状の袋の正体は、萼である。筒状になった萼が膨らみ、液果を1つずつ包んでいるのだ。こうした「提灯型」の萼は破れやすいが、その脆さを補う手段として、毒を含んでいる（一方で、果実は食用にもなる）。萼で風雨をしのぎながら、毒で動物を撃退することにより、ホオズキは果実をうまく守っているというわけだ。

萼が枯れると、葉脈の間にある色鮮やかな組織が朽ちる

植物体が枯れると、茎はしなびて曲がる

軟らかい緑色の茎は、受粉を待つ新しい花をつける

茎は成熟すると木化して茶色を帯び、前年から成長した果実を先端につける

果物の種類

花が受粉すると、子房内の胚珠が成長して種子になる。子房壁は果皮ともいい、果実の一部として、種子を包む保護層をつくる。果実には、肉質で食用になるものから、乾燥していてほとんど食べられないものまであるが、そうした果実の性質も果皮の成長の仕方によって決まる。果皮は多くの場合、薄い外果皮、肉質の中果皮、石あるいは核ともいう内果皮の3層に分かれている。

花から実へ
イチゴノキ（*Arbutus menziesii*）の花の中央には子房がある。受精が完了すると、子房は成長して液果になる。

花の中央にある緑色の子房は、花托に付着している

5枚の花弁が合着してつぼ状になり、花の大部分を包む

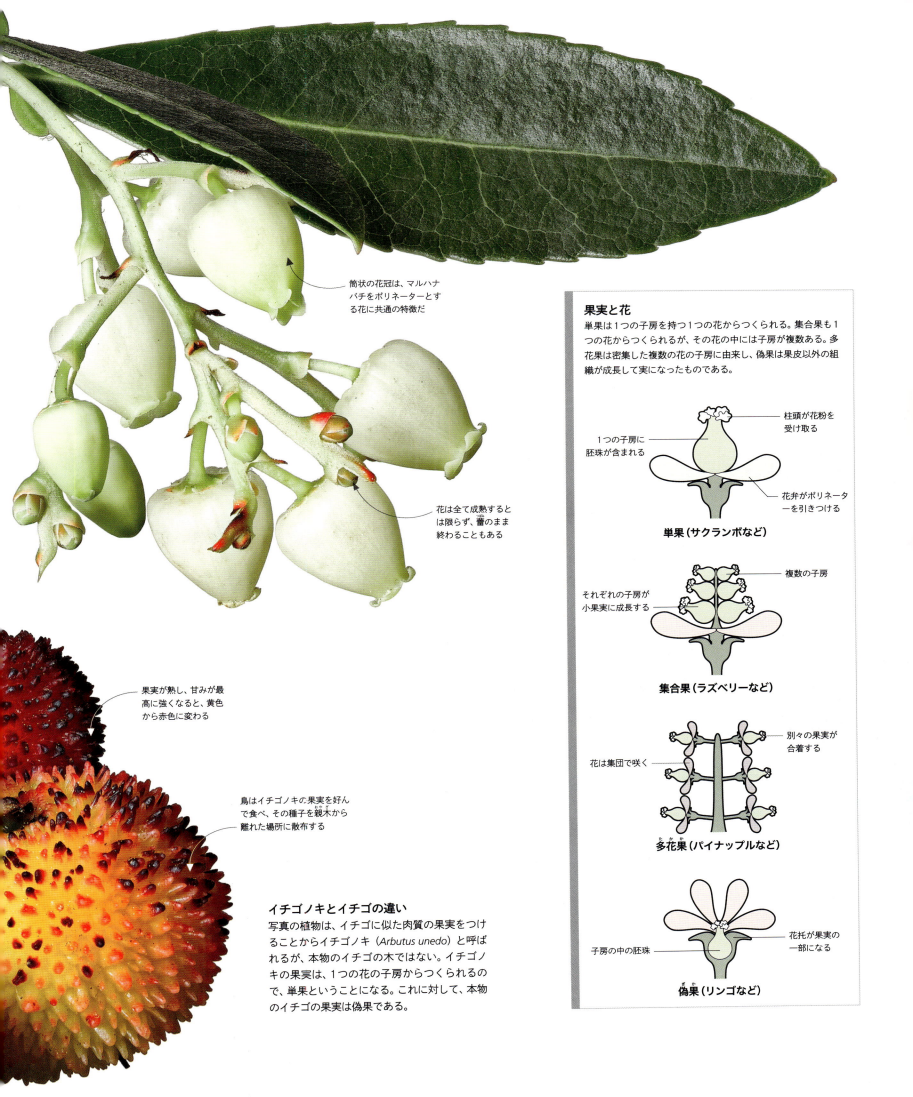

筒状の花冠は、マルハナバチをポリネーターとする花に共通の特徴だ

花は全て成熟するとは限らず、蕾のまま終わることもある

果実と花
単果は1つの子房を持つ1つの花からつくられる。集合果も1つの花からつくられるが、その花の中には子房が複数ある。多花果は密集した複数の花の子房に由来し、偽果は果皮以外の組織が成長して実になったものである。

1つの子房に胚珠が含まれる

柱頭が花粉を受け取る

花弁がポリネーターを引きつける

単果（サクランボなど）

それぞれの子房が小果実に成長する

複数の子房

集合果（ラズベリーなど）

花は集団で咲く

別々の果実が合着する

多花果（パイナップルなど）

子房の中の胚珠

花托が果実の一部になる

偽果（リンゴなど）

果実が熟し、甘みが最高に強くなると、黄色から赤色に変わる

鳥はイチゴノキの果実を好んで食べ、その種子を親木から離れた場所に散布する

イチゴノキとイチゴの違い
写真の植物は、イチゴに似た肉質の果実をつけることからイチゴノキ（*Arbutus unedo*）と呼ばれるが、本物のイチゴの木ではない。イチゴノキの果実は、1つの花の子房からつくられるので、単果ということになる。これに対して、本物のイチゴの果実は偽果である。

床に描かれた果樹
このザクロの木のモザイクは、東ローマ帝国の皇帝ヘラクレイオス（575〜641年）の時代につくられたとされている。モザイクは、コンスタンティノープル宮殿の床の装飾にも使われていた。

plants in art 芸術の中の植物

古代の庭園

最初の庭園は、古代の中東でつくられた。自給自足の必要性から、家に隣接した土地を囲ったのが始まりだ。そうした実用的な機能を持っていた庭園は、時間が経つにつれ、周囲の環境を改善するためのものに変わっていった。新たな支配層は、余暇を楽しんだり、自分の地位を高めたりするために庭園を活用したのである。

　古代の庭園や植物は、古代世界に関する考古学、文学、芸術の中に見ることができる。
　最初の大規模な整形庭園は、古代メソポタミアの王が建設した、伝説のバビロンの空中庭園である。こうした庭園内には、精巧に考えられた灌漑設備や石造の景観が広がり、国外への遠征によって獲得した樹木や異国の植物が幾何学的に植えられていた。
　古代エジプト人は、世俗的な目的と宗教的な目的の両方のために庭園をつくった。多くの寺院では、敷地内に庭園がつくられ、儀式で使用する象徴的な植物、薬草、野菜が栽培されていた。またエジプト人は、多様な種類の花々も——祝祭用、あるいは医療目的で使用するために——育てていた。
　古代ギリシャでは、娯楽のための庭園はあまり多くない。当時の庭園は比較的簡素なものが大半だったが、それらは宗教と密接に結びつき、園内では特定の神々に関連した木や植物が育てられていた。
　古代ローマでは、エジプトやペルシャの影響を強く受け、高度な設計や園芸技術によって庭園がつくられた。ポンペイの別荘やローマの宮殿においては、庭園は現実を離れてリラックスするための場として機能していた。また、宗教的・象徴的な意味合いとからめて、庭園を描いた芸術作品も多く見られた。

色褪せることのない庭園
ローマ皇帝アウグストゥスが妻のために建てたローマ近郊のリウィア邸には、自然主義的で、幻想に満ちた庭園を描いたフレスコ画が飾られた。花と果実をいっぺんにつけた木々は、実り多き「永遠の春」、すなわち皇帝の輝かしい治世を表現している。

> 庭園と図書館があれば、
> それで必要なものは全て揃っている

マルクス・トゥッリウス・キケロ『友人宛の書簡』IXの4より、ウァロへの手紙

円錐花序の先に熟した
ブラックベリーがつく

**熟した
ブラックベリー**

とげは捕食者から
果実を守る

受精後に小果実ができると、
雄しべは枯れ始める

ブラックベリーの果実
低木のブラックベリー（*Rubus sp.*）は、長い円錐花序（→p.216）を出し、その先に花芽をつける。たいてい、花は茎頂に近いものから早く咲き、熟して果実になる。そのため、1つの花序の中でも、果実の成長過程にはばらつきがある。

1つの「キイチゴ状果」(drupecetum)は複数の小果実でできている

果実ができるまで

ブラックベリーの花には多数の雌しべがあり、各雌しべの子房は複数の胚珠を含んでいる。胚珠はそれぞれ種子へと成長し、胚珠を包んだ全体は1つの小果実（核果）になる。こうして、受粉した花の雌しべがまとまって、集合果ができあがる。

花には、子房、花柱、柱頭からなる多数の雌しべがある

受精した花

成熟した雌しべがふくらんで融合し、1つの塊になる

小果実の形成

種子の成長にともない、核果は赤くなる

熟した小果実

種子は黒くて軟らかい核果に包まれ、散布の準備が整っている

熟したブラックベリー

花から実へ

晩春から初夏にかけて花が咲くとき、その花は果実をつくる最初の段階を迎える。次の段階が起きるのは、花の柱頭に、同種の植物の花粉粒が付着したときだ。花粉が柱頭に付着すると、花粉管が花柱の中を伸びていく。花粉内の精細胞は、この「トンネル」を通じて子房内の胚珠へと運ばれ（→ p.196〜197）、ここで胚珠の核と融合すると、受精が完了する。受精後まもなく花は終わるが、花弁が枯れて落ちるとともに、受精した全ての胚珠は種子に変化する。周囲の子房も膨らみながら熟し、やがて果実になる。

多肉果

果実は1つの花の1つの子房からできる

液果
タマリロ
Solanum betaceum

液果の一種で、内部は部屋に分かれる

ミカン状果
レモン
Citrus x limon

液果の一種で、内部は部屋に分かれておらず、硬い外皮を持つ

ウリ状果
キワノ
Cucumis metuliferus

果肉は子房由来でない偽果で、種子は小さく乾いている

バラ状果（ヒップ）
ハマナス
Rosa rugosa

乾果

子房全体が1つの種子を持つ果実になる

下位痩果
タンポポの一種
Taraxacum sp.

子房の1枚の心皮が発達して、1つの種子を持つ果実になる

痩果
イチゴ
Fragaria x ananassa

痩果の一種で、果実を翼が覆う

一翼果
セイヨウハルニレ
Ulmus glabra

対になった痩果で、2心皮の花に由来する

二翼果
カエデの一種
Acer tataricum subsp. ginnala

果実の解剖学

果実の分類に使われる特徴は、基本的には少数で、中でも重視されるのは質感だ。多汁質の果実は動物の食べ物となり、動物により種子散布されるが、乾いた果実は風や重力を利用したり、動物の毛に付着したりして散布される。果実、もっと言えば果実になる前の花を調べることで全ては明らかになるはずだが、それでも植物学上の分類には驚かされることがある。たとえば、キュウリは液果に分類されるが、イチゴは液果ではない。

分離果の一種で、破裂して種子を散布する

弾分蒴果
オランダフウロ
Erodium cicutarium

Musa sp.

バナナ

意外に思えるかもしれないが、バナナの細長い果実は液果である。店で買えるバナナには種子がないが、野生のものには、歯が折れるほど硬い種子が詰まっている。68種あるバナナは全てバショウ属に属し、熱帯のインドマラヤからオーストラリアまでを原産地としている。

バショウ属の植物は種によって背丈が大きく異なり、たいてい2m以内に収まるもの（*Musa velutina*）もあれば、20mに達する巨大なもの（*Musa ingens*）もある。また、見た目とは異なり、バナナは木本ではない。したがって、この植物は材を一切つくらない。幹のように見えるのは、長い葉の基部がきつく重なり合ってできた、硬い構造物だ。つまり、バナナは地球上で最大の草本なのである。

バナナの花房は、直立するものと下垂するものの2種類に大別される。直立する場合、花は空を向いているので、鳥が主要なポリネーターとなる。一方、下垂する場合は、花は地面を向いているので、主にコウモリが授粉を行う。いずれの場合も、花は先の尖った花序に輪生し、それぞれがよく目立つ大きな苞に包まれている。

野生のバナナは、受粉した場合のみ果実をつくる。これらの果実は、最初は緑色を帯びているが、熟すにつれて色合いを変化させる。ただし、全てが黄色になるわけではなく、鮮やかなピンク色の果実をつける種もある。果実が熟す前に動物に食べられると、中の種子は散布されても発芽しない場合がある。バナナが色を変化させるのは、種子の発芽準備が整ったことを示し、果実が食べ頃になったことを動物に知らせる意味があるのだ。また、熟したバナナが紫外線（UV）を浴びて蛍光を発することも分かっている。これは、紫外線を検知できる動物にとって、熟した果実を見分けるための手助けになると考えられている。

花と果実

バナナの花は、ふつう黄色かクリーム色で、管状花である。野生種は、主に鳥やコウモリを通じて花粉を受け取り、種子をつくる。一方、栽培種のバナナは受精させずに果実をつくるため、その中には種子がない。

バナナの茎（バナナは1個体につき1本しか茎を持たない）には、最大で200個の果実がつく

バナナの房

バナナが初めて栽培されたのは7000年以上も昔のことである。現在、世界中で栽培されている全てのバナナは、サンジャクバナナ（*Musa acuminata*）かリュウキュウイトバショウ（*Musa balbisiana*）のいずれかの子孫にあたる。ほとんどの場合は、わずか数種類の品種のクローンから育てられるため、栽培種は野生種よりはるかに病気にかかりやすくなる。

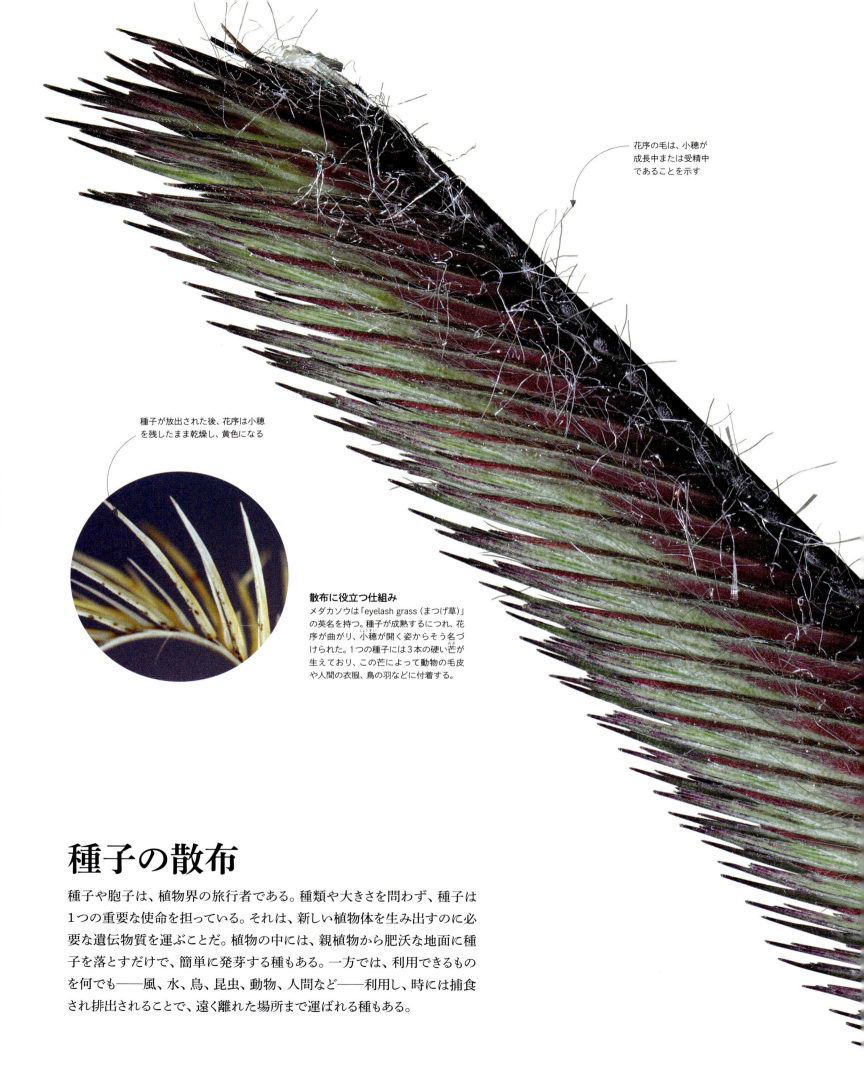

花序の毛は、小穂が成長中または受精中であることを示す

種子が放出された後、花序は小穂を残したまま乾燥し、黄色になる

散布に役立つ仕組み
メダカソウは「eyelash grass（まつげ草）」の英名を持つ。種子が成熟するにつれ、花序が曲がり、小穂が開く姿からそう名づけられた。1つの種子には3本の硬い芒が生えており、この芒によって動物の毛皮や人間の衣服、鳥の羽などに付着する。

種子の散布

種子や胞子は、植物界の旅行者である。種類や大きさを問わず、種子は1つの重要な使命を担っている。それは、新しい植物体を生み出すのに必要な遺伝物質を運ぶことだ。植物の中には、親植物から肥沃な地面に種子を落とすだけで、簡単に発芽する種もある。一方では、利用できるものを何でも——風、水、鳥、昆虫、動物、人間など——利用し、時には捕食され排出されることで、遠く離れた場所まで運ばれる種もある。

多様な散布方法
草丈30cmほどのメダカソウ（*Bouteloua gracilis*）の種子は、さまざまな方法で散布される。そよ風に飛ばされた場合は、数メートル先に着地し、運が良ければその場所で発芽する。草食動物に食べられた場合は、排出された場所で成長する。動物の毛皮や鳥の羽に付着した場合は、親植物からさらに遠く離れた場所まで運ばれていく。

円錐花序は、花軸が1〜3本に分かれ、たいていはその先端に頂生花序がつく

頂生（頂上）の花序は、種子を風で飛ばすのに最も有利な場所にある

果穂が成熟すると、最下の小穂から種子が放出されていく

メダカソウの花序には、それぞれ最大で130の小穂がついている

持ち帰りやすい種子

キキョウラン属の一種（*Dianella tasmanica*）がつける色鮮やかな液果は、地上からも空からも見つけやすく、鳥をよく引きつける。炭水化物が豊富なこの果実は、長い柄の先にぶら下がっているので、飛んでいる鳥でも啄ばみやすい。

果実に含まれる5つの黒い種子は、無傷のまま鳥の消化管を通過する

野鳥は果実の赤や紫などの鮮やかな色に引きつけられる

発芽の促進

セイヨウナナカマド（*Sorbus aucuparia*）の種子は、鳥の糞と一緒に排出されると、消化管を通過していない種子より早く発芽する。これは、種子が消化管をくぐる過程で、何らかの化学物質が除去されるためだと考えられている。

液果は柄の先に1つずつ実るため、鳥はこれを簡単に啄むことができる

種子の被食散布

一部の植物種は、種子を広い地域に散布することで、他種よりはるかに有利に繁殖している。種子を最も効率よく散布する方法の1つは、鳥に食べてもらうことだ。もちろん、食べた種子を糞と一緒に排出する動物は他にもたくさんいるが、地上を歩行する動物に比べて、空を飛ぶ鳥は活動範囲が広い。したがって、鳥の餌として食べられた種子は、元の場所から遠く離れて排出される可能性が高くなるのだ。

リスの忘れ物

リスは冬に備えて堅果を土に埋めるが、その場所を忘れてしまうという習性から、「野生の園芸家」と呼ばれる。冬場の食料として埋められた大量の果実、特にハシバミやカシなどは、そのまま忘れ去られると、翌年の春に発芽する。つまり、こうした哺乳類は無意識のうちに「植林」を行っていることになる。堅果や殻斗果は、枝から地面に落ちたものより、埋められたものの方が、発芽率ははるかに高い。

コナラ属の一種
Quercus hartwissiana

殻斗果の殻は、埋められた種子を守る

花の基部にある殻斗（椀）は苞が変形したものである

キキョウラン属の一種
Dianella tasmanica

熟す前の果実は緑色で、あまり目立たない

鳥が好む色

鳥が最も好んで食べるのは、赤や黒色の果実や種子である。その理由については、鳥の色覚が高度に発達しているためだとか、こうした色の種子や果実が特定の生育地に集中しているためだとか、そこに含まれる栄養成分のためだとか、数々の説がある。いずれにせよ、このサラサモクレン（*Magnolia* × *soulangeana* 'Rustica Rubra'）などがつける赤い種子は、鳥の大好物だ。

円錐形の果実は、成熟すると湾曲して裂ける

茶色の果実からのぞく真っ赤な種子はよく目立つ

木化した袋果は、それぞれ1つか2つの種子を中に入れている

この休眠中の芽は、ビロードのような苞で覆われている

ゴクラクチョウカ
Strelitzia reginae

黒い種子が鳥を引きつけるのに対し、オレンジ色の仮種皮はサルに好まれる

タビビトノキ
Ravenala madagascariensis

動物による好みの違い
哺乳類や鳥類はともに種子を消費し、それを排泄したり、遠くで吐き出したりすることで散布している。しかし、その色の好みは大きく異なる。世界中の事例について調べた研究によると、鳥が赤や黒の種子を好むのに対して、哺乳類は主にオレンジ、黄色、茶色の種子をよく食べるという。特定の動物が特定の色だけを知覚したり、好んだりするのに対し、一部の植物は、単に色鮮やかな仮種皮や毛の生えた皮で種子を覆うなどして、うまく適応したのかもしれない。

珍しい青色の仮種皮に包まれたタビビトノキの種子には、青と緑だけを知覚できるキツネザルが引きつけられる

色とりどりの種子

種子は、それを生む果実と同様に、さまざまな色をしている。つまり、種子を守る種皮の色が、地味な黒から、華やかな赤、オレンジ、青まで無数にあるということになる。色の濃い種子はたいてい、色の薄い種子より水分が少ない。そこまでは分かっているが、鮮やかな色素を持つ種子がどうして存在するのかは判明していない。ただし、いくつかの特定の色が、特定の動物に好まれているらしいのは明らかだ。

有毒なリシンを含む種子
植物の種皮は、胚や胚乳を守るという主な役割のほか、捕食者を撃退する役割も果たすことがある。種子が持つ何種類かの毒は、この世に存在する毒物の中でも、その致死率が特に高いことで有名だ。例えば、トウゴマには猛毒のリシンが含まれるため、種子を4つ食べただけでも人は死に至る。トウゴマの種子は真っ白なものから、赤や黒のまだら模様になったものまで、さまざまな色があるため、多くの動物や鳥が誤ってこれを食べ、死んでしまう。

トウゴマ *Ricinus communis*

まだらになった表面の色は、食用のライマメと似ている

スポンジ状の付属物である種沈は、糖で満たされており、アリを引きつける

plants in art 芸術の中の植物
芸術と科学

「植物画の黄金時代」とも言われる18世紀、植物画家のゲオルク・ディオニシウス・エーレットが、芸術と科学の融合の素晴らしい例となるような植物画を描いた。エーレットは、カール・リンネによる生物の画期的な分類・命名法を、明瞭で正確、かつ美しい様式の植物画に落とし込んだのである。

史上最も偉大な植物画家に数えられるエーレット（1708〜1770）は、ドイツの庭師の息子として生まれ、父親から自然について教わった。絵の才能や観察眼に恵まれていたエーレットは、知識を増やしながら植物画を描き始める。すると、世界一流の科学者や有力なパトロンに注目されるようになった。

エーレットが最初に組んだ人物は、スウェーデンの著名な植物学者で分類学者のカール・リンネだった。2人は、オランダ東インド会社総督のジョージ・クリフォードの地所で見られる珍しい植物を、『クリフォード邸の植物』（1738年）として図録にまとめた。リンネの指導を受けながら、エーレットは植物のあらゆる部分を美しく、それでいて科学的に正確かつ詳細に描き出した。これらの絵は、いわゆる「リンネ式」の植物画として有名になった。

エーレットの描いた植物画は当時の重要な植物誌のほとんどに掲載されたほか、キュー王立植物園をはじめとする施設や収集家のためにも、彼は数多くの作品を手がけた。

パイナップル（*Ananas sativus*）
エーレットは鉛筆やインク、水彩を用いて、世界中の植物をスケッチした。英国最古の植物園の1つ、ロンドンのチェルシー薬草園に標本用のパイナップルが届いたときには、すぐに右のような絵を描いている。

リンゴ属の果実と花の詳細
リンゴやモモの花と果実を描いたこの図版は、メゾチント版画に手で彩色したものである。エーレットは、オランダ人薬剤師のヨハン・ヴィルヘルム・ヴァインマンに依頼されて『薬用植物図鑑』の図版を担当することになったが、報酬が少額だったとして、予定の半分しか完成させなかった。

> 66 ゲオルク・ディオニシウス・エーレットという天才は、
> 18世紀半ばのボタニカルアート界に
> 多大な影響をもたらした 99
>
> ウィルフリッド・ブラント『植物図譜の歴史』1950年

ユニコーン植物

「悪魔の爪」として知られる数種の植物は、ヒッチハイカーの中でもとりわけ大きな果実をつける。しかし、とげに覆われたその鞘は、すぐに外へ出てくるわけではない。キバナノツノゴマの木化した鞘も、初めは大きな角のある果実の中につくられ、外果皮が落ちるとようやく姿を表す。これらの植物は、果実の形から「ユニコーン植物」の名を持つ。

キバナノツノゴマの果実
Ibicella lutea

動物の体を捕らえやすいよう、細長く大きな爪は上向きに曲がっている

2本の大きな爪の間から、短い爪が出ることもある

鞘の爪は全て鉤状毛に覆われているため、通りかかる動物の足に簡単に絡みつく

動物に運ばれる種子

植物は、種子をできるだけ広い範囲に散布して、それらが1カ所に集中するのを防がなければならない。そのために風や水を利用するものもあれば、果実を「破裂」させて種子を放出するものもある。また、同じ環境にいる動物を利用して、種子を散布するものも少なくない。こうした植物の果実は、かぎ爪や鉤状毛、尖ったとげに覆われているため、動物の皮膚や足に簡単に付着する。付着後はたいていそのまま遠くへ運ばれ、他物に擦れることで割れたり、あるいは裂けたりして、中から種子を放出する。

直径1.5〜3cmで、鉤状になった細かい苞（ほう）に覆われている

ゴボウ属の果実
Arctium sp.

最大で直径15cmあり、先端が曲がったとげが何本もついている

ライオンゴロシの果実
Harpagophytum procumbens

「ヒッチハイク」をする種子

動物の体に付着する果実は、その環境に応じてさまざまな形をしている。例えば、ヨーロッパやアジア原産のゴボウ属（*Arctium sp.*）は、鉤状になった柔らかい苞を利用して、近くを通るあらゆる動物に絡みつく。また、アフリカに自生するライオンゴロシ（*Harpagophytum procumbens*）は鋭い木質のとげを持ち、このとげが大型動物の足に突き刺さる。

鞘全体を覆っていたとげの一部

果実の中心からは、最大110個の種子が放出される

かぎ爪のある鞘

南米原産のキバナノツノゴマ（*Ibicella lutea*）は、見るからに恐ろしげな果実を約150個つける。それぞれの果実は長さ21cmほどに成長し、先端が鋭く尖った、かぎ状の長い「爪」を2本出す。裂ける前の鞘は、その本体もとげに覆われている。

理想的な発射台
「天国まで届く木」という英名をもつニワウルシ（*Ailanthus altissima*）は、たちまち樹高24m以上に育つため、理想的な高さから種子を風散布することができる。ただし、1本の木から放出される種子は1年で100万個に及ぶため、原産地以外では侵入種になるおそれがある。

種子が1つ入った翼果は、単独で、あるいは房になって親木から離れる

縁にある縫合線のような筋のおかげで、翼果は安定して回転できる

半透明の翼果は、最長で90mを滑空して種子を運ぶことができる

二翼果を分割する線は、そこで果実が分離することを示している

果皮が伸びて広がり、薄い膜状の翼ができる

果実は花柄を通じて枝につながっているが、成熟すると離れる

果皮の下に種子が1つ包まれる

翼を持つ種子

樹木は密集しがちなので、親植物から十分に離れた場所まで種子を飛ばさなければ、その生育域を広げることはできない。カエデやプラタナスなどの種子は、翼を広げた形に進化し、微風をとらえてはるか遠くまで移動できるようになった。「翼果」というこれら翼を持つ種子は、いずれも滑空したり、空中で回転したり、浮揚したりすることで、滞空時間を延ばしている。

2つに分かれる翼果

風散布を行う植物の中には、深紅の葉をつけるカラコギカエデ（*Acer tataricum*）のように、左右対称の翼果を持つ種がある。種子を含んだ果実は、初めは1つの形を成しているが、成熟するにつれ、それぞれ薄い翼を持った2つの部位に分かれていく。翼果は2つに分かれたそれぞれが新しい木へと育つことができる。

ヘリコプター型の翼

カエデ属などの翼果は、こまのように回転しながら地面に落ちていく。通常これらの種子には、ヘリコプターやプロペラの翼のように傾斜した翼がついているからだ。そのため、種子は回転しながら上方の空気圧を下げ、ゆっくりと下降することができる。

葉脈により翼の表面にしわが寄ることで、揚力を伴う乱流が起きる

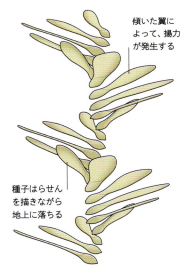

傾いた翼によって、揚力が発生する

種子はらせんを描きながら地上に落ちる

ヘリコプターのように自転する翼果

Taraxacum sp.

タンポポ

タンポポのdandelionという英名は、葉の縁がぎざぎざになった姿にちなんで名づけられた（「ライオンの歯」を意味するフランス語のdent-de-lionに由来する）。ふっくらとした冠毛は子どもたちに愛される一方、芝生を台無しにするとして園芸家からは嫌われている。ほとんどの種はユーラシア原産だが、人間の助けを借りて、より広い地域に分布するようになった。現在、この「旅する植物」は、世界の温帯と亜熱帯地域のほぼ全域で見ることができる。

「タンポポ」とは、タンポポ属に属する約60種の総称だが、中でも私たちが頻繁に見かけるのはセイヨウタンポポ（*Taraxacum officinale*）だ。この種のタンポポは、生殖戦略によって環境に適応しながら、その生育域を広げてきた。例えば、初春に開花するという性質も、そうした適応の1つである。ほかに咲いている花が少ないその時期、タンポポは昆虫の貴重な栄養源となるため、これらの虫から確実に花粉を受け取ることができるのだ。また、春に開花したタンポポが秋に再び咲くこともよくある。ただし、タンポポの最大の強みは、受精しなくても種子をつくれるとい う点だろう。そうして誕生した種子は、親植物のクローンに成長する（無融合生殖）。それぞれの花には170個もの種子が含まれ、植物全体では2000個以上になるため、そこから複数の成植物が育つ可能性は高いと言える。

タンポポの種子は、羽毛のように軽いパラシュートを使って、空中を見事に飛んでいく。大半は親植物のすぐ近くに着地するが、風に吹かれたり、暖気の上昇気流に巻き込まれたりして、長距離を移動することもある。

羽のようなパラシュート
円盤状についたタンポポの果実は、羽毛状の繊維と柄でつながり、全体がパラシュートのような形になる。

早咲きの花
タンポポの1つの花は、実際には多くの小花が集まってできている。

球形の果実は熟すと
ばらばらになり、種
子を1つ含む分果と
して風に飛ばされる

花序は平らになっているため、
マルハナバチやチョウが着地しやすい

凝った形の外側の花弁は、
ポリネーターの昆虫を引きつけ、
蜜を豊富に含む花へと誘う

数が多いことの利点
マツムシソウの小花は、針山のような形に集まって咲いている。昆虫を介して受粉すると、花弁が落ち、球形の果実が姿を現す。

パラシュートがついた種子

多くの植物は、風の力を利用して種子を散布する。特に牧草地や平原など、少数の木がまばらに立っているだけの開けた環境では、種子は風散布によって長距離を移動することが多い。ただし、風に乗って飛ばされるためには、特殊な構造が必要だ。そこで種子によっては帆のようなものを張ったり、このマツムシソウ属の一種のように、パラシュートをつけたりする。風散布を行う植物は、高い場所に花を咲かせることが多いが、これは微風の中でも種子をうまく飛ばすための工夫である。

親植物から離れた果実は、
しばらく空中を飛行した後、
尖った芒（剛毛）で地上の
植物に突き刺さる

完璧な備え
種子の中には、幼根（根となる器官）、胚軸（茎となる器官）、そして1枚以上の子葉からなる胚がつくられる。子葉は、植物が発芽する際に必要な栄養を含んでいる。

紙状のパラシュート
マツムシソウ属の一種（*Scabiosa stellata*）の花序はたくさんの小花でできており、1つの小花から1つの種子がつくられる。種子にはとげのような剛毛（芒）が5本生えており、その周囲をパラシュートのような、紙状の苞が取り囲んでいる。種子はこのパラシュートで風を受け、芒を使って地面に着地する。

果実を包む紙状の苞
は、浮揚したり、微
風をうまくとらえた
りするのに役立つ

種皮は胚を
保護している

マツムシソウの種子

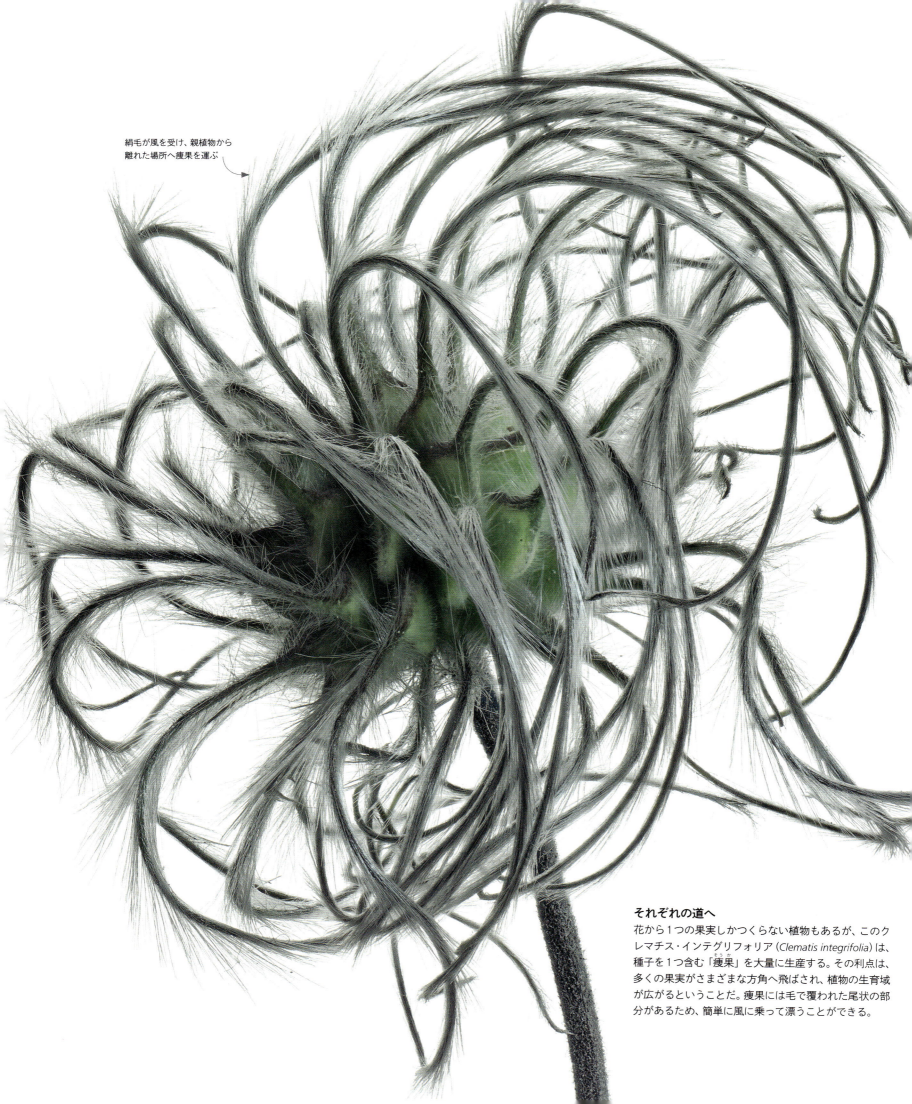

絹毛が風を受け、親植物から
離れた場所へ痩果を運ぶ

それぞれの道へ
花から1つの果実しかつくらない植物もあるが、この クレマチス・インテグリフォリア (*Clematis integrifolia*) は、種子を1つ含む「痩果（そうか）」を大量に生産する。その利点は、多くの果実がさまざまな方角へ飛ばされ、植物の生育域が広がるということだ。痩果には毛で覆われた尾状の部分があるため、簡単に風に乗って漂うことができる。

毛束を持つ種子

種子が風によって運ばれるためには、特殊な適応が必要になる。毛束を利用するというのはその方法の1つで、ワタ（*Gossypium*）やポプラ（*Populus*）は、種子を大量の綿毛で包むことで散布を手助けしている。また、種子の毛束を、精巧な翼やパラシュートに変化させる種もある。こうした毛束は、最終的に落ちた地面で種子をしっかり固定し、発芽を促す働きもする。

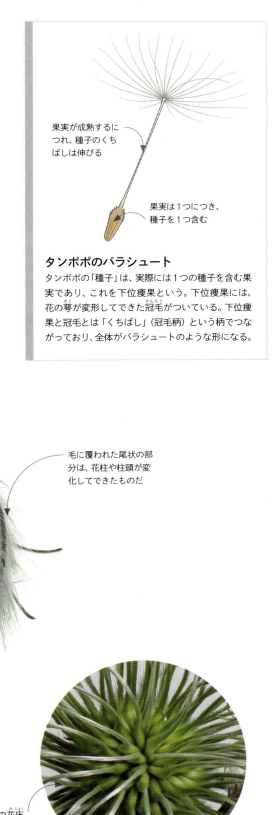

果実が成熟するにつれ、種子のくちばしは伸びる

果実は1つにつき、種子を1つ含む

タンポポのパラシュート

タンポポの「種子」は、実際には1つの種子を含む果実であり、これを下位痩果という。下位痩果には、花の萼が変形してできた冠毛がついている。下位痩果と冠毛とは「くちばし」（冠毛柄）という柄でつながっており、全体がパラシュートのような形になる。

毛に覆われた尾状の部分は、花柱や柱頭が変化してできたものだ

大量の痩果は、中心の花床にしばらく付着しているが、熟すと個々に分かれる

心皮の塊

クレマチスの花の中心には何枚もの心皮があり、1枚の心皮が、1つの種子を含む果実をつくる。これらの果実が痩果で、最初は集団でついているが、熟すとばらばらになる。

果実は長い柄によって高く持ち上げられるため、風をとらえやすい

Asclepias syriaca

トウワタ

北アメリカの東部全域で見られるトウワタは、オオカバマダラの幼虫の食草になることで有名だ。かつては商業規模で広く栽培されており、収穫された「絹毛」は、枕やマットレス、さらには救命具の詰め物としても利用されていた。

トウワタの花は傘形花序をつくる。香りは甘く、淡いピンクから紫に近い色合いで、小花は反り返った5枚の花弁と、蜜で満たされた5つの裂片からなる。ポリネーターの体を花粉まみれにする植物とは違い、トウワタは、その花粉を花粉塊という粘性の袋に詰め込んでいる。花粉塊が収められているのは、裂片の両側にある溝、通称「スリット」の中だ。蜜を吸うためにやって来た昆虫は、花の表面で足を滑らせているうちに、誤ってこのスリットに足を1、2本入れてしまう。すると花粉塊が昆虫の足に付着し、隣のトウワタの蜜を吸おうと虫が移動したときに、一緒に運ばれていく。ただし、この受粉戦略に向いているのは、比較的大きな昆虫に限られる。ミツバチなどの小さな昆虫は、スリットに引っかかったり、逃げようとするうちに足がもげてしまったりするのだ。受粉後にできる果実は、小さな緑色の子房の状態から膨れていき、最後は種子の詰まった大きな「袋果」になる。種子は茶色で扁平な形をしており、種髪という絹毛の束をつけている。

トウワタには毒性の液が含まれており、哺乳類の草食動物を遠ざけている。だが、多くの昆虫はトウワタの葉や花蜜を餌としており、中でもオオカバマダラなどは、この毒を体内に蓄えて自らの身を守っている。生育地の喪失や除草剤の普及によってトウワタの数は減少しつつあるが、これはオオカバマダラの減少とも関連している。つまり、消えゆくトウワタを救うことができれば、オオカバマダラの個体数をも回復させられる可能性があるということだ。

絹毛を持つ種子
近年、トウワタの絹毛はアウトドアウエアの保温材や、乗り物の防音材、石油流出時の吸収材として、多く利用されるようになってきた。これにより、トウワタの大規模な商業栽培が復活を遂げるかもしれない。

絹状の繊維は中空になっていて軽く、表面の蝋状物質が水を弾く

トウワタの種子は、浮力を生じる絹状のパラシュートによって風散布される

トウワタの袋果
トウワタの果実（袋果）は8～10cmの長さがあり、柔らかいとげと羊毛状の短い毛に覆われている。成熟すると、側面から裂けて種子を放出する。

種子が発芽するまで

種子はふつう、胚と、成長を促すための栄養とを備えている。発芽時には、まず種子を固定するための根が生じ、続いて葉が生じる。マメ科をはじめとする被子植物のほとんどは、ここで1対の種子葉（子葉）を出す。これらの葉には、種子の栄養が運び込まれてくる〔マメ類のように子葉そのものが栄養貯蔵器官となっていて、その場で栄養を利用するタイプも多い〕。単子葉植物の子葉は1枚だけで、種子の中に残ることもある。

風に舞う種子

紙状の果皮を持つリーガルリリー（*Lilium regale*）の蒴果には、翼のついた種子が大量に入っている。果実は乾燥すると裂開し、種子を放出する。リーガルリリーの自生地である中国西部の険しい渓谷では、冬に強風が吹き荒れるため、この風の力を借りて種子は遠くまで飛んでいく。

蒴果の中は3室に分かれており、それぞれにコインのような円形の種子が入っている

莢果と蒴果

果実は液果と乾果に大別されるが、身近なのは、食用になる液果のほうだろう。しかし、乾果も決して珍しいわけではない。乾果には莢果、蒴果、痩果、袋果、分離果などがあり、裂開して種子を放出するもの（裂開果）と、裂開せず種子を内包したまま散布されるもの（閉果）とに分かれる。乾果は肉質の果皮を持たないため、動物に食べてもらうことはできない。そのため種子は風散布されることが多いが、動物の毛皮に付着させたり、または地面に直接落としたりして散布する方法も使われる。

果実のバルブや裂け目から、2列に並んだ種子が見える

晩夏になると、蒴果は乾燥して縮み、裂開する

乾湿運動

種子が入った蒴果は、水分を失ったり乾燥することで変形して、破裂することが多い。組織が乾いたり湿ったりすることで変形するプロセスは、乾湿運動として知られる。オランダフウロ（*Erodium cicutarium*）などの植物は、尾のような形をした吸湿性の構造（芒）を持つ種子を形成する。この芒は湿気を帯びるとねじれて、種子の一部を土にめりこませる。吸湿性を持つ果実は通常、内部が室に分かれていて、乾燥すると室が変形し、果実を裂いたり破裂させたりする。種子が弾け飛ぶのは乾果だけではない。多肉質の果実の中には、内部に満たされた水によって圧力がかかり、やがて突然破裂して、水と一緒に種子をまき散らすものもある。

オランダフウロの種子
Erodium cicutarium

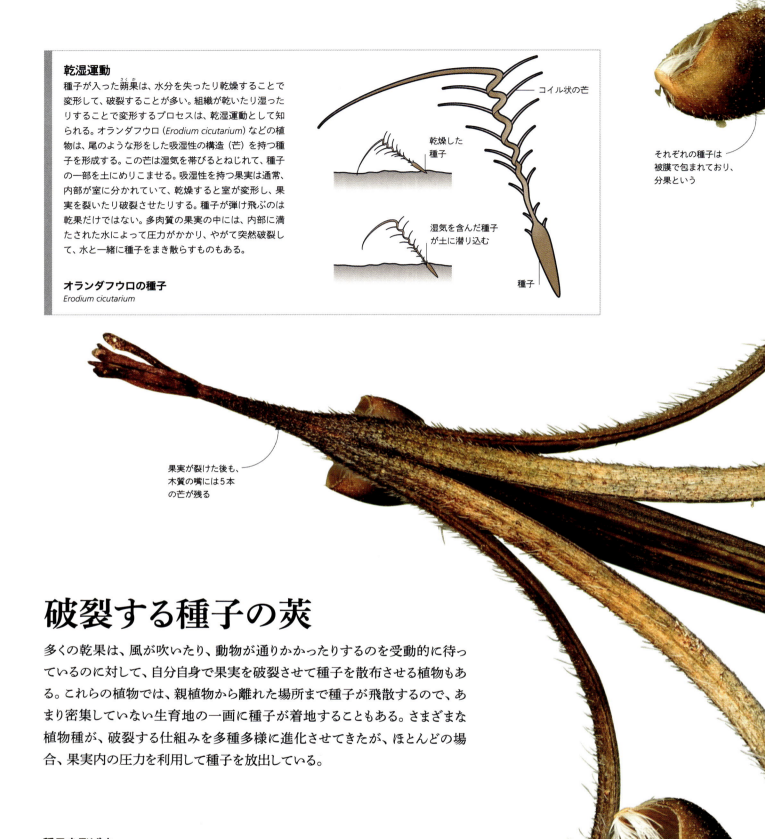

コイル状の芒
乾燥した種子
湿気を含んだ種子が土に潜り込む
種子

それぞれの種子は被膜で包まれており、分果という

果実が裂けた後も、木質の嘴には5本の芒が残る

破裂する種子の莢

多くの乾果は、風が吹いたり、動物が通りかかったりするのを受動的に待っているのに対して、自分自身で果実を破裂させて種子を散布させる植物もある。これらの植物では、親植物から離れた場所まで種子が飛散するので、あまり密集していない生育地の一画に種子が着地することもある。さまざまな植物種が、破裂する仕組みを多種多様に進化させてきたが、ほとんどの場合、果実内の圧力を利用して種子を放出している。

種子を飛ばす

フウロソウ属の一種（*Geranium sanguineum*）などのフウロソウ科植物は、果実が嘴のような形をしているところから、「ツルの嘴」という英語名を持つ。弾分蒴果（→p.300）と呼ばれる果実は、木質の嘴の周囲に5つの種子が配置され、1つ1つが覆われた状態で長い芒の先につく。5本の芒は全て嘴の先で癒合した作りになっている。果実が乾燥すると、この芒が曲がり、果実を裂いて種子を遠くに飛ばす。

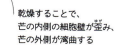

乾燥することで、芒の内側の細胞壁が歪み、芒の外側が湾曲する

自発的な運び手
破裂する果実は、種子を散布させることができるが、その距離は限られている。しかし中には、第2の手段を使って種子を散布する範囲を拡大させるものがある。スミレ属（*Viola*）やエニシダ属（*Cytisus*）の種子には、栄養分を含むエライオソームと呼ばれる小さな包みがついており、これを好むアリが種子ごと運び去るようになっている。

芒が乾燥すると外側に曲がり、分果が果実から裂開する

スミレの蒴果には、ゆっくりと裂け、一度に1つずつ種子を莢から放出するものがある

スミレ属の一種
Viola sp.

エニシダの莢が日に当たって乾燥すると、日陰側と乾燥の度合いに差が生じて莢が曲がりくねり、飛散する

エニシダ
Cytisus scoparius

弾分蒴果は5つに分かれており、1つ1つが花の心皮1枚にあたる

Nigella sativa

ニオイクロタネソウの花

ニオイクロタネソウは、フェンネルフラワー、ニゲラ、ブラッククミン、ブラックキャラウェイ、ローマンコリアンダーの名でも知られる。約3600年も前から栽培されてきた、古くから人間の文明と関係が深い植物である。種子はパンやナンに振りかけるスパイスにしたり、ハーブ油を作ったりするのに使用される。

ニオイクロタネソウは人間とともに長く生きてきた植物であるため、その野生の原種を見つけるのは難しい。ヨーロッパの地中海に面した地域の原産だという説もあれば、アジアや北アフリカから来たものだという説もある。しかし、野生のニオイクロタネソウが今でもトルコ南部、シリア、イラク北部に自生しているため、中東を起源とする植物という可能性もある。

ニオイクロタネソウは、高さ60cmまで成長する丈夫な1年草で、さまざまな種類の土壌でよく育つ。フェンネルフラワーなどの英語名があるにもかかわらず、セリ科植物のフェンネル（*Foeniculum vulgare*）、クミン（*Cuminum cyminum*）、キャラウェイ（*Carum carvi*）、コリアンダー（*Coriandrum sativum*）とは類縁がなく、実際にはキンポウゲ科（*Ranunculaceae*）の植物で、観賞用として人気が高いクロタネソウ（*Nigella damascena*）の近縁種にあたる。ほかの1年生植物と同様に、ニオイクロタネソウは、花と種子を形成するのに全てのエネルギーを費やす。おそらく人間は、その繊細な花に真っ先に注目したのだと思われる。野生のニオイクロタネソウのポリネーターについては詳しく知られていないものの、栽培種ではハチが受粉に利用されている。受粉後、果実は大きく膨らんだ蒴果となり、それぞれに多数の黒い種子を含んだ複数の袋果ができる。

ニオイクロタネソウの辛みのある小さな果実は、鳥にとって非常に魅力的であるだけではなく、インドや中東では料理のスパイスとして広く使用されている。古代世界では、種子と種子油がさまざまな病気の治療に使われており、現在でも薬草として利用されている。

ニオイクロタネソウの果実
洋梨形をした種子は、最大で7つの室（袋果）を持つ蒴果の中に成長する。それぞれの室の先端に、花柱から形成された長い突起ができる。果実が乾いて袋果が破裂することで種子が散布される。

深く細裂した苞葉は、葉が変形したもので、花を支える働きをしていることが多い

花柱

花弁の数は栽培種の方が多く、野生のものだと5〜10枚である

栽培種のクロタネソウ
クロタネソウは、よく庭に植えられている1年草である。庭に植えられているものは、濃い青色をした半八重咲きの花（左）だが、野生のものはより色が薄く、一重咲きになる。

熱がもたらす効果

バンクシア属（*Banksia*）の中には、変わった形をした木質のシードヘッドの中に何年間も種子を保存し、自然火災や人工的な熱を受けてシードヘッドが弾けないと、種子が放出されない種がある。これは、唇状の孔が開いて種子が放出された状態である。

火災に助けられる植物

バンクシアが種子を放出するためには火災が必要だが、火災によってもたらされた環境も重要である。火災によって地面が浄化され、ほかの植物との競争が排除されるだけではなく、落下した種子が後に残った柔らかい灰の中に埋まりやすくなって、厳しい日光を避けるのにも都合が良くなるからだ。

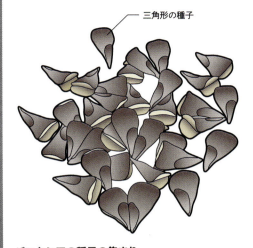

バンクシアの種子の集まり

種子と火災

熟した種子は通常、親植物から自然に離れるようになっている。しかし中には、特に厳しい環境下で生育する植物においては、極端な環境事象が発生しないと種子を放出できない植物もある。火災は球果を持つ植物が種子を放出するきっかけになることが多いが、そのほかにも、オーストラリアのバンクシアなど数多くの樹木や低木にとっても、火災の発生が必要だ。自然火災によって、たいていの若木は焼け死ぬが、その熱によって円錐形の果実が裂開し、数カ月後、時には数年後になって、成熟した種子が落ちる。

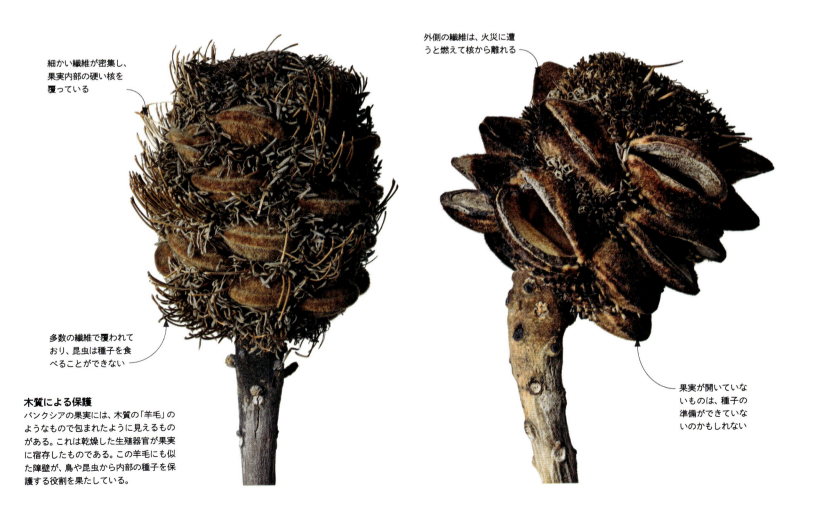

木質による保護

バンクシアの果実には、木質の「羊毛」のようなもので包まれたように見えるものがある。これは乾燥した生殖器官が果実に宿存したものである。この羊毛にも似た障壁が、鳥や昆虫から内部の種子を保護する役割を果たしている。

種子と果実

332・333

果実の重さで
花柄が曲がる

重さを利用して種子を放出

水生植物であるハス（Nelumbo nucifera）の花には、それぞれに集合果が形成される。成熟すると、独特の室を持ち、直径が7〜12cmほどの果実になる。数多くの種子が熟してくると、果実は収縮する。やがてその茎が重さによって曲がり、種子が水中に落下する。

水に浮くように作られた種子

ココナツは、太い毛状の繊維（コイア）の間に含まれる空気によって、水に浮くことができる。この中果皮は、保護のための外皮（外果皮）と内側の硬い殻（内果皮）の間に挟まれている。ココナツの「果肉」は、種子が発芽するときの栄養を蓄えた組織（胚乳）であり、この「乳」があることで、ココナツは水和した状態を保っている。海上を4800kmも漂った後でも、ココナツは芽を出すことができる。

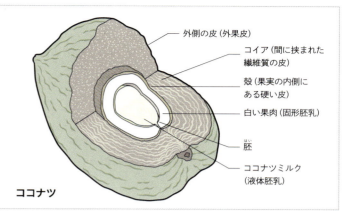

ココナツ

水による種子の散布

水は多くの種子を運ぶ。この方法は水散布と呼ばれている。ハスのような湿地で育つ植物だけでなく、イトシャジンやシダレカンバのような種も、種子を池や川、小川に散布している。だがこうした種子の淡水でのクルーズ旅行など、ココナツのような熱帯植物の種子の壮大な海の旅と比べたら取るに足らないかもしれない。

保護のための皮

種子が長期にわたって水にさらされる場合、生き延びるための頑丈な種皮が必要になる。ハスの種皮は非常に硬いため、水をほとんど通さず、種子の劣化を防ぐ。

異国の果実

この多色刷りのリトグラフには、パパイヤ（*Carica papaya*）の各部分が描かれている。1863年から1864年に出版された、ベルテ・ホーラ・ファン・ノーテンの『ジャワ島の花と果実』に掲載されたもの。

plants in art 芸術の中の植物

世界を描く

18世紀から19世紀にかけての植物学の黄金時代には、世界中を回って標本を集めた探検家や挿画家の偉業が目を引く。女性は、科学的発見から閉め出されることが多かったが、それでも、新しい植物を発見する探検に赴き、精巧な絵によって記録に残した、勇敢な女性たちがいた。

ナツメグの葉、花、果実

ノースは、1871年から1872年にかけて行った最初の大旅行でジャマイカのブルーマウンテン山麓の小丘に滞在し、この作品を描いた。この絵には、おなじみの料理用香辛料の成長の段階が描かれている。ナツメグ（*Myristica fragrans*）の花、葉、果実の周りには、コビトハチドリ（*Mellisuga minima*）とポリダマスジャコウアゲハ（*Papilio polydamas*）も描かれている。

マリアンヌ・ノース（1830〜1890年）は、ビクトリア朝時代の英国の著名な生物学者で画家だった。1871年に41歳で世界旅行に出発し、植物を描いて記録した。ロンドンのキュー王立植物園には、ノースが描いた832点の風景画、植物、鳥、動物画を収めたギャラリーが設けられている。これを見るビクトリア朝時代の人々は、カラー写真が登場する以前に異国で採集された標本の生息地へ思いをはせることができたのである。ノースが13年間にわたって全大陸を旅することができたのは、名家の生まれで財産もあったおかげだったが、その情熱と行動力は、ノースが持って生まれたものだった。

ノースと同じ頃、ベルギー生まれのベルテ・ホーラ・ファン・ノーテン（1817〜1892年）は、バタヴィア（ジャカルタ）で夫を亡くし無一文になったため、ジャワの植物を描いて、多色刷りのリトグラフにして売ることで生計を立てることにした。ファン・ノーテンが出版した『ジャワ島の花と果実』は、当時のオランダ王妃から支援を受けたものである。

それから100年後、マーガレット・ミー（1909〜1988年）が、アマゾンの熱帯雨林で30年間にわたる研究と画家としての活動を始めた。ミーは新しい標本を記録し、いくつかは自分の名にちなんで命名した。また、熱帯雨林を背景にしてさまざまな植物を描いた。

> 66 私はずっと、どこか熱帯の国に出かけて、
> あふれんばかりの自然の中で、
> その地に独特の植生を描くことを夢見ていた 99
>
> マリアンヌ・ノース『幸せな旅の追憶』1892年

自然の環境

新しい果実をつけてそびえ立つアキー（*Blighia sapida*）の樹木は、ノースがジャマイカの自然の中で描いたものである。この西アフリカ原産の植物はウィリアム・ブライ船長によってジャマイカに運ばれ、姓の「Bligh」にちなんで学名が付けられた。

無性芽は、羽片と葉軸が交わる部分で生じる

無性芽から形成された新しい小植物体。葉がまだ丸まっている

ノコギリシダ属の胞子嚢は、独特のV字形の配列をしている

代替案として
ノコギリシダ属の一種（*Diplazium proliferum*）も胞子によって繁殖できる。胞子は、小葉裏側の細脈に沿った場所に形成される胞子嚢という構造の中に入っている。

自然界のクローン

植物の中には、次の世代を生み出すために、2つ以上の生殖方法を進化させたものがある。例えば、シダ類はいずれも胞子によって繁殖するが、そのほかに、無性芽を使って自分自身のクローンを作るものも数多くある。無性芽は、葉の主茎である葉軸と羽片が接合する場所に派生する小さな球根のようなものである。無性芽は、それが親のシダから落ちたり、葉が垂れて土に触れた部分から根が形成されたりすると、新しい個体を作り出す。これらはみな親のクローンである。

小植物体の丸まった（わらび巻き状）の若い葉

マザーファーン

無性芽を形成するシダ類は、「マザーファーン」と呼ばれることがある。アフリカに生育するノコギリシダ属の一種（*Diplazium proliferum*）は、1m近くもある葉に沿って小植物体を形成し、繁殖を容易にしていることで知られている。小植物が成長するにつれて、主茎の葉は枯れて茶色に変わる。

葉軸（主茎）

クローンが作るコロニー

クローンによる繁殖は見事な戦略と言えるが、種によっては、親とクローンがつながったままでいることもある。ユタ州に生育する「パンド」と呼ばれるアスペンの森林には、遺伝的に全く同じ木が約47000本もあり、その全てが約8万年前の根系を共有している。これはつまり、パンドがクローンによる1つのコロニーを形成する事実上1つの個体であるというだけではなく、現在も生き続ける世界最古の生物だということを意味する。

親の木
クローン
木によって共有される根系

葉の上面には胞子嚢群が形成されない

シダの胞子

シダ類は花をつけないが、葉の裏側にある胞子嚢という構造で胞子をつくり出している。胞子嚢は通常、多数が集まって胞子嚢群（ソーラス）を形成し、葉にそれぞれの種によって特有のパターンで並ぶ。種によっては、成熟していない胞子嚢群は包膜という膜で保護されている。胞子嚢群には数多くの胞子嚢と数千の胞子が含まれており、成熟すると風によって散布される。

胞子嚢群は、盛り上がった中肋の両側に列になって並ぶ

葉脈の間に形成される円い胞子嚢群は、つながって線のようになることもある

胞子嚢群は、主葉脈を除いた葉全体に点在している

リュウキュウトリノスシダ
Asplenium australasicum

ミツデウラボシ属の一種
Selliguea plantaginea

ナナバケシダ属の一種
Tectaria pica

胞子嚢群の独特のパターンは、シダ類のさまざまな種の識別に利用できる

胞子嚢から放出された胞子

環帯が乾燥すると、胞子嚢が「ファスナーのように」開いてくる

胞子が詰まった胞子嚢

シダの胞子嚢
このエゾデンダ属の一種（*Polypodium sp.*）の胞子嚢群に含まれる胞子嚢にはそれぞれ、環帯と呼ばれる、茶色の細胞で形成された曲線がある。この部分がゆっくりと乾燥して胞子嚢を引き裂くと、成熟した胞子が葉から放出される。

鱗片葉と毛が、胞子嚢を保護するように絡み合っている

葉の葉脈に沿って胞子嚢群がすき間なく張り巡らされている

イヌアミシダ
イヌアミシダ（*Hemionitis arifolia* = *Parahemionifis cordata*）の葉は、やけどや糖尿病を治療する薬として昔から使われている。多くのシダ類と同様に、この種にも栄養葉と胞子葉（胞子をつくる）がある。栄養葉と胞子葉は形が明確に異なっており、ハート形のものは栄養葉なので胞子がついていない。矢印形のもの（写真）には葉脈に沿って胞子嚢群が見られる。

イヌアミシダの葉柄は、シダ類には珍しく黒い色をしている

イヌアミシダ
Hemionitis arifolia

胞子の入ったカップ
アリノスシダ属の一種（*Lecanopteris carnosa*）の胞子囊は、深い「カップ」の形をしており、葉の裏側に沿って形成される。このカップは、葉が折り返されることで、上を向くようになる。

胞子囊は上から見ることができるが、厳密に言えば、胞子囊が形成されるのは葉の裏側である

胞子囊群の直径はおよそ2.5mmで、中に多数の胞子囊を含む

胞子がシダに成長するまで

風で散布された胞子が、適した生育地に着地すると、発芽して前葉体になる。種子とは異なり、胞子から成長するこの前葉体は配偶体で、染色体は1組しかない。そこからつくられた配偶子（精子と卵）が接合して成長すると、2組の染色体を持ち、シダ類の植物として認識可能な、より複雑な植物体（胞子体）になる。

羽状の葉の、多数の裂片の先に胞子囊群が形成される

世代交代

シダの配偶体が産生した精子は、湿った生息地の水を利用して卵細胞に到達し、受精する。受精卵（接合子）は成長して胞子体となる。配偶体と胞子体との間でのこの世代交代は、花をつける植物においても起こるが、花をつける植物の配偶体（胚囊および花粉粒）は非常に小さく、胞子体に依存している。

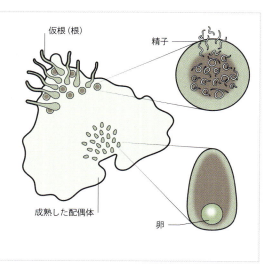

樹冠で生育するシダ

アリノスシダの一種（*Lecanopteris carnosa*）は、インドネシアの熱帯雨林の木の上で生育する。このシダには、糸状のものでつながった4つの胞子の集まり（四分子）が形成される。この形がパラシュートのような働きをして、風によって胞子が新しい木へと運ばれるのである。発芽後に生じる配偶体は自家受精するよりも互いに交配する可能性が高く、その結果として生じる胞子体では遺伝的多様性が向上することになる。

Polytrichum sp.

スギゴケ

小さな蘚類は、取るに足らないものに思えるが、大きな成功を収めた植物だ。少なくともおよそ3億年近く前のペルム紀から存在し、現在でも全ての大陸での生育が確認されている。最もよく見かける蘚類の中には、スギゴケ属（*Polytrichum*）の種がある。

スギゴケ属は、世代交代と呼ばれる複相の生活環で知られる。配偶体相では緑色の葉のような部分があるのに対して、胞子体相では毛のようなものが茎から生じているように見えるため、英語では「ヘアキャップ・モス」という。この毛の先端には胞子の入った袋（蒴）がある。これら2つの相は遺伝的に異なるもので、配偶体は生殖細胞（精子と卵）を産生し、1組しか染色体を持たない。この配偶子が受精すると、2組の染色体を有し、胞子を形成する胞子体が、コケの配偶体の先端で成長する。散布された胞子が生育に適した場所に着地すると、新しい配偶体に成長する。

蘚類は、植物が水と栄養分を運ぶための維管束組織を発達させるよりもはるか以前に進化した植物であり、ほとんどの蘚類は、常に水と接触した状態にないと、生き延びることができない。しかしスギゴケは、収斂進化を遂げたおかげで〔近年の分子遺伝学的研究によると、収斂ではなく、蘚類はもともとこのレベルの組織をつくるだけの遺伝子セットを持っているようである〕原始的な維管束組織を持っているので、丈が高く成長しても、また長期間にわたり水がない状態にあっても生き続けることができる。その結果スギゴケは、ほとんどの近縁種にとっては乾燥しすぎている場所でも生育できるようになったのである。

またスギゴケは、非常に丈夫な植物であることから、生態系再生において重要な役割を果たしている。不毛な土壌で最初にコロニーを形成するのもスギゴケ属であることが多い。スギゴケの生育地は、浸食を防ぐとともに、水を保持して、温度を低く抑えることができるため、ほかの植物が発芽するのにも適した場所となる。

毛状の胞子体
蒴は湿度に合わせて開閉し、散布に適した条件になると胞子が放出される。胞子体は、光合成を行う配偶体に水および栄養素を完全に依存している。

スギゴケ属の葉は細胞の間に水分を閉じ込めるので、乾燥した環境でも水分を保つことができる

緑色をした配偶体
どの茎も、雄性か雌性かのいずれかになる。雌性のものは卵を産生し、雄性のものは精子を産生する。精子はコケの群れに含まれる水の中を泳いで、雌性の個体に受精する。

植物の科
plant families

科。関連した属をまとめてグループ
分けした、分類上の階級。

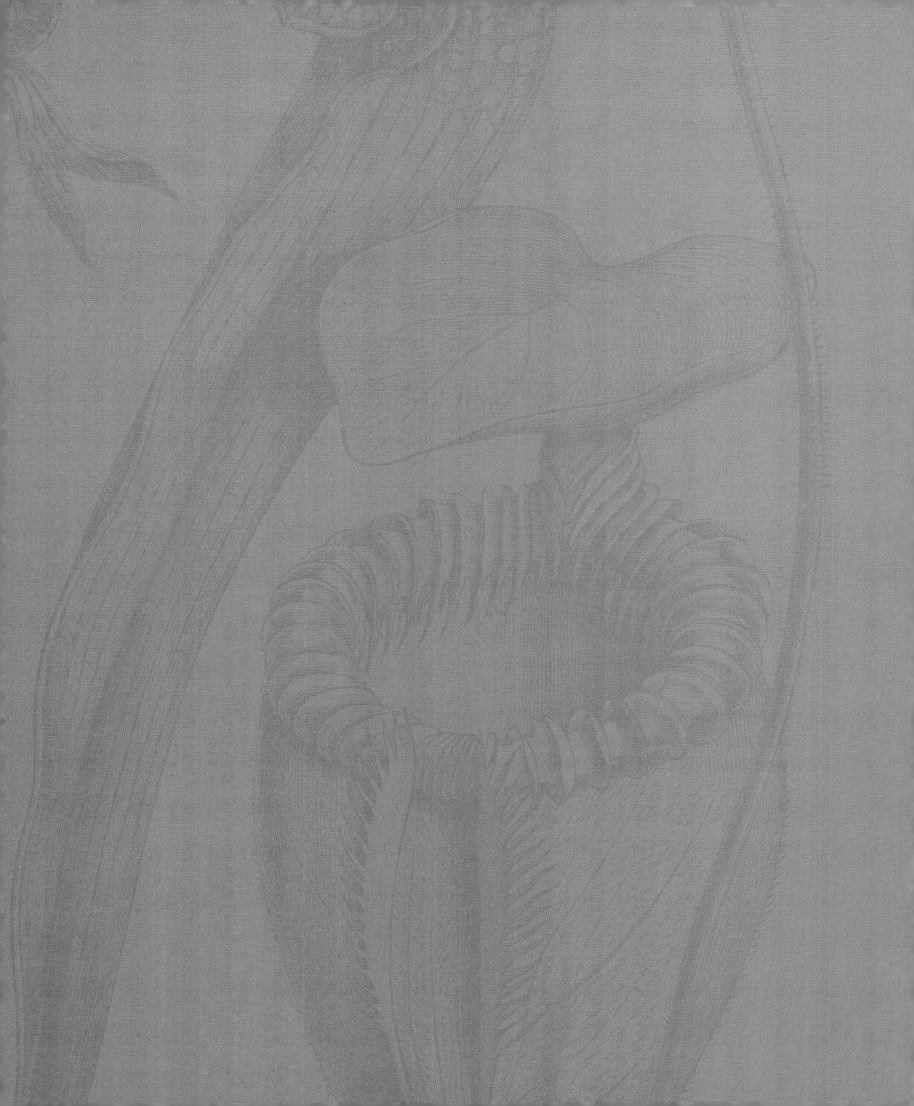

植物の科の目録

　同じ科に分類される植物同士は、ある程度の共通した特徴は持っているものの、それ以外の点ではかなり異なっていることが多い。例えば、ある木本と多年草が同じ科に属していたとする。互いに花の構造や葉の並びはよく似ているのに、密接な関連性があると言える要素は遺伝子レベルにしか見られないということがよくある。

　植物は世界中に分布し、多くの科の植物をさまざまな地域で見ることができる。化石記録を調べると、植物がどのように誕生し、大陸の分裂と再形成に伴ってどのように広がっていったか、また、その過程でどのように進化し、行く先々のさまざまな気候や風土に適応できるようになったかが明らかになる。例えば、モクレン属はアジア大陸とアメリカ大陸を中心に分布しており、これらの植物は遺伝的には近い類縁関係にある。しかし両大陸のグループを比較すると、その見た目や性質は大きく異なっていることが分かる。

　ここでは、被子植物、裸子植物、シダ類、蘚苔類から主要な科を70以上取り上げ、その概要を目のアルファベット順に記載した。それぞれの概要には、その科の特徴をよく表す属の植物画を載せている。また、1つの科に多様な植物が含まれていることを説明するため、その科に分類される植物の写真も数点掲載した。

リーキ
Allium ampeloprasum

Alismatales オモダカ目

サトイモ科
Araceae

極めてありふれた水草であるウキクサ亜科（Lemnoideae）が属しているため、ほぼ世界中に分布していると言える。熱帯地域では最も多くの種類が見られる。サトイモ科のあらゆる種には、毒素であるシュウ酸カルシウムの結晶が含まれている。そのため、食用として広く栽培されているサトイモ（Colocasia esculenta）などを調理する際には、毒素を取り除くよう注意する必要がある。肉穂花序の小さな花を包む仏炎苞を持つものがほとんどで、仏炎苞は普通葉の色とは異なる場合が多い。花が終わると、多肉質の液果を実らせるものもある。観葉植物として人気の高いモンステラ（Monstera deliciosa）は、甘い香りの果実をつける。

ブラック・カラー *Arum palaestinum*
ウォルター・フィッチ画、『カーティス・ボタニカル・マガジン』（1865年）

ショクダイオオコンニャク
Amorphophallus titanum

オオベニウチワ
Anthurium andraeanum

オランダカイウ
Zantedeschia aethiopica

アグラオネマ属の一種
Aglaonema sp.

Apiales　セリ目

セリ科
Apiaceae (Umbelliferae)

多年草が中心で、高木や低木はわずかである。ほぼ世界中に分布し、葉は複葉、花序は散形花序のものが多い。身近な野菜や香草、香辛料、観賞植物が多数この科に含まれる。ニンジン（*Daucus carota* subsp. *sativus*）やパースニップ（*Pastinaca sativa*）は主要な商品作物だが、他の種にも、食用に適した塊茎（主にデンプン質）、葉、種子を持つ有益な食用作物がある。セロリ（*Apium graveolens* var. *dulce*）は茎の部分を食べるために栽培される。主に欧州沿岸地域に生育し、アメリカの帰化植物にもなったシー・ホーリー（*Eryngium maritimum*）は、かつては媚薬効果があると信じられていた。

セイヨウウマノミツバ（左上）、セロリ（右、左下）
Sanicula europae, Apium graveolens
フリードリヒ・ロッシュ画、『薬草図鑑 薬用植物の図説』（1905年）

イタリアンパセリ
Petroselinum crispum var. *neapolitanum*

シャク
Anthriscus sylvestris

イノンド
Anethum graveolens

マツカサアザミ
Eryngium giganteum

Aquifoliales モチノキ目

モチノキ科
Aquifoliaceae

モチノキ属のみからなる単型の科である。熱帯全域で見られるが、主要な種の一部は温帯に生育する。高木および低木の常緑樹と落葉樹が混在し、雄花と雌花は別々の木につくことが多い。単葉で、葉によっては縁が鋸歯状やとげ状となっている。赤や茶色、または黒色の液果を実らせ、果実の中に堅い種子を含む。モチノキ属（*Ilex* spp.）の一員であるセイヨウヒイラギなどは、実のついた枝がフラワーアレンジメントや祭事のリース飾りによく利用される。庭園用にさまざまな種が広く栽培されており、特にとげのある葉は密集させて生垣にするのに適している。地域によっては収穫後の若葉を乾燥させて茶葉にすることもある。

タラヨウ *Ilex latifolia*
ウォルター・フィッチ画、『カーティス・ボタニカル・マガジン』(1866年)

モチノキ属の一種
Ilex mucronata

マテチャ
Ilex paraguariensis

セイヨウヒイラギ
Ilex aquifolium

Arecales ヤシ目

ヤシ科
Arecaceae

熱帯全域にわたって見られ、一部の種は温暖な気候の地域でも生育する。高木と低木があり、中にはつる性のものもある。通常は枝分かれすることなく幹だけが伸び、幹の頂部から螺旋状に葉が生える。トウ属（*Calamus*）のように、一部の属はとげを持つ。ヤシ科は食料としてだけでなく住居や道具の材料にもなるため、あらゆる科の中でも最も実用的であるとされている。さらに、ココヤシ（*Cocos nucifera*）は種子の果肉を食用としたり、ヤシ油を原料として食品や化粧品を精製したりするために使われる。また、その過程でとれる繊維（コイア）からは敷物やロープをつくることもできるため、あらゆる農作物の中で最も重要な作物の1つと見なされている。ナツメヤシ（*Phoenix dactylifera*）からは糖度の高い果実が穫れる。

ビンロウジュ *Areca catechu*
ケーラー『薬用植物』（1890年）

ココヤシ
Cocos nucifera

ワジュロ
Trachycarpus fortunei

ナツメヤシ
Phoenix dactylifera

Asparagales キジカクシ目

ヒガンバナ科
Amaryllidaceae

球根植物や多肉質の根を持つ多年草からなる大きな科で、世界中に多数の種が分布する。花はほとんどが6枚の花被片を持つ筒状花で、一輪咲きの場合もあるが通常は房咲き。幾何学的な形が特徴的な花もある。ネギ亜科（*Allioideae*）、ヒガンバナ亜科（*Amaryllidoideae*）、アガパンサス亜科（*Agapanthoideae*）の3亜科に分けられる。ネギ亜科には、食用タマネギや観賞用タマネギとして栽培されるネギ属（*Allium*）および、この近縁種が含まれる。以前の分類体系では、ネギ亜科そのものが独立してネギ科（*Alliaceae*）とされていた。数千年前から栽培されてきたものが多い。ヒガンバナ亜科には、クンシラン属（*Clivia*）、スイセン属（*Narcissus*）、ネリネ属（*Nerine*）などのよく知られた花がある。有毒な種も一部にはあるが、庭園や室内観賞用として高い人気を誇る。アガパンサス亜科は、南アフリカ原産のアガパンサス属（*Agapanthus*）のみで構成される。

ヒッペアストルム・パルディヌム（アマリリス・パルディナ）
Hippeastrum pardinum (syn. *Amaryllis pardina*)
ウォルター・フィッチ画、『カーティス・ボタニカル・マガジン』（1867年）

ラッパスイセンの交配種
Narcissus pseudonarcissus hybrid

ウケザキクンシラン
Clivia miniata

ホンアマリリス
Amaryllis belladonna

アリウム"パープルセンセーション"
Allium 'Purple Sensation'

Asparagales　キジカクシ目

キジカクシ科
Asparagaceae

さまざまな植物からなるこの科は、球根植物や多肉植物を含む多年性の草本が大部分を占めており、樹木やつる植物は少ない。世界中のほぼあらゆる地域で生育する。7亜科に分けられるが、分類体系によってはそれぞれ独立した科と見なされることもある。キジカクシ科には、木質化する茎を持ち、祖先が化石化した状態で発見されたキミガヨラン属（*Yucca*）、多肉で先端の尖った葉が特徴的で、地表からロゼット状に生えるリュウゼツラン属（*Agave*）、また、おなじみのヒヤシンス属（*Hyacinth*）などがある。食用とされるものもあり、クサスギカズラ属（*Asparagus*）の春野菜であるアスパラガスや、北アメリカ先住民の間に伝わるカマシア属（*Camassia*）などが知られている。ハラン属（*Aspidistra*）やスズラン属（*Convallaria*）は観賞用として人気が高く、サイザルアサ（*Agave sisalana*）は、その繊維が多くの実用品に利用されている。

アスパラガス *Asparagus officinalis*
オットー・ヴィルヘルム・トーメ画、『ドイツ、オーストリア、スイスの植物』（1885年）

ムラサキギボウシ
Hosta ventricosa

アガベ・パリー
Agave parryi

ニオイシュロラン
Cordyline australis

ヒヤシンス
Hyacinthus orientalis

Asparagales キジカクシ目

ツルボラン科
Asphodelaceae

ツルボラン科は、多年草、高木と低木、つる植物などのさまざまな種類からなり、ツルボラン亜科（*Asphodeloideae*）、ススキノキ亜科（*Xanthorrhoeoideae*）、キスゲ亜科（*Hemerocallidoideae*）の3亜科に分けられる（これらは分類体系によっては異なる科に分類される）。花は左右相称花となるものも含めて、通常6枚の花被片で構成される。花弁が基部で合着する種も見られる。多肉植物のアロエ・ベラ（*Aloe vera*）からは樹液を抽出でき、化粧品や医療目的に広く利用されている。庭園植物として人気の高いワスレグサ（*Hemerocallis*）からは多数の交配種が誕生しており、米国でも多くの品種が栽培されている。花によっては強い香りを持つ。マオラン（*Phormium tenax*）はかつて重要な繊維作物とされていたが、現在では観賞用としての人気が上回っている。

ススキノキ *Xanthorrhoea resinosa* (syn. *X. hastilis*)
ルイ・ヴァン・ホウテ画、『ヨーロッパの植物』（1853年）

リュウリン
Haworthia tessellata

アロエ・ベラ
Aloe vera

トリトマの一種
Kniphofia sp.

ゼンテイカの基本亜種
Hemerocallis dumortieri

Asparagales キジカクシ目

アヤメ科
Iridaceae

アイリス科の起源は地球でも最南端の地域と言われており、そこから世界中に広まったとされている。分子レベルでの調査の結果、いくつかの種に対して同科の別の属への再分類が行われた。その1つであるアシダンセラ属（*Acidanthera*）は、再分類によって現在のグラジオラス属（*Gladiolus*）に統合されている。アイリス科は根茎、鱗茎、球茎から育つ多年草が中心で、まれに低木も見られる。観賞植物として人気のある品種が多く、特にアヤメ属（*Iris*）、フリージア属（*Freesia*）、グラジオラス属（*Gladiolus*）は、花き産業で重要な位置を占める。サフラン（*Crocus sativus*）の柱頭からは香辛料が作られるため、商業目的で栽培される。ニオイアヤメ（*Iris pallida*）から作られるデンプンは、かつて薬や香水の保留剤に使用されていた。

ナザレアイリス *Iris bismarckiana*
マチルダ・スミス画、『カーティス・ボタニカル・マガジン』（1904年）

シベリアンアイリス
Iris sibirica

クロッカス・ゴウリミー
Crocus goulimyi

アビシニアン・グラジオラス
Gladiolus murielae

Asparagales キジカクシ目

ラン科
Orchidaceae

ラン科は被子植物の中で最大の科とされ、最も多くの維管束植物で構成される。世界中に分布し、熱帯地域では特に多様性に富む。通常は多年草の地生または着生植物だが、まれにつる植物も見られ、根は肥大化して偽鱗茎となる。花は3枚の萼片と左右不等形の3枚の花弁からなり、人目を引く大きな花を咲かせる種が多い。その特徴的な模様も、ポリネーター（花粉媒介者）を自身に引きつけるために役立っている。受粉の仕組みが複雑なため、一般的に他家受粉が行われる。人気のコチョウラン属（*Phalaenopsis*）やシンビジウム属（*Cymbidium*）などと並ぶ多くの属が人工受粉によって誕生し、観賞用として流通している。香料に使用されるバニラは、バニラ属（*Vanilla*）の植物を原料とする。ラン科には種子に栄養のある種がほとんどないため、初期成長時に必要な栄養は菌類からの補給に頼っている。

アーリー・パープル・オーキッド *Orchis mascula*
ジャン・コップス他画、『バタヴィアの植物』（1885年）

ピラミダル・オーキッド
Anacamptis pyramidalis

アセンセラ "アン・ブラック"
Aranthera 'Anne Black'

シンビジウム・アロイフォリウム
Cymbidium aloifolium

ファレノプシス・スチュアーティアナ
Phalaenopsis stuartiana

Asterales キク目

キク科
Asteraceae

その花を見れば一目で科が分かるほど、キク科の花は特徴的なつくりを持つ。世界中のほぼどの地域でも見られるが、砂漠地域に特に多い。1個の「花」のように見える部分は、実際には多数の花からなる頭状花序である。個々の花となるのは小さな筒状花か、または花弁のような姿をした舌状花で、多くは筒状花と舌状花の両方で構成される。キク科は植物の科の中でも最大の部類とされ、高木、低木、つる植物、また、庭園などでよく見られるシオン属（*Aster*）やキク属（*Chrysanthemum*）など、草丈の高い1年草や多年草も含まれる。食用とされる種にはレタス（*Lactuca sativa*）やアーティチョーク（*Cynara cardunculus* var. *scolymus*）などがあり、ニガヨモギ（*Artemisia absinthium*）は、リキュールの1つであるアブサンの香りづけに用いられていた。

ホーリー・タンジーアスター（ホーリー・アスター）
Dieteria canescens (syn. *Diplopappus incanus*)
サラ・アン・ドレーク画、『エドワードのボタニカル・レジスター』（1835年）

カルドン
Cynara cardunculus

ヒマワリ
Helianthus annuus

アルペン・アスター
Aster alpinus

セイヨウタンポポ
Taraxacum officinale

Asterales キク目

キキョウ科
Campanulaceae

キキョウ科は世界中に広く分布するが、その大半を占める木本および草本植物は温暖な地域で見られることが多い。通常は5枚の花弁が合着した合弁花である。ほとんどがカップ状で咲くが、花弁がほぼ独立して平らな花型で咲くものもある。茎を切ると白い乳液が出る。ホタルブクロ属（*Campanula*）の中には食べられる葉を持つ種が多いが、通常は涼しい気候で観賞用として栽培されている。ミゾカクシ属（*Lobelia*）もまた、夏の植えつけに適した花として人気が高い。ホタルブクロ属、ミゾカクシ属の栽培品種は、そのほとんどが青い花を持つ。他の属には、多くはないが根や果実が食用に適する種も存在する。

カンパニュラ・パリダ（カンパニュラ・カロラータ）
Campanula pallida (syn. *C. colorata*)
ウォルター・フィッチ画、『カーティス・ボタニカル・マガジン』（1851年）

タマシャジン
Phyteuma orbiculare

コドノプシス・クレマチデア
Codonopsis clematidea

キキョウ
Platycodon grandiflorus

ソバナ
Adenophora remotiflora

Boraginales ムラサキ目

ムラサキ科
Boraginaceae

ムラサキ目を構成する唯一の科であるムラサキ科は、1年草、多年草、高木、低木、つる植物からなり、ほぼ全世界に分布する。カリフォルニアの砂漠に自生する寄生植物のサンドフード（*Pholisma sonorae*）は、食用とされる他の植物の塊根から栄養を吸収して育つ。ムラサキ科の植物のほとんどは葉が剛毛に覆われ、5枚の花弁を持つ。多くがアルカロイドを含んでいるため、伝統医学に広く使われている。また、果実や根が食べられるものもある。一般に庭などで見られる草本のヒレハリソウ（*Symphytum officinale*）は、かつて湿布薬として怪我の治療に使われていた歴史を持つ。ボリジ（*Borago officinalis*）の花はキュウリのような風味があり、現在もつけ合わせ用のカクテルに利用されたり、種油を漢方に使う目的で商業的に栽培される。色素を染料にできる種もいくつかあり、アルカネット（*Alkanna tinctoria*）もその1つである。

ボリジ *Borago officinalis*
アメデ・マスクル画、『フランスの植物図鑑』（1893年）

アメリカチシャノキ
Cordia sebestena

ノハラムラサキ
Myosotis arvensis

アルカネット
Alkanna tinctoria

ヒレハリソウ
Symphytum officinale

Brassicales アブラナ目

アブラナ科
Brassicaceae

熱帯地域の一部を除き、世界中に広く分布する。草本や低木がほとんどで、小低木やつる植物もわずかに含まれる。辛味成分であるグルコシノレートからはマスタードオイルが作られるほか、食用として、または香辛料の原料として広く知られる植物が多い。花は4枚の花弁がそれぞれ対になって十字架状に咲く。食べることのできる品種は、その多くが商品作物として栽培されている。ケール（*Brassica oleracea*）には、キャベツ、ブロッコリー、ハボタンなど多くの栽培品種が含まれる。他にも、ルタバガ（*Brassica napus* L. ver. *napobrassica*）やカブ（*Brassica rapa* var. *glabra*）などの根を食べられる種や、一般的に菜種と称されるセイヨウアブラナ（*B. napus*）やアブラナ（*B. rapa*）などのように、飼料、植物油、バイオ燃料に利用される種もある。人気の高いいくつかの観賞用植物と並んで、ホソバタイセイ（*Isatis tinctoria*）はかつて青色の染料に用いられた。

シロガラシ *Brassica alba*
ヨハン・ジェイコブ・ハイド画、ヨハン・ヴィルヘルム・ヴァインマン『薬用植物図譜』（1735〜1745年）

アラセイトウ属の一種
Matthiola fruticulosa

セイヨウアブラナ
Brassica napus

キャベツ
Brassica oleracea

Caryophyllales ナデシコ目

ヒユ科
Amaranthaceae

世界中に分布するが、暖温帯や亜熱帯地域では最も多様な種が生育する。主に草本や低木からなり、花は集散花序、頭状花序または穂状花序につく。経済的にはビーツ（*Beta vulgaris* subsp. *vulgaris*）が最も重宝されており、テンサイ（*Beta vulgaris* var. *altissima*）もサトウキビと同じように砂糖の原料に利用できるため、重要な作物である。南米が原産のキヌア（*Chenopodium quinoa*）は健康食品として人気が高く、塩湿地に自生するアッケシソウ属（*Salicornia*）の種は、高価な野菜として市場に流通する。葉に豊富な鉄分を含むホウレンソウなどの種もヒユ科に属し、観賞植物としてはアマランサス属（*Amaranthus*）、ケイトウ属（*Celosia*）の人気が高い。

イヌビユ *Amaranthus blitum*
ジャン・コップス他画、『バタヴィアの植物』（1846年）

センニチコウ
Gomphrena globosa

ヒモゲイトウ
Amaranthus caudatus

ホウレンソウ
Spinacia oleracea

Caryophyllales ナデシコ目

サボテン科
Cactaceae

南北アメリカに自生するが、例外としてリプサリス属の糸葦（*Rhipsalis baccifera*）だけは熱帯アフリカや南アジアに生息する。主に独特の形をした高木、低木、つる植物からなり、一部に着生植物を含む。茎は多肉質で、球状、柱状、直立茎やよじ登り茎などが見られ、時に群生する。茎は節で区切られていたり、茎節が平らになっている場合がある。表面が滑らかな種もあるが、種によっては脈が入っていたり、とげが生えていたりする。とげの長さもさまざまで、形状も針のように鋭いものや、毛のように細いものがある。人目を引く大きな花を咲かせる種が多い。ウチワサボテン（*Opuntia ficus-indica*）のように果実を食べられる種や、ペヨーテ（*Lophophora williamsii*）のように幻覚剤の原料となる種も存在する。多くは観賞植物としての人気が高く、温暖な地域の一部では野生化して帰化種となった。

キンヒモ（ディソカクツス・フラゲリフォルミス）
Disocactus flagelliformis (syn. *Cactus flagelliformis*)
ゲオルク・エーレット画、『植物選集図譜』(1752年)

キンエボシ
Opuntia microdasys

ベンケイチュウ
Carnegiea gigantea

アルゼンチン・ジャイアント
Echinopsis candicans

ゲッキュウデン
Mammillaria senilis

Caryophyllales ナデシコ目

ナデシコ科
Caryophyllaceae

主に1年草と多年草からなり、世界で最も広い分布域を持つ科の1つである。温帯では特にさまざまな品種が生育する一方、南極大陸や標高の高いヒマラヤ山脈など、厳しい環境に耐える種もある。通常5枚の花弁を持つ。カーネーション（*Dianthus caryophyllus*）は、その香りを楽しんだり石鹸(せっけん)を作ったりできるため、古くから人々に栽培されてきた。また、他の種との交配種も数多く誕生し、庭園用や切り花として流通している。ムシトリナデシコ（*Silene viscaria*）は粘着性の葉を持つ種の1つで、それによって自らの害になり得る虫を捕獲する。確実ではないものの、捕らえた虫から栄養を吸収している可能性もあると言われている。

ダイアンサス属の一種 *Dianthus juniperinus* (syn. *Dianthus arboreus*)
フランツ・バウアー画、ジョン・シブソープ、ジェームズ・エドワード・スミス『ギリシャ植物誌』(1825年)

ツルコザクラ
Saponaria ocymoides

アワユキハコベ
Stellaria holostea

シレネ・アルペストリス
Silene alpestris

Caryophyllales ナデシコ目

イソマツ科
Plumbaginaceae

多くはヨーロッパと北アメリカの沿岸地域に分布するが、世界中で生育する。系統としてタデ科（Polygonaceae）の近縁となるイソマツ科は、多年草、低木、つる植物からなり、大きな2つの亜科に加えて、マングローブを構成するアエギアリティス属（Aegialitis）1属からなる亜科との、合計3亜科に分類される。花は5枚の花弁を持ち、通常、中央の花盤から蜜が分泌される。葉の並びは螺旋状。一部の種は観賞植物として栽培される。ケラトスティグマ属（Ceratostigma）は庭園用として広く普及する一方で、ルリマツリ属（Plumbago）の低木は、霜が降りない地域の庭園に植えられることが多い。豊富な花色を誇るスターチス（Limonium sinuatum）などの種は、切り花やドライフラワーにしても色あせずに長持ちする。

ルリマツリモドキ *Ceratostigma plumbaginoides*
植物雑誌『アディソニア』（1920年）

ジャーマン・スターチス
Goniolimon tataricum

ルリマツリ
Plumbago auriculata

ハマカンザシ
Armeria maritima

イソマツ属の一種
Limonium spectabile

Caryophyllales ナデシコ目

タデ科
Polygonaceae

ほぼ世界中に分布するが、ほとんどの種が北半球の温帯に生息し、草本と木本で構成される。花はほぼ両性花で小さく、穂状花序、総状花序、円錐花序、頭状花序でつく。3つの亜科に分けられ、その1つであるシムメリオオイデアエ亜科（Symmerioideae）は、西アフリカ原産のシムメリア・パニキュラータ（Symmeria paniculata）一種のみからなる。タデ科には、食べることができる種と観賞用とされる種がいくつか存在し、ソバ（Fagopyrum esculentum）は古代から栽培されてきた重要な農作物の1つである。ダイオウ属（Rheum）には、ルバーブ（茎を食べることができ、砂糖漬けなどにするとおいしい）や、観賞用となる種も存在する。イタドリ（Fallopia japonica）は侵入性が高く、米国の多くの地域で有害な外来雑草とみなされている。

タデ属の一種 Polygonum vacciniifolium
ルイ・ヴァン・ホウテ画、『ヨーロッパの植物』（1853年）

ルバーブ
Rheum rhabarbarum

イブキトラノオ
Persicaria bistorta

ニセアレチギシギシ
Rumex sanguineus

Cornales ミズキ目

ミズキ科
Cornaceae

北半球の温帯で生育することが多いが、熱帯や南半球の一部でも見られる。常緑性と落葉性の木本植物および、根茎を持つ多年草で構成される。分子解析の結果、ミズキ科はミズキ属（*Cornus*）とその近縁であるウリノキ属（*Alangium*）の2属となったが、それ以前は他の属も含まれる大きな科であった。葉は対生するものがほとんどで、花は頭状花序につく。中には花のような色をした苞を持つものや、花の後に食べられる果実をつけるものがある。セイヨウサンシュユ（*Cornus mas*）の果実はビタミンCが豊富で、オレンジよりも多く含んでいる。一部の樹木は庭園でよく見られ、そのタンニン含有量の多さから、薬としても重宝される。定期的な収穫や刈り込みによって得られるしなやかな茎は、籠の材料として利用できる。

ヒマラヤヤマボウシ（キバナヤマボウシ）
Cornus capitata (syn. *Benthamia fragifera*)
ウォルター・フィッチ画、『カーティス・ボタニカル・マガジン』（1852年）

シラタマミズキ
Cornus alba

セイヨウサンシュユ
Cornus mas

ハナミズキ
Cornus florida

Cucurbitales ウリ目

シュウカイドウ科
Begoniaceae

シュウカイドウ属の一種 *Begonia beddomei*
マチルダ・スミス画、『カーティス・ボタニカル・マガジン』(1884年)

熱帯地域に広く分布し、まれに温帯にも見られる。シュウカイドウ科を構成する2属はほとんどがベゴニア属（*Begonia*）だが、ハワイに固有のヒレブランディア属（*Hillebrandia*）もわずかながら含まれる。主に多肉質の多年草で一部に着生植物を含むが、まれに低木に近いものもあり、種によっては塊茎を形成する。花は単性花で、同じ花序の中に雌花と雄花が混在する。ベゴニア属の中には葉が食用となるものもあるが、多くは観賞植物として栽培されており、現在流通している種のほとんどが複雑な交配を経たものである。鮮やかな色の花を咲かせるシキザキベゴニア（*Begonia semperflorens*）は、花壇に植えるとよく映え、大輪の花が印象的な球根ベゴニア（*Begonia* × *tuberhybrida*）は、雄花の多くに覆輪を持つため一層華やかに見える。葉に魅力的な模様が現れる根茎性ベゴニア（*Begonia rex* など）は、観葉植物とされることが多い。

ベゴニアの園芸品種"エスカルゴ"
Begonia 'Escargot'

ベゴニア・インペリアリス
Begonia imperialis

ベゴニア・レックス
Begonia rex

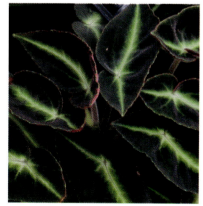

ベゴニア・リスターダ
Begonia listada

Cucurbitales ウリ目

ウリ科
Cucurbitaceae

主に草本と木本のつる植物からなるこの科は、熱帯および亜熱帯で見られることが比較的多く、分子遺伝学的解析によるとアジアが原産とされる。ほとんどの果実が液果で、平らな種子が1個から多数含まれている。ウリ科は果実が食用となるだけでなく、種子から抽出された油を調理やドレッシングに利用できることなどから、経済的に重要な植物が多い。キュウリ（*Cucumis sativus*）は紀元前に栽培が始まり、生であるいは漬物などに加工して食べられてきた。カボチャ属（*Cucurbita*）の中にも野菜として料理に使われる種がいくつかある。ウリ科の薄い皮は器や楽器の材料としても利用され、ヘチマ（*Luffa cylindrica*）からはヘチマスポンジが作られる。

カボチャ属の一種 *Cucurbita digitata*
『園芸雑誌』（1863年）

ナンバンカラスウリ
Momordica cochinchinensis

スイカ
Citrullus lanatus

キュウリ
Cucumis sativus

ユウガオ
Lagenaria siceraria

Dipsacales マツムシソウ目

レンプクソウ科
Adoxaceae

以前は多年草のみで構成されていたが、分子解析の結果、低木もいくらか含まれるようになった。北半球全域に生育するものが多い。葉は対生し、花の後には多肉質の果実をつける。低木の多いニワトコ属（*Sambucus*）やガマズミ属（*Viburnum*）は庭園樹として親しまれ、芳香のある花や、やや酸味のある果実を楽しむこともできる。甘い香りを漂わせるセイヨウニワトコ（*Sambucus nigra*）の花は、コーディアル（シロップ）の原料となる。葉の芳香には防虫作用があるが、樹木そのものにも不思議な力があると信じられており、かつては悪魔から身を守るために使われたという。また、セイヨウニワトコは聖書の中でユダが首を吊った木とされ、その後果実は苦みを帯びるようになったという言い伝えも残っている。

レンプクソウ *Adoxa moschatellina*
ゲオルク・クリスティアン・エーダー他画、『フローラ・ダニカ』（1761〜1883年）

トキワガマズミ
Viburnum tinus

ヤブデマリ
Viburnum plicatum

セイヨウカンボク
Viburnum opulus

セイヨウニワトコ
Sambucus nigra

Ericales ツツジ目

ツツジ科
Ericaceae

常緑性と落葉性の木本および草本を含む多様な種からなる。ほぼ世界中に分布し、土壌中の菌根菌と共生するものが多い。花は通常ベル状かカップ状で咲き、花の後には多肉質の果実をつけるものもある。ヒースと称されるギョリュウモドキ属（*Calluna*）とエリカ属（*Erica*）は、あたり一面に群生することが多く、草食哺乳類や、ポリネーターである昆虫の食料源になる。ギョリュウモドキ属の新芽はかつてホウキや染料として使われていただけでなく、ビールの香りづけにも利用されていた。スノキ属（*Vaccinium*）に分類されるブルーベリーやクランベリーなどの、食用果実をつける属は主要な商品作物となる。庭園用として親しまれてきた植物が多く、特にツツジ属（*Rhododendron*）からはさまざまな交配種が栽培されている。

エリカ・カミッソニス *Erica chamissonis*
ウォルター・フィッチ画、『カーティス・ボタニカル・マガジン』（1874年）

エリカ・カルネア
Erica carnea

ツツジ属の一種
Rhododendron catawbiense

シアノコカス属の一種
Cyanococcus sp.

カルミア
Kalmia latifolia

Ericales ツツジ目

ハナシノブ科
Polemoniaceae

ほとんどが1年草と多年草で、木本植物はごくわずか。北半球に見られるが、アメリカ大陸ではアンデス山脈を南下して広がり、南アメリカ大陸の南端にも生育する。花は皿形または漏斗形で、通常5枚の花弁を持つ。アメリカ先住民は一部の属を石鹸としたり、医学的な効果があると見なして薬としても用いていた。かつてインカ族の間で聖なる花とされたカントゥータ（*Cantua buxifolia*）は、現在ペルーの国花に制定されている。庭園植物の中でとりわけ重要な植物は、フロックス属（*Phlox*）だ。クサキョウチクトウ（*Phlox paniculata*）からはさまざまな園芸品種が作られ花壇をにぎわせているほか、シバザクラ（*P. subulata*）など多くの矮性種は、高山植物の愛好家からの人気が高い。ツルコベア（*Cobaea scandens*）は、1年草のつる植物として栽培されることがほとんどである。

ヨウシュハナシノブ *Polemonium caeruleum*
カール・アクセル・マグヌス・リンドマン画、『北欧の植物図』（1922〜1926年）

ツルコベア
Cobaea scandens

カントゥータ
Cantua buxifolia

フロックス・ディバリカタ
Phlox divaricata

Ericales ツツジ目

サクラソウ科
Primulaceae

主な砂漠地帯以外の世界中に分布する普遍種で、草本および、つる植物の木本やマングローブを構成する木本からなる。葉は螺生葉序のものが多く見られる。通常5枚の花弁を持ち、基部で合着してベル形または壺形の筒状花を形成することが多い。シクラメン属（*Cyclamen*）やサクラソウ属（*Primula*）をはじめとして、重要な園芸種を有する属が多数あり、大規模な交配が実施されたことにより、観賞植物や鉢植え用の幅広い種が作出された。わずかではあるが、医療用に使われるものもある。エンベリア・リベス（*Embelia ribes*）は腸内のガスやサナダムシを排出するため、また、イズセンリョウ属（*Maesa*）の果実は、殺菌作用や腸内の寄生虫への対処を目的として利用されることがある。ジャキニア属（*Jacquinia*）は、マヤ文明の時代に神殿を飾るための花とされた。

プリムラ・カピタータ *Primula capitata*
マチルダ・スミス画、『カーティス・ボタニカル・マガジン』（1887年）

リシマキア・プンクタータ
Lysimachia punctata

イワカガミダマシ
Soldanella alpina

シラクメン・ペルシウム
Cyclamen persicum

プリムローズ
Primula vulgaris

Ericales ツツジ目

ツバキ科
Theaceae

常緑性の高木および低木がほとんどで、アメリカ大陸の熱帯および亜熱帯地域と、東アジアの熱帯および温帯に生育する。花は5枚の花弁が螺旋状に配列するか、一重で輪生する。茶の原料として知られ、世界の主要作物の1つでもあるチャノキ（*Camellia sinensis*）は、中国で初めて栽培された。その後日本へ伝わり、茶道の文化に発展した。ヨーロッパでは茶は高級品とされていたが、インドや世界各地のプランテーションで栽培されるようになった後に価格が低下した。アブラツバキ（*Camellia oleifera*）の種子から抽出される油は茶油と呼ばれ、主に化粧品に使われる。ツバキ属（*Camellia*）には他にも観賞用として知られる品種や、多数の交配種が存在する。ツバキ属以外の8属では、ナツツバキ属（*Stewartia*）は庭木として栽培されることがある。ジョージア州アルカマハ川付近で発見されたフランクリニア属（*Franklinia*）は一種のみで構成される野生絶滅種だが、北アメリカの東海岸ではまだ多くの庭園で見ることができる。

チャノキ *Camellia sinensis*
ジョン・ミラー画、『茶の博物誌』（1799年）

サザンカ
Camellia sasanqua

ヒサカキ
Eurya japonica

ナツツバキ
Stewartia pseudocamellia

アメリカツバキ
Franklinia alatamaha

Fabales マメ目

マメ科
Fabaceae

マメ目の中でも優勢なこの科は、木本および草本で構成され、つる性の場合は巻きつき型と巻きひげ型が多い。ほぼ世界中に分布する。花弁は通常5枚で、旗弁1枚と側弁2枚、そして唇弁2枚が合着して竜骨弁となる。マメ科の多くは根に根粒を形成し、根粒菌と共生することで空気中の窒素を固定し養分にできるため、緑肥作物として利用されるものもある。ほとんどの種が豆果と呼ばれる果実をつけ、野菜として生で、または乾燥させて食べられている。ダイズ（*Glycine max*）は最も重要な品種であり、ラッカセイ（*Arachis hypogaea*）が次に続く。観賞植物としては、キングサリ属（*Laburnum*）、レンリソウ属（*Lathyrus*）（特にスイートピー〈*Lathyrus odoratus*〉が有名）、フジ属（*Wisteria*）などが広く知られている。ゲンゲ属（*Astragalus*）は維管束植物の中で最も大きな属とされ、ゲンゲ属に分類される属は2000を超える。

エンドウ *Pisum sativum*
オットー・ヴィルヘルム・トーメ画、『ドイツ、オーストリア、スイスの植物』（1885年）

ダイズ
Glycine max

ゴールデンシャワー・ツリー
Cassia fistula

シナフジ
Wisteria sinensis

ムラサキツメクサ
Trifolium pratense

Fagales ブナ目

カバノキ科
Betulaceae

北半球を中心に、一部は熱帯の山地にも分布する。落葉性の高木および低木からなり、葉は通常、鋸歯状の葉縁を持つ互生葉序になる。雄花は尾状花序を形成して垂れ下がり、短い尾状花序を形成する雌花は、上向きにつく場合もある。カバノキ属（*Betula*）の樹木は森林地帯でよく見られるが、庭園用や街路樹、もしくは都市の景観づくりのためなど、観賞用としても植えられている。カバノキ属やハンノキ属（*Alnus*）は家具の材木として使われることが多く、クマシデ属の一種の *Carpinus betulus* は生け垣に適している。ヘーゼルナッツを実らせるセイヨウハシバミ（*Corylus avellana*）とトルコハシバミ（*C. colurna*）、また、フィルバート（ヘーゼルナッツの一種）をつけるムラサキセイヨウハシバミ（*C. maxima*）は、いずれも貴重な果樹である。

アメリカミズメ *Betula lenta*
ケーラー『薬用植物』（1890年）

アイアンウッド
Ostrya virginiana

ハシバミ属の一種
Corylus sp.

アメリカシラカンバ
Betula papyrifera

Fagales　ブナ目

ブナ科
Fagaceae

ヨーロッパブナ *Fagus sylvatica*
アメデ・マスクル画、『フランスの植物図鑑』(1893年)

落葉性または常緑性の高木がほとんどで、低木はめったに見られない。主に北半球の温帯に分布するが、熱帯地域に生息するものもある。通常は互生葉序で、葉が葉毛に覆われているものが多い。堅果の果実には殻斗と呼ばれる堅い苞がつき、殻斗はドングリのように椀状となって一部を覆うものと、栗のように果実全体を覆うものとがある。クリ属（*Castanea*）のヨーロッパグリ（*Castanea sativa*）は古代ローマの時代に北ヨーロッパへ伝わり、現在も森林ではよく見られる。時にトリュフがその根元に発生することもある。クリ属の種には、他にも果実を食用にできるものがある。コナラ属（*Quercus*）の樹木（オーク）から採れるドングリは、飢饉や災害時の代用食物とされたり、豚の飼料に使われる。オークやブナ属（*Fagus*）は、木材としての利用価値も高い。

ヨーロッパナラ
Quercus robur

ヨーロッパブナ
Fagus sylvatica

マテバシイ属の一種
Lithocarpus dealbatus

ヨーロッパグリ
Castanea sativa

Fagales　ブナ目

クルミ科
Juglandaceae

クルミ科は落葉性と常緑性の高木および低木で構成され、北半球全域で生育するが、南半球の一部でも見られる。葉は通常、羽状複葉で互生し、小葉に独特な香りを持つ。円錐花序の花は垂れ下がり、花の後には食用になる堅果を実らせるものが多い。テウチグルミ（*Juglans regia*）の果実（クルミ）は、種子を食用にできるだけでなく、実から油も採取できるため、古くから栽培されてきた。殻も染料として使われる。テキサス州の州木であるペカン（*Carya illinoinensis*）は、ペカンナッツと呼ばれる種子をつけ、クルミと同じような利用価値を持つ。クルミ科の多くは、その重厚な木目や優れた耐久性により、木材としても重宝される。

テウチグルミ *Juglans regia*
園芸雑誌『ベルギーの園芸、庭園と果樹園の雑誌』（1853年）

クルミ属の一種
Juglans sp.

シャグバークヒッコリー
Carya ovata

コーカサスサワグルミ
Pterocarya fraxinifolia

Gentianales リンドウ目

キョウチクトウ科
Apocynaceae

北極圏から熱帯までの幅広い地域に分布する多様な科で、木本と草本で構成される。また、サボテンのような見た目の多肉植物も含まれる。茎を切ると透明もしくは乳状の液が流れるが、これはゴムの原料として使われる。花弁は5枚で、良い香りのするものがほとんどだが、中にはそうでないものもある。キョウチクトウ科の中には、種子に毒性があっても果実を食べられる種と、根や塊茎を食用にできる種がある。有毒種が多いことで知られ、アルカロイドを含有するものには医療用として利用できるものがあるが、それ以外のものは毒性が強すぎる。藍色の染料がとれる種もいくつかあり、アイカズラ（*Marsdenia tinctoria*）もその1つである。インドソケイ属（*Plumeria*）のプルメリアは、低木、高木ともに観賞植物として熱帯地域での人気が高い。

バシクルモン属の一種（現在のオオトウワタ）
Apocynum virginianum erectum (now *Asclepias syriaca*)
ジョヴァンニ・バッティスタ・モランディ画、『庭園の植物画と植物採集』（1748年）

オウサイカク
Stapelia gigantea

サクララン
Hoya carncsa

プルメリア・オブツサ
Plumeria obtusa

Gentianales リンドウ目

アカネ科
Rubiaceae

木本と草本からなるこの科は、極地や乾燥の続く砂漠地帯を除く地域に生育し、とりわけ熱帯多雨林ではさまざまな種が見られる。葉は単葉で、通常は対生か、(見かけ上の)輪生になる。花の下に苞がつき、種によっては大きくて明るい色をしたものもある。コーヒーノキ属(*Coffea*)は、世界で最も主要な農作物の1つと言える。栽培地域の気候や高度によってさまざまな種が栽培され、その種子がコーヒー豆となる。キナノキ属(*Cinchona*)の中には樹皮にキニーネを含む種がいくつかあり、これらは医薬品として利用されたり、インドが発祥と言われるトニックウォーターに風味づけとして使われる。芳香性の白い花を咲かせるクチナシ(*Gardenia augusta*)は、鉢植え用として人気が高い。

セイヨウアカネ *Rubia tinctorum*
ケーラー『薬用植物』(1890年)

コーヒーノキ
Coffea arabica

ヤエヤマアオキ
Morinda citrifolia

イクソラ・コッキネア
Ixora coccinea

クチナシ
Gardenia jasminoides

Geraniales フウロソウ目

フウロソウ科
Geraniaceae

1年草、多年草、低木を含む5属で構成され、主に温帯および標高の高い熱帯地域に生育する。植物の茎や葉には毛が密集し、芳香性のものもある。一部には多肉植物や、球茎をつくる種も含まれる。花弁は通常5枚。南アフリカ原産のテンジクアオイ属（*Pelargonium*）には極めて多様な種が存在し、大規模な交配が次の5種（テンジクアオイ〈*P. inquinans*〉、モンテンジクアオイ〈*P. zonale*〉、ペラルゴニウム・ククラツム〈*P. cucullatum*〉、ペラルゴニウム〈*P. grandiflorum*〉、ツタバゼラニウム〈*P. peltatum*〉）間で行われてきた。その結果として数千の栽培種が誕生し、鉢植えに適した品種として世界中で人気を博している。他にも、ニオイテンジクアオイ（*Pelargonium graveolens*）をはじめとする品種から採られた油は、香水や料理の香りづけに使われる。フウロソウ属（*Geranium*）やオランダフウロ属（*Erodium*）の品種や園芸品種は、庭園で一般的に見ることができる。

ゲラニウム・ルキダム（左）とゲラニウム・ロベルチアヌム（右）
Geranium lucidum and *G. robertianum*
カール・アクセル・マグヌス・リンドマン画、『北欧の植物図』（1922〜1926年）

オランダフウロ
Erodium cicutarium

フェアエレン・ゼラニウム
Pelargonium quercifolium

アケボノフウロ
Geranium sanguineum

Lamiales シソ目

キツネノマゴ科
Acanthaceae

主に多年草、低木、つる植物からなり、常緑性の高木やマングローブを構成する木本もわずかに含まれる。ほとんどの属は熱帯地域で生育するが、まれに温帯で見られるものもある。花は5枚の花弁を持ち二唇形となることが多く、花冠は時に曲線または波状を描く。ほぼ全ての花に、大きく華やかな苞がつく。ウコンサンゴバナ（*Pachystachys lutea*）やヤハズカズラ（*Thunbergia alata*）など、庭園用や室内用の鉢植えとして人気のある品種が多数存在する。アカンサス（*Acanthus mollis*）とトゲハアザミ（*Acanthus spinosus*）の分裂葉は建築のモチーフに使われることが多く、古代ギリシャのコリント式柱頭に見られる装飾は、このモチーフを最初に使用した例とされる。アカンサス模様はその後古代ローマにも受け継がれ、現在も世界中で見ることができる。

トゲハアザミ *Acanthus spinosus*
ハンス・シモン・ホルツベッカー画、『ゴットオフの写本』（1649～1659年）

ムラサキルエリア
Ruellia tuberosa

ベンガルヤハズカズラ
Thunbergia grandiflora

アカンサス
Acanthus mollis

コエビソウ
Justicia brandegeeana

Lamiales シソ目

ノウゼンカズラ科
Bignoniaceae

熱帯地方の全域にわたって分布し、一部は暖温帯でも見られる。主に常緑性の高木、低木、多年草およびつる植物からなり、つる植物には巻きつき型と宿主に葉巻きひげを絡ませるものがある。通常、葉は対生する。花は二唇形で、5枚の花弁が合着して上裂片2裂と下裂片3裂の花冠をつくり、トランペットのような特徴的な漏斗型で咲く。一部の種は木質で大きい果実をつける。フクベノキ（*Crescentia cujete*）は、器や楽器の材料として利用される。他にも、薬としての効能を持つ種や、それほど多くはないが、幻覚効果がある種、媚薬効果があるとされる種が含まれる。キササゲ属（*Catalpa*）、ジャカランダ属（*Jacaranda*）、ノウゼンカズラ属（*Campsis*）は、その花の美しさで高い人気を誇る庭園植物である。

ハリミノウゼン（リンドレイツリガネ）
Bignonia callistegioides (syn. *Clytostoma callistegioides*)
メアリー・エミリー・イートン画、植物雑誌『アディソニア』（1932年）

モモイロノウゼン
Tabebuia rosea

アメリカキササゲ
Catalpa bignonioides

キンレイジュ
Tecoma stans

ジャカランダ
Jacaranda mimosifolia

Lamiales シソ目

イワタバコ科
Gesneriaceae

主に熱帯地域を中心に生息し、温帯で見られるものもわずかにある。多年草、低木や小低木、つる植物で構成される。中には岩肌や他の樹木に着生する種もあるが、通常は多肉植物または多肉質の葉を持つ植物で、茎には毛が密集する。4枚または5枚の花弁を持つ花は二唇形となることが多いが、形はさまざまである。カルセオラリア属（*Calceolaria*）のように、下裂片が細長い袋状になる種や、筒状、漏斗型、鐘型、カップ状で咲く種、あるいは平らに咲く種もある。庭園用や屋内観賞用としても、さまざまな種が広く知られている。例えば、カルセオラリア属（*Calceolaria*）の交配種であるキンチャクソウ、オオイワギリソウ属（*Sinningia*）の園芸品種であるグロキシニア、セントポーリア属（*Saintpaulia*）の交配種のセントポーリア、ストレプトカーパス属（*Streptocarpus*）の園芸品種などがある。

スミシアンサ・ゼブリナ *Smithiantha zebrina*
ウォルター・フィッチ画、『カーティス・ボタニカル・マガジン』（1842年）

セントポーリアの園芸品種 "ブライト・アイズ"
Saintpaulia 'Bright Eyes'

レースフラワーバイン
Episcia dianthiflora

ミクロキリタ属の一種
Microchirita lavandulacea

Lamiales シソ目

シソ科
Lamiaceae

世界中に分布し、主に1年草、2年草、多年草植物で構成されるが、木本も含まれる。葉は通常対生し、若い茎のほとんどは、切ったときの断面が四角い。また、芳香のある油を蓄えた腺毛を持つ種が多い。花は花弁が合着して二唇形の花冠となり、中には大きくて花弁のように見える苞がついているものもある。シソ科には調理用の有名な香草として、ハッカ属（*Mentha*）の交配種であるミント、バジルとして知られるメボウキ（*Ocimum basilicum*）、オレガノ（*Origanum vulgare*）など多数が存在する。ラベンダーと称されるラベンダー属（*Lavandula*）、ベルガモットと称されるヤグルマハッカ属（*Monarda*）の数種からは芳香のある精油が採れ、化粧品に利用される。アキギリ属（*Salvia*）の中ではセージ（*Salvia officinalis*）が香辛料として使われるだけでなく、観賞用としても幅広い庭園植物が挙げられる。チークノキ（*Tectona grandis*）は、木材として使うために熱帯で栽培される。

ラミウム・ガレオブドロン（ツルオドリコソウ）
Lamium galeobdolon (syn. *Galeobdolon luteum*)
ウィリアム・バクスター画、『英国顕花誌』（1834〜1843年）

ラベンダー
Lavandula angustifolia

マルバハッカ
Mentha suaveolens

コガネバナ
Scutellaria baicalensis

ローズマリー
Rosmarinus officinalis

Lamiales シソ目

モクセイ科
Oleaceae

つる植物を含む木本からなり、ほぼ世界中に分布する。葉は対生葉序。花は通常4枚の花弁を持つが、ソケイ属（*Jasminum*）の一部に見られるように、5枚以上となる場合もある。オリーブ（*Olea europea*）の果実には油分が豊富に含まれているため、重要な農作物として昔から温暖な地域で栽培されてきた。食用として果実を収穫した場合、まず初めに苦みを取り除く処理が施される。オリーブの枝をくわえた白い鳩は、平和の象徴として世界的に知られている。庭園植物としては、レンギョウ属（*Forsythia*）や、ライラックの属するハシドイ属（*Syringa*）がよく見られる。ジャスミンを含むソケイ属（*Jasminum*）も人気があり、芳香を持つ種は香水やフレーバーティーに香りを利用するため、商業的に栽培される。セイヨウトネリコ（*Fraxinus excelsior*）は、材木資源としての需要が高い。

オリーブ *Olea europaea*
ピエール＝ジョゼフ・ルドゥーテ画、『フランス樹木誌』（1812年）

マツリカ
Jasminum sambac

ハシドイ
Syringa reticulata

オスマンツス・バークウッディ
Osmanthus x burkwoodii

マルバアオダモ
Fraxinus sieboldiana

Lamiales シソ目

オオバコ科
Plantaginaceae

乾燥地帯を含むほぼ世界中に分布し、木本、草本、沈水植物のさまざまな種からなる、多様な科である。花はカップ状、鐘状、漏斗型、または上裂片2裂と下裂片2裂の二唇形を形成する。医療用として重要な種もある。ジギタリス属（*Digitalis*）に含まれる成分は猛毒とされるが、強心剤であるジギトキシンの原料として使われる。エダウチオオバコ（*Plantago afra*）は下剤、便秘に効果がある。観賞植物としては、キンギョソウ属（*Antirrhinum*）やウンラン属（*Linaria*）、イワブクロ属（*Penstemon*）などが親しまれ、これらの属からは多数の交配種も作出されている。地下茎を広げ、地際だけでなく地表下にも葉を叢生するブラジル固有のフィルコクシア属（*Philcoxia*）は、腺で線虫を捕らえて消化する食虫植物である。

オオバコ属の一種 *Plantago neumannii*
ヤーコブ・シュトルム、ヨハン・ヴィルヘルム・シュトルム画、『ドイツの野生植物図鑑』（1841〜1843年）

ヒメルリトラノオ
Veronica spicata

グロブラリア・コルディフォリア
Globularia cordifolia

オオバコ
Plantago asiatica

ジギタリス
Digitalis obscura

Lamiales シソ目

ゴマノハグサ科
Scrophulariaceae

ゴマノハグサ科は、極地や砂漠地域を除く世界中に広く分布する。DNAシークエンシングを用いた解析の結果、他の科が繰り入れられたことによって、草本や低木（落葉性および常緑性）および、わずかながら木本やつる植物も含まれる科となった。花は通常5枚の花弁が合着して、筒状、鐘状、トランペット形、もしくは二唇形の花冠を形成する。DNA解析後、フジウツギ科（*Buddlejaceae*）からゴマノハグサ科に再分類されたフジウツギ属（*Buddleja*）のブッドレアは、庭園でよく見られる種の1つだ。他にはモウズイカ属（*Verbascum*）、ケープフクシア属（*Phygelius*）もゴマノハグサ科の主要な庭園植物とされる。フサフジウツギ（*Buddleja davidii*）は野生化し、塀のすき間や舗装道路の割れ目、不毛な土地など、さまざまな場所に根を下ろすようになった。アフリカ原産のセージ・ブッシュ（*Buddleja salviifolia*）には木本のように大きく成長するものがあり、材木用として栽培されることが多い。

ゴマノハグサ属の一種 *Scrophularia chrysantha*
マチルダ・スミス画、『カーティス・ボタニカル・マガジン』（1882年）

フィゲリウス・カペンシス
Phygelius capensis

チチブフジウツギ
Buddleja davidii

クロバナモウズイカ
Verbascum nigrum

シュッコンネメシア
Nemesia caerulea

Laurales クスノキ目
クスノキ科
Lauraceae

広い地域に分布し、高木、低木および、寄生性のつる植物であるスナヅル属（*Cassytha*）からなる。カナリア諸島などの特定の亜熱帯地域においては「照葉樹林」が見られる。葉は単葉で、花は多くの場合、円錐花序を形成する。アボカド（*Persea americana*）は、この科で最も重要な種の1つである。温暖な地域で広く栽培され、油分を豊富に含んだ風味豊かな果実は、食用、化粧品や石鹸として利用される。ニッケイ属（*Cinnamomum*）の一部の樹皮からは、香辛料のシナモンが作られる。ゲッケイジュ（*Laurus nobilis*）は、地中海沿岸で生け垣に利用されることの多い種である。古代ギリシャと古代ローマの時代には勝利のシンボルとされ、茎を編んで作った王冠やリースが勝者の頭上に飾られた。現在では、葉が煮込み料理やスープの香りづけとして使われている。

ゲッケイジュ *Laurus nobilis*
ヴァルター・ミュラー画、ケーラー『薬用植物』（1887年）

ハマビワ
Litsea japonica

アボカド
Persea americana

クスノキ
Cinnamomum camphora

Liliales ユリ目

ユリ科
Liliaceae

北半球の温帯地域で見られることが多く、地下に球根や根茎を発達させる多年性植物からなる。花の多くは一輪咲きで6枚の花被片を持ち、染みや斑点、まだら模様が現れる場合もある。中には格子状の模様が見られる種もあり、コバンユリ（*Fritillaria meleagris*）もその1つである。ユリ科の球根は昔から食料として利用されてきたが、近年ではオランダを中心に、花を栽培するための器官として商業的に重要な役割を担っている。バイモ属（*Fritillaria*）は広く栽培されているが、他にもユリ属（*Lilium*）、チューリップ属（*Tulipa*）、ウバユリ属（*Cardiocrinum*）、カタクリ属（*Erythronium*）、ホトトギス属（*Tricyrtis*）も普及している。白いニワシロユリ（*Lilium candidum*）は純潔の象徴とされ、聖母マリアや後にはイングランド女王エリザベス一世に関連した絵画などにも描かれるようになった。

ヤマユリ *Lilium auratum*
ウォルター・フィッチ画、『カーティス・ボタニカル・マガジン』（1862年）

チューリップ
Tulipa gesneriana

カタクリ属の一種
Erythronium oregonum

テッポウユリ
Lilium longiflorum

コバンユリ
Fritillaria meleagris

Magnoliales モクレン目

モクレン科
Magnoliaceae

高木、低木を含む2属で構成される。アメリカ大陸とアジアの温帯および熱帯地域に広く分布するが、かつては北半球全域にユリノキ属（*Liriodendron*）が生息していたこともある。花は頂生または側生するシュートに一輪咲きになり、受粉は主に甲虫類を介して行われる。花の後には円錐型の果実をつける。ユリノキ属とモクレン属（*Magnolia*）は木材として使われることもあるが、多くの場合は庭園での観賞用に栽培される。特にモクレン属は、美しくて上品な芳香の花を咲かせるため、人々からの評価が高い。キンコウボク（*Magnolia champaca*）から採れる油は香水として利用される。米国のケンタッキー州、テネシー州、インディアナ州は、ユリノキ（*Liriodendron tulipifera*）を州の木に定めている。

タラウマ・ホジソニー *Magnolia hodgsonii* (syn. *Talauma hodgsonii*)
ウォルター・フッド・フィッチ画、『ヒマラヤ植物の図版』(1855年)

ユリノキ
Liriodendron tulipifera

カラタネオガタマ
Magnolia figo

ハクモクレン
Magnolia denudata

Malpighiales キントラノオ目

トウダイグサ科
Euphorbiaceae

極地を除くほぼ全域に生息する。木本および草本植物からなり、中にはサボテンのような見た目で、茎に乳白色の液を持つ種もある。苞の多くは合着して花のようなカップ状となる一方で、本当の花は雄花と雌花で椀状花序を形成する。トウダイグサ科の植物は、食用、ゴムの原料、材木として利用できる。キャッサバ（*Manihot esculenta*）の塊根はデンプンを豊富に含んでいるため、熱帯地域の貴重な農作物とされる。サチャインチ（*Plukenetia volubilis*）の種子から採れる油はオメガ3脂肪酸の含有率が高いことで知られ、また、パラゴムノキ（*Hevea brasiliensis*）は19世紀、ゴムの原料となる重要な商業作物であった。トウダイグサ属（*Euphorbia*）には庭園でよく見られるさまざまな種がある。「茨の冠」とも呼ばれるハナキリン（*E. milii*）などの多肉植物やポインセチア（*E. pulcherrima*）は、室内用の鉢植えとして人気が高い。

チャボタイゲキ *Euphorbia peplus*
ジェームス・サワビー他画、『英国産植物図譜』（1868年）

ポインセチア
Euphorbia pulcherrima

キャッサバ
Manihot esculenta

ベニヒモノキ
Acalypha hispida

クロトン
Codiaeum variegatum

Malpighiales　キントラノオ目

ヤナギ科
Salicaceae

高木と低木で構成され、南極地方と砂漠を除いた世界のほとんどの地域で見られる。葉は通常互生し、花の多くは尾状花序になる。ホッキョクヤナギ（*Salix arctica*）はケシ科のホッキョクヒナゲシ（*Papaver radicatum*）と共に、地球上で最も北に分布する維管束植物である。熱帯で生育する属の中には、食用果実をつけるものもある。樹皮にサリシンを含むセイヨウシロヤナギ（*Salix alba*）は、ヨーロッパでかつて鎮痛剤として利用された。他にも、定期的に刈り取られてかご細工や垣根の材料になったり、河川に敷設されて魚を捕らえる仕掛けに用いられた種などがある。およそ8万年前から同じ根茎で成長を続けるユタ州のカロリナポプラ（*Populus tremuloides*）は、群生するものの中では地球最古の生物とされる。

キヌヤナギ *Salix viminalis*
アメデ・マスクル画、『フランスの植物図鑑』（1893年）

ウーリーウィロー
Salix lanata

セイヨウハコヤナギ
Populus nigra

アザラ属の一種
Azara serrata

Malpighiales キントラノオ目

スミレ科
Violaceae

世界中に分布するが、熱帯では最も多様な種が生息する。木本と草本からなり、葉は単葉。花は5枚の自由花弁を形成し、一番下の唇弁は他と比べて大きいことが多い。スミレ科の中で最も大きな割合を占めるのは、スミレ属（*Viola*）だ。ニオイスミレ（*Viola odorata*）の花は、甘い香りが人々に好まれ、香水や砂糖菓子に用いられる。他にも庭園の代表格といえる種が多数あり、高山植物に適している種も含まれる。数々の整形交配種の中でも、アルタイパンジー（*V. altaica*）、マウンテンパンジー（*V. lutea*）、サンシキスミレ（*V. tricolor*）――一般にパンジーまたはビオラ（*V. × wittrockiana*）と称される交配種――は、盛んに交配が行われた結果、その豊かな色彩は花壇を飾る花のほぼ全色を網羅するともいわれる。

ニオイスミレ *Viola odorata*
アメデ・マスクル画、『フランスの植物図鑑』（1890年）

ワイルド・バイオレット
Hybanthus calycinus

サンシキスミレ
Viola tricolor

メリキトゥス・クラッシフォリア
Melicytus crassifolius

Malvales アオイ目

アオイ科
Malvaceae

特に寒冷な気候や乾燥した地域を除く世界中で見られる。木本、草本、わずかにつる植物を含み、いずれも毛に触れると皮膚が刺激されてかぶれることがある。互生葉序で、花は5枚の花弁を持つ。カカオ（*Theobroma cacao*）は原産地の中央アメリカおよび南アメリカで、儀式用の飲み物として古くから用いられた。だが現在では熱帯の多くで重要な農作物となり、アフリカのプランテーションを中心に栽培されている。種子から採れるカカオバターはチョコレートの主成分となるが、化粧品の主成分としても広く利用されている。西アフリカ原産のコラノキ（*Cola acuminata*）やヒメコラノキ（*C. nitida*）など、コーラと称されるコラノキ属（*Cola*）の種子にはカフェインが豊富に含まれ、香料としてもコーラなどの飲料水に使われる。巨木として有名なアフリカバオバブ（*Adansonia digitata*）は、その太い幹に水分を蓄えている。庭園用として人気の高い種も多く、特にタチアオイ属（*Alcea*）のホリホックは広く親しまれているものの1つである。

マルバアオイ *Malva alcea*
ゲオルク・クリスティアン・エーダー他画、『フローラ・ダニカ』（1882年）

バオバブ
Adansonia digitata

ゼニアオイの園芸品種 "ゼブリナ"
Malva sylvestris 'Zebrina'

フユボダイジュ
Tilia cordata

ブッソウゲ
Hibiscus rosa-sinensis

Myrtales フトモモ目

フトモモ科
Myrtaceae

オーストラリアやブラジルにおける植物群落の多数を占める代表的な科で、熱帯地方全域や温帯の一部に生育し、常緑性の高木および低木で構成される。油を抽出できる種が多い。若葉は成長した葉と比べて小さく、形も異なっていることが多い。ほとんどの花には多数の雄しべがあり、花の後に乾果や液果をつける。食用にできる種がいくつかあり、グアバ（*Psidium guajava*）もその1つだ。ユーカリ（*Eucalyptus*）属の種は木材や精油を目的に栽培され、精油は薬や菓子、化粧品などに利用される。また、他の属の種からはクローブやオールスパイスなどの香辛料が作られ、ティーツリー（*Melaleuca alternifolia*）からはティーツリー油が抽出できる。古代神話の中で聖花とされたギンバイカ（*Myrtus communis*）は、伝統的に結婚式のブーケに使われてきた。現在も庭園でよく見られる花である。

ギンバイカ *Myrtus communis*
オットー・ヴィルヘルム・トーメ画、『ドイツ、オーストリア、スイスの植物』（1885年）

ブラシノキ属の一種
Callistemon sp.

グアバ
Psidium guajava

ユーカリ属の一種
Eucalyptus sp.

メラレウカ・ネソフィラ
Melaleuca nesophila

Myrtales フトモモ目

アカバナ科
Onagraceae

草本および木本（低木がほとんどで、わずかに高木やつる植物も含まれる）から構成され、カリフォルニア州の砂漠地帯も含め、ほぼ世界中に生息する。葉は単葉で、花の後には多数の種子を持つ果実が実る。マツヨイグサ属（*Oenothera*）の種類は、観賞用として栽培される他、種子から採れる油が薬として利用されてきた。クラルキア属（*Clarkia*）とゴデチア属（*Godetia*）も広く庭園で見られるが、この科で最も重要なのは、これまで数多くの交配種を作出してきたフクシア属（*Fuchsia*）だろう。フクシアの花と果実は食べられる場合もある。ツリウキソウ（*Fuchsia magellanica*）は生け垣に使われることが多く、米国の多くの地域では帰化種となった。

ツリウキソウ（フクシア・マゲラニカ）
Fuchsia magellanica (syn. *Fuchsia gracilis*)
イライザ・イブ・グリーデル画、『植物の美』（1839年）

ヤナギラン
Epilobium angustifolium

ハクチョウソウ
Oenothera lindheimeri

メマツヨイグサ
Oenothera biennis

Nymphaeales スイレン目

スイレン科
Nymphaeaceae

1年草および多年草の水生植物からなる。広範囲に分布するが、凍土や乾燥した地域、ニュージーランド、オーストラリア南部、南アメリカでは見られない。根茎や塊茎を形成し、葉は単葉で沈水葉、浮葉、もしくは挺水葉になる。一輪で華やかに咲く花が多く、多数の花弁を持つものもある。花の後には、たくさんの大きな種子を持つスポンジ状の液果が実る。5つの属のうち、スイレン属（Nymphaea）は庭園植物として普及し、多くの交配種も作られている。他にも、食べられる根茎と種子を持つ種や、ナイル川流域が原産とされるブルー・ロータス（*N. caerulea*）のように、花の持つ催眠効果が伝統的な儀式に用いられてきた種がある。オオオニバス（*Victoria amazonica*）の葉は、世界最大かつ裂け目がないことで知られ、ヴィクトリア朝時代のロンドン万博で建てられた水晶宮は、その葉脈の構造に着想を得て設計された。

スイレン属の一種 *Nymphaea elegans*
ウォルター・フィッチ画、『カーティス・ボタニカル・マガジン』（1851年）

セイヨウコウホネ
Nuphar lutea

スイレン属の一種 "エスカボークル"
Nymphaea 'Escarboucle'

オオオニバス
Victoria amazonica

オニバス
Euryale ferox

Oxalidales カタバミ目

カタバミ科
Oxalidaceae

主要な砂漠地帯を除く世界中に分布するこの科は、おもに多年性の草本および木本からなり、一部に多肉植物を含む。熱帯および亜熱帯地域では、特にさまざまな種が見られる。花は5枚の花弁を持ち、鱗茎、塊茎、または肥大した根茎を形成するものが多い。オカ（*Oxalis tuberosa*）は南アメリカでジャガイモの代替作物として栽培され、他の種には葉も食べられるものがある。カタバミ科の多くは庭園で見られるが、一部の種は外来雑草とされている。熱帯地方で栽培され、ゴレンシとも呼ばれるスターフルーツ（*Averrhoa carambola*）は、果実に深いうねを持つ。そのため切り口が星形となり、熟す前に出荷されてフルーツサラダの飾りに使われる。熟した後はより甘みが増すが、輸送には不向きである。

コミヤマカタバミ *Oxalis acetosella*
ゲオルク・クリスティアン・エーダー他画、『フローラ・ダニカ』(1761～1883年)

ムラサキノマイ
Oxalis triangularis

スターフルーツ
Averrhoa carambola

オサバフウロ属の一種
Biophytum zenkeri

オキザリス・アデノフィラ
Oxalis adenophylla

Poales イネ目

パイナップル科
Bromeliaceae

アナナス科とも称され、ロゼット状の葉が特徴のパイナップル科には、陸生植物と着生植物が含まれる。螺旋葉序を形成し、中には葉に鋸歯が見られるものや、茎が木質化するものなどがある。熱帯およびアメリカ大陸の温暖な地域に分布し、ピトカイルニア属の1種（*Pitcairnia feliciana*）のみが西アフリカに生息する。花は茎の先端につき、一部の種は色鮮やかで大きな苞をつける。授粉は通常、ハチドリを介して行われる。パイナップル（*Ananas comosus*）は商業的に最も重要な種とされ、花についた多肉質の苞と融合した液果をつける。葉も繊維として利用される場合がある。パイナップル以外にも室内用の観賞植物として親しまれる植物が多く、特にエクメア属（*Aechmea*）、チランジア属（*Tillandsia*）、エアプランツと呼ばれる小型種の人気が高い。

パイナップル（アナナス）
Ananas comosus (syn. *Bromelia ananas*)
ジョセフ・ジェイコブ・プレンク画、『植物図鑑』（1807年）

チランジア・ダイエリアナ
Tillandsia dyeriana

シマサンゴアナナス
Aechmea fasciata

グズマニア・リングラタ
Guzmania lingulata

ティランジア・ストリクタ
Tillandsia stricta

Poales イネ目
カヤツリグサ科
Cyperaceae

イグサ科（Juncaceae）の姉妹群で、この科に属する1年草、多年草、低木、つる植物は、湿地など水気の多い場所で広く見られることが多い。多年草の場合は根茎をつくり、茎の断面は三角形になるものがほとんどである。花は苞のみで、花弁を持たない。パピルス（*Cyperus papyrus*）の繊維を利用してパピルス紙と呼ばれる一種の紙が生成されるようになったのは、エジプトのナイル川周辺にパピルスが帰化した紀元前3世紀頃にまでさかのぼる。初期の文書は乾燥した中で保存されていたため、ほぼそのままの状態で発見された。パピルスは現在もアフリカの一部で手工芸品の材料として使われている。ショクヨウガヤツリ（*Cyperus esculentus*）は、タイガーナッツと呼ばれる食用の塊茎を目的として栽培される。

ハマスゲ *Cyperus rotundus* (syn. *Cyperus comosus*)
フランツ・バウアー画、ジョン・シブソープ、ジェームズ・エドワード・スミス『ギリシャ植物誌』（1806年）

カンスゲの園芸品種"バリエガータ"
Carex morrowii 'Variegata'

アブラガヤ属の一種
Scirpus cyperinus

ワタスゲ属の一種
Eriophorum angustifolium

パピルス
Cyperus papyrus

Poales イネ目

イネ科
Poaceae

1年草、多年草、木質化する竹からなるこの大きな科はあらゆる生育環境で見られ、群落を形成して広大な草原地帯をつくることもある。茎には節があり、節間は中空となるものがほとんどである。互生した葉の基部は鞘になってこの節間を取り巻き、花は小穂花序になる。イネ科の植物は間違いなく経済的に最も重要な農作物であり、穀物、家畜の牧草、飼料、またはバイオ燃料としても有用である。コムギ属（*Triticum*）のコムギは温帯地域における主要な穀物類で、パンや小麦粉の原料となったり、パスタ、クスクスなど保存に適した食材に加工される。酒類の原料となる種もある。サトウキビ属（*Saccharum*）の一種であるサトウキビは、熱帯地方全域で栽培される。タケ亜科の中には、繊維を建築材に利用するために栽培されるものもある。

ポア属の一種 *Poa abbreviata*
ゲオルク・クリスティアン・エーダー他画、『フローラ・ダニカ』（1761～1883年）

コムギ
Triticum aestivum

オウソウチク
Phyllostachys aureosulcata

トウモロコシ
Zea mays

ギンギツネ（ペニセツム・ウィルロスム）
Cenchrus longisetus (syn. *Pennisetum villosum*)

Ranunculales キンポウゲ目

ケシ科
Papaveraceae

主に1年草と草本の多年生植物で構成されるが、木本からなる属も含まれる。北半球に広く分布し、南半球でも一部の属が生育する。根茎や塊茎を持つものが多い。葉は螺生葉序になり通常は直立し、切ると水のような液が出る。ケシ（*Papaver somniferum*）は、コデイン、ヘロイン、モルヒネなどの麻薬の原料となるため、不正に取り引きされて社会的な混乱を招いただけでなく、戦争すら引き起こしたことがある。ケシとヒナゲシ（*Papaver rhoeas*）の種子は、パンの飾りにもよく使われる。他には庭園の観賞植物として高い人気がある種も多く、これにはケマンソウ属（*Lamprocapnos*）のケマンソウ、ハナビシソウ属（*Eschscholzia*）のハナビシソウ、タケニグサ属（*Macleaya*）のタケニグサ、メコノプシス属（*Meconopsis*）の「ヒマラヤの青いケシ」、ロムネヤ属（*Romneya*）のツリーポピーなどがある。

ナガミヒナゲシ *Papaver pilosum*
ウォルター・フィッチ画、『カーティス・ボタニカル・マガジン』（1853年）

ケマンソウ
Lamprocapnos spectabilis

オニゲシ
Papaver orientale

ハナビシソウ
Eschscholzia californica

ヒマラヤエンゴサク
Corydalis flexuosa

Ranunculales キンポウゲ目

キンポウゲ科
Ranunculaceae

温帯に生息し、熱帯で見られる種もわずかにある。主に多年草、1年草、つる植物、小低木で構成され、その一部には水生植物も含まれる。葉は互生するものがほとんどで、花は通常、螺生もしくは輪生し、多数の雄しべを持つ。キンポウゲ属（*Ranunculus*）や、庭園用の品種が多いクレマチス属（*Clematis*）は、被子植物の属の中でも屈指の分布域を誇る。キンポウゲ科には有毒植物が多いことで知られるが、ニオイクロタネソウ（*Nigella sativa*）のように種子がパンの香りづけに使われたり、天然の抗生物質であるヒドラスチス（*Hydrastis canadensis*）のように、アメリカ先住民に薬として用いられてきた種もある。また、トリカブト属（*Aconitum*）のトリカブト、イチリンソウ属（*Anemone*）のアネモネ、デルフィニウム属（*Delphinium*）、クリスマスローズ属（*Helleborus*）のクリスマスローズ、オキナグサ属（*Pulsatilla*）のセイヨウオキナグサは、いずれも庭園植物として親しまれている。

ハイキンポウゲ *Ranunculus repens*
カール・アクセル・マグヌス・リンドマン画、『北欧の植物図』（1922〜1926年）

イチリンソウ属の一種
Anemone sp.

デルフィニウム・エラツム
Delphinium elatum

ヨウシュトリカブト
Aconitum napellus

ハイキンポウゲ
Ranunculus repens

Rosales バラ目

クワ科
Moraceae

北アメリカ、ユーラシア、南半球の一部を除いて広く分布する木本および草本植物で、中には着生植物も見られる。茎を切ると液が出るものがほとんどである。通常、葉は互生し、果実は核果になる（痩果のものもある）。イチジク属（*Ficus*）の多くは、特殊なハチがポリネーターとなり授粉を行う。イチジク（*Ficus carica*）は古くから貴重な果実として食べられてきたほか、地中海沿岸地域では帰化種となった。その他の重要な作物として、熱帯の一部で栽培され、特にジャマイカで多く見られるパンノキ（*Artocarpus altilis*）がある。クワ属の一種（*Morus sp.*）であるクワもまた果実を実らせるため、温帯地域で栽培される。マグワ（*Morus alba*）は食用植物として、カイコガの飼料にするために栽培される。

クロミグワ *Morus nigra*
オットー・ヴィルヘルム・トーメ画、『ドイツ、オーストリア、スイスの植物』（1885年）

マグワ
Morus alba

イチジク
Ficus carica

ジャックフルーツ
Artocarpus heterophyllus

Rosales バラ目

バラ科
Rosaceae

木本と草本からなるこの科は、凍土と乾燥した諸地域を除く世界中に分布する。低木や高木の枝にはとげが生えていることが多い。葉は通常互生し、花は5枚の花弁を持つ。種によってさまざまな果実をつけ、その多くは経済的に重要とされるものが多い。モモ、アンズ、サクランボ、プラム、アーモンド（いずれもサクラ属〈*Prunus*〉）は核果をつけ、リンゴ属（*Malus*）とナシ属（*Pyrus*）はナシ状果をつける。アーモンド（*Prunus dulcis*）の種子は最も一般的に食べられている木の実で、その油は料理や化粧品の原料としても利用される。イチゴ（*Fragaria × ananassa*）は何代も交配が重ねられた交配種で、肥大した外側の花托に痩果がつくという構造になっている。庭園植物としては、数万もの栽培品種を持つバラ属（*Rosa*）の他、ハゴロモグサ属（*Alchemilla*）、コトネアスター属（*Cotoneaster*）、カナメモチ属（*Photinia*）、ワレモコウ属（*Sanguisorba*）などが広く栽培される。

ロサ・ペンデュリナ（アルペンローズ）
Rosa pendulina (syn. *Rosa alpina*)
ハリエット・シセルトン・ダイアー画、『カーティス・ボタニカル・マガジン』（1883年）

クラブアップル
Malus sylvestris

アーモンド
Prunus dulcis

エゾヘビイチゴ
Fragaria vesca

ロサ・グラウカ
Rosa glauca

Rosales バラ目

イラクサ科
Urticaceae

乾燥した地域や凍土では見られないが、それ以外の世界中に分布する。木本および草本からなり、つる植物や着生植物も含まれる。気根や支柱根を持つものもある。葉は螺生葉序で、種によっては刺毛が生えており、皮膚に刺さると炎症を起こすものもある。痩果をつける。一般的にイラクサといえば、一部の地域では外来雑草となったセイヨウイラクサ（*Urtica dioica*）を指すが、これは他の種と並んで野菜として食べられることがあるほか、繊維は布や衣服に利用されてきた。これ以外に、果実や塊茎を食用にできる種もわずかにある。中央アメリカ、南アメリカでは、セクロピア属（*Cecropia*）の種はヒアリの営巣地になることで知られている。

セイヨウイラクサ *Urtica dioica*
オットー・ヴィルヘルム・トーメ画、『ドイツ、オーストリア、スイスの植物』（1885年）

ピレア・ペペロミオイデス
Pilea peperomioides

ピレア・インボルクラタ
Pilea involucrata

ヤツデグワ
Cecropia peltata

Sapindales ムクロジ目

ウルシ科
Anacardiaceae

熱帯地域に自生し、わずかに温帯にも見られる。高木、低木、つる植物からなり、樹脂を含む樹皮や樹液が空気に触れると、黒く変色する。葉は通常互生し、果実は核果が多い。カシューナットノキ（*Anacardium occidentale*）は熱帯で広く栽培され、木の実を食用としたり、そこから油を抽出するために利用される。花柄部の肥大した果実（カシューアップル）は食用にできるが、現地以外で食べられるのは稀。他には、マンゴー（*Mangifera indica*）やピスタチオ（*Pistacia vera*）なども重要な作物である。皮膚に触れると接触皮膚炎を起こすものが多く、特に注意が必要なものとしては北アメリカで広く見られるツタウルシの仲間のポイズン・アイビー（*Toxicodendron radicans, T. rydbergii*）がある。

カシューナットノキ *Anacardium occidentale*
ニコラウス・ヨーゼフ・ジャカン画、『アメリカ植物誌』（1780〜1781年）

マンゴー
Mangifera indica

ピスタチオ
Pistacia vera

コショウボク
Schinus molle

ルスティフィナ
Rhus typhina

Sapindales ムクロジ目

ミカン科
Rutaceae

世界中で見られるが、主に熱帯と亜熱帯地域に生息する。芳香性の木本および草本からなり、茎がとげ状、もしくはよじのぼり型になることもある。花は3～5枚の花弁を持ち、花の後には品種ごとにさまざまな果実をつける。果実の構造の1つとして、種子を含んだみずみずしい果肉をスポンジ状の膜が包み、油腺を持つ堅い外皮がその膜を覆うというものがある。最も重要な属とされるのはミカン属（*Citrus*）だ。特に温暖な気候で栽培されるレモン、ライム、オレンジからは植物エキスを抽出でき、精油は香水や化粧品に利用される。ミカン科の多くは複雑な交配を経ているため、その出自を明らかにするのは難しい。ヘンルーダ（*Ruta graveolens*）は微量の毒性を含んではいるが、刺激的な香りの葉をつけるため、ハーブガーデンによく植えられる。

ヘンルーダ *Ruta graveolens*
ヴァルター・ミュラー画、ケーラー『薬用植物』（1887年）

マンダリンオレンジ
Citrus reticulata

ベルガモット
Citrus bergamia

ザボン
Citrus maxima

Sapindales ムクロジ目

ムクロジ科
Sapindaceae

主に世界中の熱帯地域で見られるが、温帯にかけても広く生息する。木本と草本からなり、花は通常4枚か5枚の花弁を持つ。白や黄色の花が咲くことが多く、時に花弁の基部に、花弁に似た付属体が合着する場合がある。艶やかな種皮に包まれた種子や、大きなへそを持つ種子が多い。重要な作物として、ライチ（*Litchi chinensis*）やランブータン（*Nephelium lappaceum*）などがある。サトウカエデ（*Acer saccharum*）はカナダの象徴として国旗に配され、その甘い樹液からはメープルシロップが作られる（サトウカエデ以外の種が使われることもある）。セイヨウトチノキ（*Aesculus hippocastanum*）、イロハモミジ（*Acer palmatum*）、オオイタヤメイゲツ（*A. shirasawanum*）などの種は庭園植物として人気が高く、これらの栽培品種は数百にも上る。

ムクロジ属の一種 *Sapindus rarak*
カール・ルートヴィヒ・ブルーム画、『インドの植物誌』（1847年）

リュウガン
Dimocarpus longan

ランブータン
Nephelium lappaceum

サトウカエデの亜種
Acer saccharum subsp. *nigrum*

Saxifragales ユキノシタ目

ユキノシタ科
Saxifragaceae

主に多年草からなり、北半球に広く分布する。ユキノシタ属（*Saxifraga*）の中には、岩の割れ目で成長するものもある。葉が根生してロゼットを形成するものが多く、分岐した茎の先に、多くは5枚の花弁を持つ花をつける。通常、果実には多数の種子が含まれている。葉を食べられる属もわずかにあるが、基本的には観賞用として知られている。チダケサシ属（*Astilbe*）や、「象の耳」とも呼ばれる種を持つヒマラヤユキノシタ属（*Bergenia*）は、一般的な庭園植物であり、ともに多くの栽培品種がある。ユキノシタ属の種はロックガーデンなどでよく用いられ、中には葉が石灰に覆われているものもある。アスチルボイデス・タブラリス（*Astilboides tabularis*）は湿った土壌を好み、根茎に含まれる成分が酒づくりに利用される。観葉植物に適した種としては、ピギーバック・プラント（*Tolmiea menziesii*）などがある。

ウィンターベゴニア（ベルゲニア・キリアタ）
Bergenia ciliata (syn. *Saxifraga ciliata*)
ウォルター・フィッチ画、『カーティス・ボタニカル・マガジン』(1856年)

ムラサキユキノシタ
Saxifraga oppositifolia

ティアレラ・コルディフォリア
Tiarella cordifolia

アカショウマ
Astilbe thunbergii

ナガバユキノシタ
Bergenia crassifolia

Solanales ナス目

ヒルガオ科
Convolvulaceae

極地や主要な砂漠地帯を除いた世界各地に分布する。1年草、多年草、木本(多くは低木)からなり、つる植物または茎が地面を這う性質のものがほとんどである。つるは上から見て反時計回りに巻く。花には通常5枚の花弁があり、合着してさまざまな形の花冠を形成する。種子の表面が毛に覆われているものも見られる。サツマイモ属(*Ipomoea*)に分類されるサツマイモ(*Ipomoea batatas*)は熱帯地域の主要な作物であり、塊茎を食用とするために栽培されるが、バイオプラスチックやアルコールの原料としても利用できる。食べられる種は他にもあるが、種によっては薬としても利用できる。いくつかの種は観賞植物として知られている。セイヨウヒルガオ(*Convolvulus arvensis*)など、ヒルガオ科の一部は、庭園の他の植物に悪影響を与えるとされている。

セイヨウヒルガオの変種 *Convolvulus arvensis* var. *parviflora*
ゲオルク・クリスティアン・エーダー他画、『フローラ・ダニカ』(1761〜1883年)

ヒロハヒルガオ
Calystegia sepium

サツマイモ
Ipomoea batatas

ネナシカズラ属の一種
Cuscuta sp.

Solanales ナス目

ナス科
Solanaceae

世界中で見られるが、極地や主な砂漠地帯には生息しない。草本と木本からなり、茎に毛が生えていたり、鋭いとげが見られるものが多い。花の形にはカップ状、漏斗型、筒状があり、花の後には多数の種子を持つ液果や蒴果をつける。ホオズキ属（*Physalis*）のように、果実が宿存萼に覆われるものもある。ナス科で最も重要とされる種は、食べられる塊茎をつけるジャガイモ（*Solanum tuberosum*）で、次にトマト（*S. lycopersicum*）が続く。他にも、ナス（*S. melongena*）や、香辛料に使われるトウガラシ属（*Capsicum*）、クコ（*Lycium chinense*）が食用植物にあたる。毒素を含んでいたり、幻覚作用を持つ一部の種は、民族儀式に用いられてきた。タバコ属（*Nicotiana*）は乾燥させた葉をタバコにすることが多いが、観賞用となるものもある。キダチチョウセンアサガオ属（*Brugmansia*）、キチョウジ属（*Cestrum*）、ムレゴチョウ属（*Schizanthus*）は庭園で特によく見られる植物である。

ナス属の一種（下）と、ムティシア属（キク科）の一種（上）
Solanum diploconos (syn. *Pionandra fragrans*), with *Mutisia clematis* (*Compositae*) above it.
園芸雑誌『ベルギーの園芸、庭園と果樹園の雑誌』（1864年）

ナス
Solanum melongena

ホオズキ
Physalis alkekengi

ヨウシュチョウセンアサガオ
Datura stramonium

ミニトマト
Solanum lycopersicum var. *cerasiforme*

Vitales ブドウ目

ブドウ科
Vitaceae

ブドウ目を構成する唯一の科で、熱帯地域と温暖な気候の地域に木本と木質化する草本が生育する。つる性の種は巻きひげか付着性の吸盤を使って茎を伸ばすが、これらを持たない種もある。果実には特に水分量の多い液果が見られ、1〜4個の種子を含む。最も重要な植物はブドウ属（*Vitis*）で、中でもヨーロッパブドウ（*Vitis vinifera*）がよく知られている。温暖な地域の多くで栽培され、収穫された果実を生食または乾燥させて食べたり、発酵させてワインにしたりする。品種改良を行うことで、より涼しい地域でも果実をつける品種が作られた。葉も食べることができ、他の属にも組織の一部を食べられるものがある。ブドウ属以外には、セイシカズラ属（*Cissus*）やツタ属（*Parthenocissus*）が庭園でよく見られ、セイシカズラ属は観葉植物として栽培されることもある。

ヨーロッパブドウ *Vitis vinifera*
ヴァルター・ミュラー画、ケーラー『薬用植物』（1887年）

シカクヤブガラシ
Cissus quadrangularis

ツタ
Parthenocissus tricuspidata

ノブドウ属の変種
Ampelopsis glandulosa var. *brevipedunculata*

ヘンリーヅタ
Parthenocissus henryana

Zingiberales ショウガ目

ショウガ科
Zingiberaceae

熱帯全域と温帯の一部に生息する多年草で、全草に芳香成分を含む。根茎は匍匐性で分枝する場合が多く、地表に伸びることもある。葉は根茎を取り巻くように互生し、花は3枚の花弁を持つ。香辛料として重宝され、特にアジア料理によく使われる。ショウガ（*Zingiber officinale*）の根茎は、生食、漬物、砂糖漬けで、あるいは乾燥させて食べられるほか、粉末にしてさまざまな料理の香りづけに用いられる。ウコン（*Curcuma longa*）やキョウオウ（*C. aromatica*）は粉末状のターメリックとして、黄色色素をサフラン代わりに使うことがある。カルダモン（*Elettaria cardamomum*）とブラック・カルダモン（*Hornstedtia costata*）なども香辛料として知られる。シュクシャ属（*Hedychium*）のハナシュクシャは観賞用として栽培される。

オオヤマショウガ *Zingiber spectabile*
マチルダ・スミス画、『カーティス・ボタニカル・マガジン』（1904年）

ショウガ属の一種
Zingiber sp.

シュクシャ属の一種
Hedychium yunnanense

カルダモン
Elettaria cardamomum

Coniferales 球果植物目

ヒノキ科
Cupressaceae

針葉樹の高木と低木からなり、南極大陸を除く世界各地に分布する。世界最大の体積を誇るセコイアデンドロン（*Sequoiadendron giganteum*）や世界一高いといわれるセコイア（*Sequoia sempervirens*）は、ヒノキ科に属する。この科の最も多くを占めるビャクシン属（*Juniperus*）は北半球全域に生息するが、種によっては大変に変異に富んだ形態となる。庭園植物としては、矮性または匍匐性の種の人気が高い。多肉質で水分の多いミヤマネズ（*Juniperus communis*）の球果は、食用にされたり、ジンの香りづけに用いられる。狭円錐の樹冠をしたホソイトスギ（*Cupressus sempervirens*）は、地中海沿岸地域では古くから墓地に植えられる木とされている。ヌマスギ（*Taxodium distichum*）は、水辺の近くで育つと根を地上に突き出して呼吸するようになる。この根は膝根という。

メキシコイトスギ *Cupressus lusitanica* (syn. *Cupressus pendula*)
ピエール＝ジョゼフ・ルドゥーテ画、『フランス樹木誌』（1806年）

ヌマスギ
Taxodium distichum

コウヨウザン
Cunninghamia lanceolata

セイヨウネズ
Juniperus communis

ホソイトスギ
Cupressus sempervirens

シロマツ *Pinus bungeana*
マチルダ・スミス画、『カーティス・ボタニカル・マガジン』（1909年）

Coniferales 球果植物目

マツ科
Pinaceae

常緑性と落葉性の高木および低木からなり、芳香性のある樹脂を全草から分泌する。主に北半球で生育し、針のような線形の葉が螺生葉序になる。花粉錐は卵形の楕円または円柱状で、風散布型の細い種子を持つ。マツ科は世界の軟材のほとんどを占め、紙、タール、テレビン油、家庭用洗剤の原料としても利用される。一部のマツ属（*Pinus*）から採れる種子（松の実）は食べることができ、バジルソースの材料にもなる。聖書に登場するソロモン神殿はレバノンスギ（*Cedrus libani*）から建てられたと言われ、トウヒ属（*Picea*）とモミ属（*Abies*）は、今日ではクリスマスツリーにするために栽培される。

オオシラビソ
Abies mariesii

ヨーロッパアカマツ
Pinus sylvestris

ヨーロッパカラマツ
Larix decidua

Cyatheales ヘゴ目

ヘゴ科
Cyatheaceae

ヘゴ目には以前8つの科が含まれていたが、これらは現在、ヘゴ科1科とその亜科に再分類されている。熱帯、亜熱帯、南半球の多湿な地域に広く分布し、シダ類の中でも最大および最小のシダの1つとされる種を含む。根茎が直立して木の幹のように見えるシダを木生シダと言い、タカワラビ属（*Cibotium*）やディクソニア属（*Dicksonia*）などがこれにあたる。匍匐性の根茎を持つ種は、時にエゾデンダ（→p.418）と混同される。一部には根茎が羊毛のような毛に覆われるものがあり、クッションの中身として使われる。タカワラビ（*Cibotium barometz*）の根茎もこのような毛に覆われているため、「バロメッツ」の名で呼ばれている。これはダッタン人の間に伝わる、羊の入った果実が実るという伝説の植物の名前である。

ヘゴ属の一種（キアテア・スミティ） *Cyathea smithii*
ウォルター・フィッチ画、『南極航海の植物学（キャプテン・サー・ジェームズ・クラーク・ロスの指揮の元、H・M・ディスカヴァリー船エレバスとテラーにより1839年から1843年に行われた航海）』(1855年)

タカワラビ
Cibotium barometz

クミンタカワラビ
Cibotium cumingii

ディクソニア・アンタルクティカ
Balantium antarcticum (syn. *Dicksonia antarctica*)

Equisetales トクサ目

トクサ科
Equisetaceae

トクサ科はシダ類の植物群の1つであり、トクサ属のみからなる。先史時代は多くの木本を含む多様な科であったが、現生するのはトクサ属のみとなった。北半球、南アメリカを中心に存在する20種は草本植物で、節のある中空の茎と中空の根茎を持つ。葉身はなく、節を包むように葉鞘がついている。交雑によって生まれた多数の雑種は、ケイ酸塩の濃度が高く有毒の場合もあるが、中には食料や薬とされてきた種もある。トクサ（*Equisetum hyemale*）の茎は調理鍋を磨いたり、木製品の仕上げとして利用される。スギナ（*Equisetum arvense*）は米国のさまざまな地域の庭園で、侵入性の高い植物種と見なされている。

スギナ *Equisetum arvense*
ゲオルク・クリスティアン・エーダー他画、『フローラ・ダニカ』（1761～1883年）

フサスギナ
Equisetum sylvaticum

エクィセトゥム・テルマテイア
Equisetum telmateia

トクサ
Equisetum hyemale

Polypodiales　ウラボシ目

ウラボシ科
Polypodiaceae

ウラボシ科はシダ類で最も大きな科で、世界中に分布する。陸生植物、着生植物、岩壁などに生える植物の他につる植物を含み、根茎は分岐することもある。葉は種によって異なるが、単葉と複葉が見られる。熱帯雨林では特にさまざまな種が生育する。種によっては食用になる場合もあり、アジアの一部では葉を野菜として調理する。アメリカ先住民は、かつてオシダ科のイノデ属（*Polystichum*）とウラボシ科のエゾデンダ属（*Polypodium*）の特定の種から根茎を採って食料とした。この科の多くは庭園および室内の観賞用として栽培され、特にボストンタマシダ（*Nephrolepis exaltata* 'Bostoniensis'）は高い人気を誇る。レザーファン（*Rumohra adiantiformis*）は、切り花産業で広く流通している品種である。

オオエゾデンダ *Polypodium vulgare*
トーマス・ミーハン画、『アメリカ合衆国の花とシダ』（1878〜1879年）

ジャコウシダ
Phymatosorus grossus

ダイオウウラボシ
Phlebodium aureum

プラティケリウム・ヒリィ
Platycerium hillii

オオエゾデンダ
Polypodium vulgare

Lycopodiales　ヒゲノカズラ目
ヒカゲノカズラ科
Lycopodiaceae

ヒカゲノカズラ科は、ヒゲノカズラ目を構成する唯一の科だ。分岐した茎を持つ多年草で、乾燥した地域を除く世界中に分布する。木本のような見た目をした祖先はかつて植生の優占種であったが、今日見られるものに他の植物群との近縁関係はない。ヒカゲノカズラ属（*Lycopodium*）に分類されるヒカゲノカズラの胞子は、油分が豊富で燃えやすい性質を持つ。そのため、粉塵爆発を起こす手段として映画業界でよく使われる。この胞子はかつて化粧品、もしくは避妊具や手術用手袋などのゴム製品をコーティングする原料にも使われていたが、アレルギー反応を引き起こす可能性があるため、現在では見られなくなった。他の種には、敷物を織るために利用されたり、河川で魚を捕らえるための仕掛けに使われるものがある。

ヒカゲノカズラ *Lycopodium clavatum*
オットー・ヴィルヘルム・トーメ画、『ドイツ、オーストリア、スイスの植物』（1885年）

コスギラン属の一種
Huperzia sp.

スギカズラ
Lycopodium annotinum

アスヒカズラの一種
Diphasiastrum digitatum

植物界の科

このページは、現時点で研究者によって認識されている維管束植物と非維管束植物を含む主要な639科を一覧にしたものである。主なグループ（被子植物、裸子植物、シダ類、ヒカゲノズラ類、ツノゴケ類、蘚類、苔類）に属する「科」を、近縁関係が分かるよう「目」ごとにまとめ、目の学名のアルファベット順に記載した。

被子植物 (Angiosperms)

Alismatales　オモダカ目
Acoraceae　ショウブ科
Alismataceae　オモダカ科
Aponogetonaceae　レースソウ科
Araceae　サトイモ科（→ p.347）
Butomaceae　ハナイ科
Cymodoceaceae　シオニラ科
Hydrocharitaceae　トチカガミ科
Juncaginaceae　シバナ科
Maundiaceae　マウンディア科
Posidoniaceae　ポシドニア科
Potamogetonaceae　ヒルムシロ科
Ruppiaceae　カワツルモ科
Scheuchzeriaceae　ホロムイソウ科
Tofieldiaceae　チシマゼキショウ科
Zosteraceae　アマモ科

Amborellales　アンボレラ目
Amborellaceae　アンボレラ科

Apiales　セリ目
Apiaceae　セリ科（→ p.348）
Araliaceae　ウコギ科
Griseliniaceae　グリゼリニア科
Myodocarpaceae　ミオドカルプス科
Pennantiaceae　ペンナンティア科
Pittosporaceae　トベラ科
Torricelliaceae　トリケリア科

Aquifoliales　モチノキ目
Aquifoliaceae　モチノキ科（→ p.349）
Cardiopteridaceae　ヤマイモモドキ科
Helwingiaceae　ハナイカダ科
Phyllonomaceae　フィロノマ科
Stemonuraceae　ステモヌルス科

Arecales　ヤシ目
Arecaceae　ヤシ科（→ p.350）
Dasypogonaceae　ダシポゴン科

Asparagales　キジカクシ目
Amaryllidaceae　ヒガンバナ科（→ p.351）
Asparagaceae　キジカクシ科（→ p.352）
Asphodelaceae　ツルボラン科（→ p.353）
Asteliaceae　アステリア科
Blandfordiaceae　ブランドフォルディア科
Boryaceae　ボリア科
Doryanthaceae　ドリアンテス科
Hypoxidaceae　キンバイザサ科
Iridaceae　アヤメ科（→ p.354）
Ixioliriaceae　イキシオリリオン科
Lanariaceae　ラナリア科
Orchidaceae　ラン科（→ p.355）
Tecophilaeaceae　テコフィレア科
Xeronemataceae　キセロネマ科

Asterales　キク目
Alseuosmiaceae　アルセウオスミア科
Argophyllaceae　アルゴフィルム科
Asteraceae　キク科（→ p.356）
Calyceraceae　カリケラ科
Campanulaceae　キキョウ科（→ p.357）
Goodeniaceae　クサトベラ科
Menyanthaceae　ミツガシワ科
Pentaphragmataceae　ユガミウチワ科
Phellinaceae　フェリネ科
Rousseaceae　ロウセア科
Stylidiaceae　スティリディウム科

Austrobaileyales　アウストロバイレヤ目
Austrobaileyaceae　アウストロバイレヤ科
Schisandraceae　マツブサ科
Trimeniaceae　トリメニア科

Berberidopsidales　ベルベリドプシス目
Aextoxicaceae　アエクストキシコン科
Berberidopsidaceae　ベルベリドプシス科

Boraginales　ムラサキ目
Boraginaceae　ムラサキ科（→ p.358）

Brassicales　アブラナ目
Akaniaceae　アカニア科
Bataceae　バティス科
Brassicaceae　アブラナ科（→ p.359）
Capparaceae　フウチョウボク科
Caricaceae　パパイア科
Cleomaceae　フウチョウソウ科
Emblingiaceae　エンブリンギア科
Gyrostemonaceae　ギロステモン科
Koeberliniaceae　ケーベルリニア科
Limnanthaceae　リムナンテス科
Moringaceae　ワサビノキ科
Pentadiplandraceae　ペンタディプランドラ科
Resedaceae　モクセイソウ科
Salvadoraceae　サルヴァドラ科
Setchellanthaceae　セッチェラントゥス科
Tovariaceae　トウアリア科
Tropaeolaceae　ノウゼンハレン科

Bruniales　ブルニア目
Bruniaceae　ブルニア科
Columelliaceae　コルメリア科

Buxales　ツゲ目
Buxaceae　ツゲ科

Canellales　カネラ目
Canellaceae　カネラ科
Winteraceae　シキミモドキ科

Caryophyllales　ナデシコ目
Achatocarpaceae　アカトカルプス科
Aizoaceae　ハマミズナ科
Amaranthaceae　ヒユ科（→ p.360）
Anacampserotaceae　アナカンプセロス科
Ancistrocladaceae　ツクバネカズラ科
Asteropeiaceae　アステロペイア科
Barbeuiaceae　バルベウイア科
Basellaceae　ツルムラサキ科
Cactaceae　サボテン科（→ p.361）
Caryophyllaceae　ナデシコ科（→ p.362）
Didiereaceae　ディディエレア科

Dioncophyllaceae　ディオンコフィルム科
Droseraceae　モウセンゴケ科
Drosophyllaceae　ドロソフィルム科
Frankeniaceae　フランケニア科
Gisekiaceae　ギセキア科
Halophytaceae　ハロフィトゥム科
Kewaceae　ケワ科
Limeaceae　リメウム科
Lophiocarpaceae　ロフィオカルプス科
Macarthuriaceae　マカルトゥリア科
Microteaceae　ミクロテア科
Molluginaceae　ザクロソウ科
Montiaceae　ヌマハコベ科
Nepenthaceae　ウツボカズラ科
Nyctaginaceae　オシロイバナ科
Petiveriaceae　ペティウェリア科
Physenaceae　フィセナ科
Phytolaccaceae　ヤマゴボウ科
Plumbaginaceae　イソマツ科（→ p.363）
Polygonaceae　タデ科（→ p.364）
Portulacaceae　スベリヒユ科
Rhabdodendraceae　ラブドデンドロン科
Sarcobataceae　サルコバトゥス科
Simmondsiaceae　シモンジア科
Stegnospermataceae　ステグノスペルマ科
Talinaceae　ハゼラン科
Tamaricaceae　ギョリュウ科

Celastrales　ニシキギ目
Celastraceae　ニシキギ科
Lepidobotryaceae　カタバミノキ科

Ceratophyllales　マツモ目
Ceratophyllaceae　マツモ科

Chloranthales　センリョウ目
Chloranthaceae　センリョウ科

Commelinales　ツユクサ目
Commelinaceae　ツユクサ科
Haemodoraceae　ハエモドルム科
Hanguanaceae　ハングアナ科

Philydraceae タヌキアヤメ科
Pontederiaceae ミズアオイ科

Cornales ミズキ目
Cornaceae ミズキ科（→p.365）
Curtisiaceae クルティシア科
Grubbiaceae グルッビア科
Hydrangeaceae アジサイ科
Hydrostachyaceae ヒドロスタキス科
Loasaceae シレンゲ科
Nyssaceae ヌマミズキ科

Crossosomatales クロッソソマ目
Aphloiaceae アフロイア科
Crossosomataceae クロッソソマ科
Geissolomataceae ゲイッソロマ科
Guamatelaceae グアマテラ科
Stachyuraceae キブシ科
Staphyleaceae ミツバウツギ科
Strasburgeriaceae ストラスブルゲリア科

Cucurbitales ウリ目
Anisophylleaceae アニソフィレア科
Apodanthaceae アポダンテス科
Begoniaceae シュウカイドウ科（→p.366）
Coriariaceae ドクウツギ科
Corynocarpaceae コリノカルプス科
Cucurbitaceae ウリ科（→p.367）
Datiscaceae ナギナタソウ科
Tetramelaceae テトラメレス科

Dilleniales ビワモドキ目
Dilleniaceae ビワモドキ科

Dioscoreales ヤマノイモ目
Burmanniaceae ヒナノシャクジョウ科
Dioscoreaceae ヤマノイモ科
Nartheciaceae キンコウカ科

Dipsacales マツムシソウ目
Adoxaceae レンプクソウ科（→p.368）
Caprifoliaceae スイカズラ科

Ericales ツツジ目
Actinidiaceae マタタビ科
Balsaminaceae ツリフネソウ科
Clethraceae リョウブ科
Cyrillaceae キリラ科
Diapensiaceae イワウメ科
Ebenaceae カキノキ科
Ericaceae ツツジ科（→p.369）

Fouquieriaceae フーキエリア科
Lecythidaceae サガリバナ科
Marcgraviaceae マルクグラフィア科
Mitrastemonaceae ヤッコソウ科
Pentaphylacaceae ペンタフィラクス科
Polemoniaceae ハナシノブ科（→p.370）
Primulaceae サクラソウ科（→p.371）
Roridulaceae ロリドゥラ科
Sapotaceae アカテツ科
Sarraceniaceae サラセニア科
Sladeniaceae スラデニア科
Styracaceae エゴノキ科
Symplocaceae ハイノキ科
Tetrameristaceae テトラメリスタ科
Theaceae ツバキ科（→p.372）

Escalloniales エスカロニア目
Escalloniaceae エスカロニア科

Fabales マメ目
Fabaceae マメ科（→p.373）
Polygalaceae ヒメハギ科
Quillajaceae キラヤ科
Surianaceae スリアナ科

Fagales ブナ目
Betulaceae カバノキ科（→p.374）
Casuarinaceae モクマオウ科
Fagaceae ブナ科（→p.375）
Juglandaceae クルミ科（→p.376）
Myricaceae ヤマモモ科
Nothofagaceae ナンキョクブナ科
Ticodendraceae ティコデンドロン科

Garryales ガリア目
Eucommiaceae トチュウ科
Garryaceae ガリア科

Gentianales リンドウ目
Apocynaceae キョウチクトウ科（→p.377）
Gelsemiaceae ゲルセミウム科
Gentianaceae リンドウ科
Loganiaceae マチン科
Rubiaceae アカネ科（→p.378）

Geraniales フウロソウ目
Francoaceae フランコア科
Geraniaceae フウロソウ科（→p.379）

Gunnerales グンネラ目
Gunneraceae グンネラ科

Myrothamnaceae ミロタムヌス科

Huerteales フエルテア目
Dipentodontaceae ディペントドン科
Gerrardinaceae ゲラルディナ科
Petenaeaceae ペテナエア科
Tapisciaceae タピスキア科

Icacinales クロタキカズラ目
Icacinaceae クロタキカズラ科
Oncothecaceae オンコテカ科

Lamiales シソ目
Acanthaceae キツネノマゴ科（→p.380）
Bignoniaceae ノウゼンカズラ科（→p.381）
Byblidaceae ビブリス科
Carlemanniaceae カルレマニア科
Gesneriaceae イワタバコ科（→p.382）
Lamiaceae シソ科（→p.383）
Lentibulariaceae タヌキモ科
Linderniaceae アゼナ科
Martyniaceae ツノゴマ科
Mazaceae サギゴケ科
Oleaceae モクセイ科（→p.384）
Orobanchaceae ハマウツボ科
Paulowniaceae キリ科
Pedaliaceae ゴマ科
Phrymaceae ハエドクソウ科
Plantaginaceae オオバコ科（→p.385）
Plocospermataceae プロコスペルマ科
Schlegeliaceae シュレーゲリア科
Scrophulariaceae ゴマノハグサ科
（→p.386）
Stilbaceae スティルベ科
Tetrachondraceae テトラコンドラ科
Thomandersiaceae トマンデルシア科
Verbenaceae クマツヅラ科

Laurales クスノキ目
Atherospermataceae アセロスペルマ科
Calycanthaceae ロウバイ科
Gomortegaceae ゴモルテガ科
Hernandiaceae ハスノハギリ科
Lauraceae クスノキ科（→p.387）
Monimiaceae モニミア科
Siparunaceae シパルナ科

Liliales ユリ目
Alstroemeriaceae ユリズイセン科
Campynemataceae カンピネマ科
Colchicaceae イヌサフラン科

Corsiaceae コルシア科
Liliaceae ユリ科（→p.388）
Melanthiaceae シュロソウ科
Petermanniaceae ペテルマニア科
Philesiaceae フィレシア科
Ripogonaceae リポゴヌム科
Smilacaceae サルトリイバラ科

Magnoliales モクレン目
Annonaceae バンレイシ科
Degeneriaceae デゲネリア科
Eupomatiaceae エウポマティア科
Himantandraceae ヒマンタンドラ科
Magnoliaceae モクレン科（→p.389）
Myristicaceae ニクズク科

Malpighiales キントラノオ目
Achariaceae アカリア科
Balanopaceae バラノプス科
Bonnetiaceae ボンネティア科
Calophyllaceae テリハボク科
Caryocaraceae バターナット科
Centroplacaceae ケントロプラクス科
Chrysobalanaceae クリソバラヌス科
Clusiaceae テリハボク科
Ctenolophonaceae クテノロフォン科
Dichapetalaceae カイナンボク科
Elatinaceae ミゾハコベ科
Erythroxylaceae コカノキ科
Euphorbiaceae トウダイグサ科（→p.390）
Euphroniaceae エウフロニア科
Goupiaceae ゴウピア科
Humiriaceae フミリア科
Hypericaceae オトギリソウ科
Irvingiaceae イルウィンギア科
Ixonanthaceae イクソナンテス科
Lacistemataceae ラキステマ科
Linaceae アマ科
Lophopyxidaceae ロフォピクシス科
Malpighiaceae キントラノオ科
Ochnaceae オクナ科
Pandaceae パンダ科
Passifloraceae トケイソウ科
Peraceae ペラ科
Phyllanthaceae ミカンソウ科
Picrodendraceae ピクロデンドロン科
Podostemaceae カワゴケソウ科
Putranjivaceae ツゲモドキ科
Rafflesiaceae ラフレシア科
Rhizophoraceae ヒルギ科
Salicaceae ヤナギ科（→p.391）

Trigoniaceae　トリゴニア科
Violaceae　スミレ科（→p.392）

Malvales　アオイ目
Bixaceae　ベニノキ科
Cistaceae　ハンニチバナ科
Cytinaceae　キティヌス科
Dipterocarpaceae　フタバガキ科
Malvaceae　アオイ科（→p.393）
Muntingiaceae　ナンヨウザクラ科
Neuradaceae　ネウラダ科
Sarcolaenaceae　サルコラエナ科
Sphaerosepalaceae　スファエロセパルム科
Thymelaeaceae　ジンチョウゲ科

Metteniusales　メッテニウサ目
Metteniusaceae　メッテニウサ科

Myrtales　フトモモ目
Alzateaceae　アルザテア科
Combretaceae　シクンシ科
Crypteroniaceae　クリプテロニア科
Lythraceae　ミソハギ科
Melastomataceae　ノボタン科
Myrtaceae　フトモモ科（→p.394）
Onagraceae　アカバナ科（→p.395）
Penaeaceae　ペナエア科
Vochysiaceae　ウォキシア科

Nymphaeales　スイレン目
Cabombaceae　ハゴロモモ科
Hydatellaceae　ヒダテラ科
Nymphaeaceae　スイレン科（→p.396）

Oxalidales　カタバミ目
Brunelliaceae　ブルネリア科
Cephalotaceae　フクロユキノシタ科
Connaraceae　マメモドキ科
Cunoniaceae　クノニア科
Elaeocarpaceae　ホルトノキ科
Huaceae　フア科
Oxalidaceae　カタバミ科（→p.397）

Pandanales　タコノキ目
Cyclanthaceae　パナマソウ科
Pandanaceae　タコノキ科
Stemonaceae　ビャクブ科
Triuridaceae　ホンゴウソウ科
Velloziaceae　ウェロジア科

Paracryphiales　パラクリフィア目
Paracryphiaceae　パラクリフィア科

Petrosaviales　サクライソウ目
Petrosaviaceae　サクライソウ科

Picramniales　ピクラムニア目
Picramniaceae　ピクラムニア科

Piperales　コショウ目
Aristolochiaceae　ウマノスズクサ科
Piperaceae　コショウ科
Saururaceae　ドクダミ科

Poales　イネ目
Bromeliaceae　パイナップル科（→p.398）
Cyperaceae　カヤツリグサ科（→p.399）
Ecdeiocoleaceae　エクデイオコレア科
Eriocaulaceae　ホシクサ科
Flagellariaceae　トウツルモドキ科
Joinvilleaceae　ヨインウィレア科
Juncaceae　イグサ科
Mayacaceae　マヤカ科
Poaceae　イネ科（→p.400）
Rapateaceae　ラパテア科
Restionaceae　サンアソウ科
Thurniaceae　トゥルニア科
Typhaceae　ガマ科
Xyridaceae　トウエンソウ科

Proteales　ヤマモガシ目
Nelumbonaceae　ハス科
Platanaceae　スズカケノキ科
Proteaceae　ヤマモガシ科

Ranunculales　キンポウゲ目
Berberidaceae　メギ科
Circaeasteraceae　キルカエアステル科
Eupteleaceae　フサザクラ科
Lardizabalaceae　アケビ科
Menispermaceae　ツヅラフジ科
Papaveraceae　ケシ科（→p.401）
Ranunculaceae　キンポウゲ科（→p.402）

Rosales　バラ目
Barbeyaceae　バルベヤ科
Cannabaceae　アサ科
Dirachmaceae　ディラクマ科
Elaeagnaceae　グミ科
Moraceae　クワ科（→p.403）
Rhamnaceae　クロウメモドキ科

Rosaceae　バラ科（→p.404）
Ulmaceae　ニレ科
Urticaceae　イラクサ科（→p.405）

Sabiales　アワブキ目
Sabiaceae　アワブキ科

Santalales　ビャクダン目
Balanophoraceae　ツチトリモチ科
Loranthaceae　オオバヤドリギ科
Misodendraceae　ミソデンドルム科
Olacaceae　オラクス科
Opiliaceae　カナビキボク科
Santalaceae　ビャクダン科
Schoepfiaceae　ボロボロノキ科

Sapindales　ムクロジ目
Anacardiaceae　ウルシ科（→p.406）
Biebersteiniaceae　ビーベルスタイニア科
Burseraceae　カンラン科
Kirkiaceae　キルキア科
Meliaceae　センダン科
Nitrariaceae　ソウダノキ科
Rutaceae　ミカン科（→p.407）
Sapindaceae　ムクロジ科（→p.408）
Simaroubaceae　ニガキ科

Saxifragales　ユキノシタ目
Altingiaceae　フウ科
Aphanopetalaceae　アファノペタルム科
Cercidiphyllaceae　カツラ科
Crassulaceae　ベンケイソウ科
Cynomoriaceae　オシャグジタケ科
Daphniphyllaceae　ユズリハ科
Grossulariaceae　スグリ科
Haloragaceae　アリノトウグサ科
Hamamelidaceae　マンサク科
Iteaceae　ズイナ科
Paeoniaceae　ボタン科
Penthoraceae　タコノアシ科
Peridiscaceae　ペリディスクス科
Saxifragaceae　ユキノシタ科（→p.409）
Tetracarpaeaceae　テトラカルパエア科

Solanales　ナス目
Convolvulaceae　ヒルガオ科（→p.410）
Hydroleaceae　セイロンハコベ科
Montiniaceae　モンティニア科
Solanaceae　ナス科（→p.411）
Sphenocleaceae　ナガボノウルシ科

Trochodendrales　ヤマグルマ目
Trochodendraceae　ヤマグルマ科

Vahliales　ヴァーリア目
Vahliaceae　ヴァーリア科

Vitales　ブドウ目
Vitaceae　ブドウ科（→p.412）

Zingiberales　ショウガ目
Cannaceae　カンナ科
Costaceae　オオホザキアヤメ科
Heliconiaceae　オウムバナ科
Lowiaceae　ロウイア科
Marantaceae　クズウコン科
Musaceae　バショウ科
Strelitziaceae　ゴクラクチョウカ科
Zingiberaceae　ショウガ科（→p.413）

Zygophyllales　ハマビシ目
Krameriaceae　クラメリア科
Zygophyllaceae　ハマビシ科

裸子植物 (Gymnosperms)

Coniferales 球果植物目
Araucariaceae ナンヨウスギ科
Cupressaceae ヒノキ科 (→p.414)
Pinaceae マツ科 (→p.415)
Podocarpaceae マキ科
Sciadopityaceae コウヤマキ科
Taxaceae イチイ科

Cycadales ソテツ目
Cycadaceae ソテツ科
Zamiaceae ザミア科

Ginkgoales イチョウ目
Ginkgoaceae イチョウ科

Gnetales グネツム目
Gnetaceae グネツム科
Ephedraceae マオウ科
Welwitschiaceae ウェルウィチア科

シダ類 (Pteridophytes)

Cyatheales ヘゴ目
Cyatheaceae ヘゴ科 (→p.416)

Equisetales トクサ目
Equisetaceae トクサ科 (→p.417)

Gleicheniales ウラジロ目
Dipteridaceae ヤブレガサウラボシ科
Gleicheniaceae ウラジロ科
Matoniaceae マトニア科

Hymenophyllales コケシノブ目
Hymenophyllaceae コケシノブ科

Marattiales リュウビンタイ目
Marattiaceae リュウビンタイ科

Ophioglossales ハナヤスリ目
Ophioglossaceae ハナヤスリ科

Osmundales ゼンマイ目
Osmundaceae ゼンマイ科

Polypodiales ウラボシ目
Aspleniaceae チャセンシダ科
Cystodiaceae キストディウム科
Dennstaedtiaceae コバノイシカグマ科
Lindsaeaceae ホングウシダ科
Lonchitidaceae ロンキティス科
Polypodiaceae ウラボシ科 (→p.418)
Pteridaceae イノモトソウ科
Saccolomataceae サッコロマ科

Psilotales マツバラン目
Psilotaceae マツバラン科

Salviniales サンショウモ目
Marsileaceae デンジソウ科
Salviniaceae サンショウモ科

Schizaeales フサシダ目
Schizaeaceae フサシダ科

ヒカゲノカズラ類
(Lycopodiophyta)

Isoetales ミズニラ目
Isoetaceae ミズニラ科

Lycopodiales ヒカゲノカズラ目
Lycopodiaceae ヒカゲノカズラ科 (→p.419)

Selaginellales イワヒバ目
Selaginellaceae イワヒバ科

ツノゴケ類 (Anthocerotophyta)

Anthocerotales ツノゴケ目
Anthocerotaceae ツノゴケ科

Dendrocerotales キノボリツノゴケ目
Dendrocerotaceae キノボリツノゴケ科

Leiosporocerotales レイオスポロケロス目
Leiosporocerotaceae レイオスポロケロス科

Notothyladales ツノゴケモドキ目
Notothyladaceae ツノゴケモドキ科

Phymatocerotales フィマトケロス目
Phymatocerotaceae フィマトケロス科

蘚類(せんるい) (Bryophytes)

Andreaeales クロゴケ目
Andreaeaceae クロゴケ科

Andreaeobryales クロマゴケ目
Andreaeobryaceae クロマゴケ科

Archidiales ツチゴケ目
Archidiaceae ツチゴケ科

Bartramiales タマゴケ目
Bartramiaceae タマゴケ科

Bryales マゴケ目
Bryaceae ハリガネゴケ科
Catoscopiaceae ゴルフクラブゴケ科
Mniaceae チョウチンゴケ科
Phyllodrepaniaceae カタフチゴケ科
Pseudoditrichaceae ニセキンシゴケ科
Spiridentaceae キノボリスギゴケ科

Bryoxiphiales エビゴケ目
Bryoxiphiaceae エビゴケ科

Buxbaumiales キセルゴケ目
Buxbaumiaceae キセルゴケ科

Dicranales シッポゴケ目
Bruchiaceae ブルフゴケ科
Calymperaceae カタシロゴケ科
Dicnemonaceae ミナミオオミゴケ科
Dicranaceae シッポゴケ科
Ditrichaceae キンシゴケ科
Eustichiaceae エビゴケモドキ科
Fissidentaceae ホウオウゴケ科
Pleurophascaceae ツヤサワゴケ科
Rhabdoweisiaceae ヤスジゴケ科
Rhachitheciaceae キブネゴケ科
Schistostegaceae ヒカリゴケ科
Sorapillaceae スケバゴケ科
Viridivelleraceae エツキカゲロウゴケ科

Encalyptales ヤリカツギ目
Bryobartramiaceae ホオズキゴケ科
Encalyptaceae ヤリカツギ科

Funariales ヒョウタンゴケ目
Disceliaceae ヨレエゴケ科
Ephemeraceae カゲロウゴケ科
Funariaceae ヒョウタンゴケ科
Splachnobryaceae スプラクノブリア科

Gigaspermales ハイツボゴケ目
Gigaspermaceae ハイツボゴケ科

Grimmiales ギボウシゴケ目
Grimmiaceae ギボウシゴケ科
Ptychomitriaceae チジレゴケ科
Seligeriaceae キヌシッポゴケ科

Hedwigiales ヒジキゴケ目
Hedwigiaceae ヒジキゴケ科
Helicophyllaceae ホゴケモドキ科

Hookeriales アブラゴケ目
Daltoniaceae ホソバツガゴケ科
Hookeriaceae アブラゴケ科

Hypnales ハイゴケ目
Amblystegiaceae ヤナギゴケ科
Anomodontaceae キヌイトゴケ科
Brachytheciaceae アオギヌゴケ科
Climaciaceae コウヤノマンネングサ科
Cryphaeaceae イトヒバゴケ科
Echinodiaceae コワバゴケ科
Entodontaceae ツヤゴケ科
Fabroniaceae コゴメゴケ科
Fontinalaceae カワゴケ科
Hylocomiaceae イワダレゴケ科
Hypnaceae ハイゴケ科
Lembophyllaceae トラノオゴケ科
Leptodontaceae レプトドンティア科
Lepyrodontaceae ミナミイタチゴケ科
Leskeaceae ウスグロゴケ科
Leucodontaceae イタチゴケ科
Meteoriaceae ハイヒモゴケ科
Microtheciellaceae ミクロテシエラ科
Myriniaceae ミリニア科
Myuriaceae ナワゴケ科
Neckeraceae ヒラゴケ科
Orthorrhynchiaceae オルトリンキア科
Phyllogoniaceae フナバゴケ科
Plagiotheciaceae サナダゴケ科
Pleuroziopsaceae フジノマンネングサ科
Pterobryaceae ヒムロゴケ科

Pterigynandraceae ネジレイトゴケ科
Regmatodontaceae ニセウスグロゴケ科
Rutenbergiaceae アフリカトラノオゴケ科
Sematophyllaceae ナガハシゴケ科
Stereophyllaceae ステレオフィラ科
Thamnobryaceae オオトラノオゴケ科
Theliaceae ヒゲゴケ科
Thuidiaceae シノブゴケ科

Hypnodendorales キダチゴケ目
Hypnodendraceae キダチゴケ科
Racopilaceae ホゴケ科
Rhizogoniaceae ヒノキゴケ科

Isobryales イヌマゴケ目
Cyrtopodaceae ユガミイタチゴケ科
Hydropogonaceae ネッタイカワゴケ科
Prionodontaceae タイワントラノオゴケ科
Trachypodaceae ムジナゴケ科
Wardiaceae ナガエノカワゴケ科

Oedipodiales イシヅチゴケ目
Oedipodiaceae イシヅチゴケ科

Orthotrichales タチヒダゴケ目
Erpodiaceae ヒナノハイゴケ科
Orthotrichaceae タチヒダゴケ科

Polytrichales スギゴケ目
Polytrichaceae スギゴケ科

Pottiales センボンゴケ目
Cinclidotaceae キンクリドタ科
Mitteniaceae ミナミヒカリゴケ科
Pottiaceae センボンゴケ科
Serpotortellaceae セルポトルテラ科

Ptychomniales スジイタチゴケ目
Ptychomniaceae スジイタチゴケ科

Rhizogoniales ヒノキゴケ目
Aulacomniaceae ヒモゴケ科

Sphagnales ミズゴケ目
Sphagnaceae ミズゴケ科

Splachnales オオツボゴケ目
Meesiaceae ヌマチゴケ科
Splachnaceae オオツボゴケ科

Tetraphidales ヨツバゴケ目
Calomniaceae ウツクシチョウチンゴケ科
Tetraphidaceae ヨツバゴケ科

Timmiales クサスギゴケ目
Timmiaceae クサスギゴケ科

苔類 (Marchantiophyta)

Blasiales ウスバゼニゴケ目
Blasiaceae ウスバゼニゴケ科

Calobryales コマチゴケ目
Haplomitriaceae コマチゴケ科

Fossombroniales ウロコゼニゴケ目
Allisoniaceae アリソンゴケ科
Calyculariaceae ミヤマミズゼニゴケ科
Fossombroniaceae ウロコゼニゴケ科
Makinoaceae マキノゴケ科
Petalophyllaceae ペタロフィラ科

Jungermanniales ウロコゴケ目
Acrobolbaceae チチブイチョウゴケ科
Adelanthaceae ケハネゴケモドキ科
Anastrophyllaceae アミバゴケ科
Antheliaceae カサナリゴケ科
Arnelliaceae アルネルゴケ科
Balantiopsidaceae ヤクシマゴケ科
Blepharidophyllaceae ブレファリドフィラ科
Blepharostomataceae マツバウロコゴケ科
Brevianthaceae ブレビアンタ科
Calypogeiaceae ツキヌキゴケ科
Cephaloziaceae ヤバネゴケ科
Cephaloziellaceae コヤバネゴケ科
Endogemmataceae エンドゲムマタ科
Geocalycaceae ウロコゴケ科
Grolleaceae グロレア科
Gymnomitriaceae ミゾゴケ科
Gyrothyraceae ネジミゴケ科
Harpanthaceae カマウロコゴケå科
Herbertaceae キリシマゴケ科
Hygrobiellaceae エゾヒメヤバネゴケ科
Jackiellaceae タカサゴソコマメゴケ科
Jungermanniaceae ツボミゴケ科
Lepicoleaceae ヤクシマスギバゴケ科
Lepidoziaceae ムチゴケ科
Lophocoleaceae トサカゴケ科

Lophoziaceae タカネイチョウゴケ科
Mastigophoraceae オオサワラゴケ科
Myliaceae カタウロコゴケ科
Notoscyphaceae キウロコゴケ科
Plagiochilaceae ハネゴケ科
Pseudolepicoleaceae マツバウロコゴケ科
Saccogynaceae イボソコマメゴケ科
Scapaniaceae ヒシャクゴケ科
Schistochilaceae オヤコゴケ科
Solenostomataceae ソロイゴケ科
Southbyaceae ソウトビア科
Stephaniellaceae ステファニエラ科
Trichocoleaceae ムクムクゴケ科
Trichotemnomataceae ケバゴケ科

Lunulariales ミカヅキゼニゴケ目
Lunulariaceae ミカヅキゼニゴケ科

Marchantiales ゼニゴケ目
Aytoniaceae ジンガサゴケ科
Cleveaceae ジンチョウゴケ科
Conocephalaceae ジャゴケ科
Corsiniaceae ゼニゴケモドキ科
Cyathodiaceae ヒカリゼニゴケ科
Dumortieraceae ケゼニゴケ科
Marchantiaceae ゼニゴケ科
Monocarpaceae アワゼニゴケ科
Monocleaceae ミミカキゴケ科
Monosoleniaceae ヤワラゼニゴケ科
Oxymitraceae ハタケゴケモドキ科
Ricciaceae ウキゴケ科
Targioniaceae ハマグリゼニゴケ科
Wiesnerellaceae アズマゼニゴケ科

Metzgeriales フタマタゴケ目
Aneuraceae スジゴケ科
Metzgeriaceae フタマタゴケ科

Neohodgsoniales オオホッジソニア目
Neohodgsoniaceae オオホッジソニア科

Pallaviciniales クモノスゴケ目
Hymenophytaceae コケシノブダマシ科
Moerckiaceae チジレヤハズゴケ科
Pallaviciniaceae クモノスゴケ科
Phyllothalliaceae ウロコゴケダマシ科
Sandeothallaceae サンデオタルス科

Pelliales ミズゼニゴケ目
Noterocladaceae ノテロクラド科

Pelliaceae ミズゼニゴケ科

Pleuroziales ミズゴケモドキ目
Pleuroziaceae ミズゴケモドキ科

Porellales クラマゴケモドキ目
Frullaniaceae ヤスデゴケ科
Goebeliellaceae ゲーベルゴケ科
Jubulaceae ヒメウルシゴケ科
Lejeuneaceae クサリゴケ科
Lepidolaenaceae レピドレナ科
Porellaceae クラマゴケモドキ科
Radulaceae ケビラゴケ科

Ptilidiales テガタゴケ目
Herzogianthaceae ヘルゾギアンタ科
Neotrichocoleaceae サワラゴケ科
Ptilidiaceae テガタゴケ科

Sphaerocarpales ダンゴゴケ目
Riellaceae リエラゴケ科
Sphaerocarpaceae ダンゴゴケ科

Treubiales トロイブゴケ目
Treubiaceae トロイブゴケ科

用語集

亜種 種の下位区分だが、種と亜種とを分ける基準は明確ではない。

アナナス パイナップル科(Bromeliaceae)に属するロゼット状の植物で、その多くが着生植物である。葉はらせん状に並び、一部には鋸歯がつく。茎は木化することもある。

アントシアニン 葉や花を、赤、青、紫色に彩る植物の色素。

いが 果実を包むとげのある総苞片。

維管束 道管と篩管が集まって束になったもの。植物の葉や茎の中を通っている。

維管束鞘 葉の内部で、維管束を筒状に取り囲む細胞。

維管束植物 栄養を運ぶ組織（篩管）と、水分を運ぶ組織（道管）を持つ植物。

異形葉性 植物が1つの個体に形の異なる葉をつける現象。日照条件など、特定の条件に対する適応から生じる。

1年草 発芽、開花、播種、枯死までの生活環を1年以内に完結させる植物。

一回開花性 竹のように1度だけ花を咲かせ、果実をつけてから枯死する植物の習性。こうした植物が開花可能な大きさに育つまでには、何年もかかる場合がある。一稔性ともいう。

羽状複葉 複葉の一種で、中央の葉軸に小葉が対生するもの。

ウリ科植物 キュウリやヒョウタンの仲間（ウリ目）にあたる植物で、メロンやカボ

チャなどが含まれる。

ウリ状果 多くの種子を含み、硬い表皮を持つ液果。カボチャ、スイカ、キュウリなど、ウリ科の果実がこれにあたる。

穎果 1つの種子を含む乾果で、裂開しない。たいていのイネ科植物は、列状あるいは房状に並んだ穎果をつけ、これらは食用になる。穀果とも言う。

液果 柔らかい肉質の果実。単一の子房から生じ、種子を1つ以上含む。

腋芽 葉腋から出る芽。

円錐花序 総状花序が分岐して、円錐形になったもの。

雄しべ 花の雄性の生殖器官。花粉をつくる葯と、それを支える花糸（柄）でできているのが普通。

科 植物の分類において、関連のある属同士をまとめたグループ。例えばバラ科には、バラ属、ナナカマド属、キイチゴ属、サクラ属、トキワサンザシ属などがある。

外花穎 イネ科植物の花を最も外側から包む2枚の苞。「内花穎」も参照。

外果皮 果実の外側にある果皮の層。薄く硬いことが多いが、皮状になることもある。

塊茎 茎が、ジャガイモのように地中で肥大してできた器官。栄養の貯蔵に使われる。「塊根」も参照。

塊根 根がサツマイモのように地中で肥大してできた器官。栄養の貯蔵に使われる。「塊茎」も参照。

外種皮 受精した種子を包む、硬い皮膜。発芽の準備が整うまで、内部に水が浸入するのを防ぐ。

外皮 根の表皮や根被のすぐ下にある特殊な層。

開放花受粉 花が開いて生殖器官を露出させ、異花受粉を可能とすること。

花冠 花において、同心円状に並んだ花弁がつくる部分。

萼 萼片が同心円状に並んだ、花の外周部分。鮮やかで目立つ色をしていることもあるが、たいていは小さく、緑色をしている。花芽の間、花弁は萼によって守られる。

核果 液果の中で、硬い層（内果皮）に覆われた種子を1つ含むもの。

殻斗 多数の苞が合着してできた椀状の構造。

隔壁 果実の内部を仕切る壁。

隔膜 豆果などに見られる、果実を仕切る壁。

芽型 芽の中での葉の畳まれ方。

花糸 花の中にある、葯を支える柄。

果実 受精した子房が成熟し、1つ以上の種子を含むもの。液果、ヒップ、蒴果、堅果などの種類がある。食用の「果物」を指すこともある。

仮種皮 種子を包む層で、液果状のも

の、肉質のもの、毛状のもの、スポンジ状のものがある。

花序 1本の軸（茎）の先に花が集まって咲くこと。総状花序、円錐花序、集散花序などがある。

花序柄 多くの小花柄がつく、花序の中心となる柄。

下垂性 垂れ下がる植物の習性。

花托 茎の先端が膨らんだり伸びたりして発達したもの。単純なつくりをした花の部位はすべて、花托から育つ。

花柱 花の柱頭と子房をつなぐ柄。

果皮 子房壁が成熟してできる果実の壁。液果においては、果皮は外果皮、中果皮、内果皮の3層に分かれていることが多い。乾果の果皮は紙状あるいは翼状になるが、液果の果皮は多肉質で柔らかい。

花被片 萼片と花弁の総称。特にユリやクロッカスの花など、萼片と花弁との区別がつきにくい場合に使われる。

株分け 植物を2つ以上の株に分けて繁殖させること。各株には根系と、1つ以上の枝葉あるいは休眠芽を残す必要がある。

花粉 種子植物の葯でつくられる小さな粒。花の雄性生殖細胞を含んでいる。

花弁 葉が変形してできた器官。その鮮やかな色や芳香で、ポリネーターを引きつける。輪のように並んだ花弁をまとめて花冠という。

花蜜 蜜腺から分泌される、糖分を含む甘い物質。植物はこの物質で昆虫な

どのポリネーターを引きつける。

仮雄しべ（かりお）　雄しべと似ているが、花粉をつくらないもの。

カロテノイド　植物を黄色やオレンジ色に彩る色素。

稈（かん）　イネ科植物やタケにおける花茎のこと。節があり、普通は中空になっている。

幹生（かんせい）　花や果実が、枝の先端ではなく、木の幹や枝に直接つくことを意味する用語。

貫生（かんせい）　苞や葉の場合、無柄の葉や苞が茎を包むため、茎が葉身を貫いているように見えること。

完全花（かんぜんか）　雄の生殖器官と雌の生殖器官をどちらも持つ花。こうした習性を「両性」あるいは「雌雄同体」ともいう。

冠毛（かんもう）　さまざまな種子植物の子房や果実につく、房状の付属器官。果実を風散布するのに役立つ。

偽果（ぎか）　花柄の先が膨らむなど、子房以外の部分が一緒に果実になったもの。リンゴやローズヒップがこれにあたる。

気孔（きこう）　植物の地上部（葉や茎）の表面に開いている小さな孔。この孔を通じて二酸化炭素と酸素の交換がなされ、蒸散が行われる。

気根（きこん）　地上に出ている植物の茎から成長する根。

旗弁（きべん）　マメ科の花の上方にある花弁。

球果（きゅうか）　針葉樹において、苞が密集してできた構造物。松かさのように、木化し

て内部に種子をつくることが多い。

吸器（きゅうき）　寄生植物の特殊な根。この根で、宿主植物の組織に侵入する。

球茎（きゅうけい）　地下にある茎や茎の基部が球状に膨らんだもの。紙のような薄皮に包まれていることが多い。

吸枝（きゅうし）　植物の根や基部から生じ、地上に現れるひこばえ。

距（きょ）　花弁から伸びる中空の突起。多くの場合、ここに花蜜を蓄えている。

莢果（きょうか）　1心室の単一の子房からできる、平らな乾果。

共生（きょうせい）　生物同士が相利的な関係を築いて暮らすこと。

共生的（きょうせいてき）　相互に利益があること。

偽鱗茎（ぎりんけい）　根茎（場合によっては非常に短い）から生じる、球状に肥大した葉の集合体。

菌根（きんこん）　菌類と植物の根の間につくられる、相利共生体のこと。

菌類（きんるい）　「菌界」という独立した界に属する、単細胞または多細胞の生物群。カビ、酵母、キノコなどが含まれる。

茎（くき）　植物の主軸で、通常は地上に出ている。枝、葉、花、果実などの構造を支える。

クチクラ　水をはじく蝋状（ろうじょう）の保護層。植物の最も外側にある細胞（表皮）を覆っている。

クロロフィル　植物細胞が持つ緑色の色素。葉にあるのが普通だが、茎に含

まれることもある。植物はこの色素で光を吸収し、光合成を行う。

茎針（けいしん）　変形した托葉、あるいは単なる茎の付属物で、先が鋭く尖（とが）ったもの。

形成層（けいせいそう）　茎や根を太らせるため、新しい細胞をつくる組織層。

堅果（けんか）　殻斗のような木質の硬い外皮を持ち、種子を1つ含む閉果。外皮が木質、あるいは革状になった果実や種子全般を指すこともある。

綱（こう）　分類上の階級で、門の下、目の上に置かれる。単子葉植物綱や真正双子葉植物綱などがある。

口環（こうかん）　シダの胞子嚢を裂開して胞子を放出するための、環状になった厚壁細胞。

光合成（こうごうせい）　葉緑素を持つ植物が日光のエネルギーを利用し、二酸化炭素と水から栄養をつくりだす一連の化学反応。その副産物として、酸素が発生する。

厚膜細胞（こうまくさいぼう）　木化して厚くなった、穴のある細胞壁を持つ植物細胞。

広葉樹（こうようじゅ）　幅が広くて平らな、通常は落葉性の葉をつける木のこと。針葉樹は対照的に、細い針状の葉をつける。

呼吸根（こきゅうこん）　沼地からまっすぐに突き出す気根で、ガス交換（「呼吸」）する能力を持つ。マングローブの根は、その多くが呼吸根である。

根冠（こんかん）　根の先端を覆うキャップのような構造。地中を伸びるにつれ根冠細胞は剥がれ落ちるが、新しい細胞が絶えず補給される。

根茎（こんけい）　地下を這う茎。貯蔵器官として働き、頂点から長さ全体に沿って枝葉を出す。

根圏（こんけん）　根系のすぐ近くにある土壌空間。

根被（こんひ）　気根の全体を覆い、水を吸収する組織。多くの着生生物に見られる。

根毛（こんもう）　根の後方から生じる糸状の構造。根の表面積を広げることで、吸収できる水と栄養の量を増やす働きをする。

根粒（こんりゅう）　根にできる小さなこぶ。内部に窒素固定菌が住んでいる。

栽培品種（さいばいひんしゅ）　通常は、人為的に選抜・作出されたものを指す。

蒴果（さくか）　種子を多く含む乾果で、2心皮以上の子房からなる。熟すと裂開して、種子を放出する。

ザクロ状果（じょうか）　果皮（皮）が硬く、中はいくつもの部屋に分かれていて、部屋ごとに1種子を含む果実。代表的なのはザクロの果実である。

雑種（ざっしゅ）　互いの遺伝子が異なる親植物から生まれた子孫。同属の親から生まれた雑種は「種間雑種」といい、異なる属の（たいていは近縁にあたる）親から生まれた雑種は「属間雑種」という。

散形花序（さんけいかじょ）　花軸の1点から花柄が伸び、多数の花をつけるもの。花序の頂部は平らになることも、丸みを帯びることもある。

三小葉（さんしょうよう）　3枚の小葉が1点から放射状に出ている複葉。

散房花序 花軸から長さの異なる花柄が互生し、全体が水平、あるいはドーム状になる花序。

自家受粉 葯から出た花粉が、同じ花の柱頭、あるいは花序内の別の花へと運ばれること。「他家受粉」も参照。

自家不稔性 「自家不和合性」を参照。

自家不和合性 植物が発芽能力のある種子を自家受粉ではつくれず、受精にあたって別の個体（ポリネーター）を必要とすること。「自家不稔性」ともいう。

軸 複葉や花序の主軸。

刺状突起体 植物の表皮や皮層から出る鋭い突起。植物を傷つけることなく、生えている場所から抜けることもある。

雌性先熟 両性花が雌として機能した後、性転換して雄として機能すること。対義語は「雄性先熟」。

シダ植物 トクサ属やヒカゲノカズラ属などを含めたシダ類の総称。維管束を持ち、主となる世代が胞子をつくり、世代交代を繰り返して繁殖する。

シダ類 根、茎、葉に似た葉状体からなる植物。花はつけず、胞子をつくる。

室 子房や葯の中にある区画や空間。

実生 種子から成長した若い植物。

篩部 植物の維管束組織で、栄養を含む液（この栄養は光合成でつくられる）を葉から植物体の他の部分へと送る。

子房 心皮の基部にあり、1つ以上の胚珠を含む部分。受精すると果実になる。

種 植物の分類階級の1つ。同種の植物は共通する大きな特徴を持ち、互いに交配できる。

雌雄異株 単性花をつける植物の中で、雄花と雌花が別の個体に生じること。「雌雄同株」も参照。

集合果 複数の子房からできる果実で、複合果ともいう。これらの子房はすべて単一の花の心皮からなり、それぞれの果実が1つに集まった形になる。ラズベリーやブラックベリーがこれにあたる。

集散花序 枝分かれして、水平または丸みを帯びた形になる花序。花はそれぞれの軸先に最初につき、その後、小苞の腋から咲く。

柔組織 薄い壁を持つ細胞からなる柔らかい植物組織。

雌雄同株 1つの個体に雄花と雌花の両方をつける植物。「雌雄異株」も参照。

樹液 木の維管束組織に含まれる液。

主根 タンポポのような植物の、下へ伸びる太い根。

種子 受精して成熟した胚珠。内部にある休眠胚は、やがて成体植物に変化する。

樹脂 木から分泌される、有機化合物からなる粘液。害虫などによって樹皮が物理的に傷つけられたときには、この粘液で補修する。

樹皮 木本の根、幹、枝を覆う硬い組織。

受粉 花の葯でつくられた花粉が、柱頭に付着すること。

珠柄 果実の内部において、種子がぶら下がっている短い柄。

種鱗 種子錐につく鱗片。この鱗片の間にある胚珠が、受精後に種子になる。

子葉 栄養を貯蔵する種子葉。発芽後すぐに開いて、種子の成長を促す。

小花 ヒナギクなど、多数の花からなる集合花において、これを構成する小さな花の1つを指す用語。

小果実 ブラックベリーなどの集合果を構成する小さな果実。

小花柄 花序の中で、個々の花を支える柄。

蒸散 植物の葉や茎から水分が蒸発して失われること。

掌状葉 1点から放射状に数枚の小葉が出ている葉。

小葉 複葉を構成する葉片。

常緑性 1年以上の成長期にわたって葉をつけたままでいる植物の習性。半常緑性の植物は、1年以上ある成長期の間に、ごくわずかだが葉を落とす。

真正双子葉植物 被子植物のうち、種子葉を2枚、持つもの。かつて「双子葉植物」と呼ばれていた多くの植物がここに含まれる。ほとんどの真正双子葉植物は、葉脈が網目状になった大きな葉と、4か5の倍数枚になった花弁や萼片などの花的器官を持つ。「単子葉植物」も参照。

心皮 葉が変形した雌性の生殖器官で、子房、柱頭、花柱をつくる。

唇弁 アヤメやランの花に見られる、くちびる状の大きな花弁。

針葉樹 普通、常緑性で、針状の葉をつける樹木。種子は球果の中につくられ、鱗片の間でむき出しのまま育つ。

節 葉、芽、枝、花が1つから複数生じる、茎上の場所。

節間 2つの節の間にある部分。

接触屈性 物に触れた刺激の方向に反応して、植物が屈曲したり、絡みついたりすること。

全寄生植物 葉を持たず、栄養と水を宿主に完全に依存している寄生植物。

先駆種 火山の噴火や山火事があった場所など、新しい環境に進出し、遷移のきっかけをつくる植物種。

線形 両縁が平行で、非常に幅が狭い葉の形。

尖頭 雨水を流れ落ちやすくするため、葉や小葉の先端が尖っていること。ただしその役目には異論が多い。

蘚類 緑色の小さなコケ植物。花をつけず、根を持たない。湿気のある環境で育ち、胞子を放出して繁殖する。

浅裂 植物体の一部、例えば葉などに浅い切れ込みが入り、縁がカーブしたり丸みを帯びたりすること。

痩果 1種子を含む乾いた果実で、裂開しない。

双懸果 小さな乾果が、2つの平らな分果に分かれたもの。分果には種子が1つずつ入っている。セリ科に見られる。

走出枝 ストロン。たいていは地表にあり、水平方向に這ったり、アーチ状に伸びたりする茎。先端から根を伸ばして、新しい植物をつくる。匍枝と混同されることが多い。

総状花序 中央の茎から短い花柄が出て、その先端に複数の小花が集まって咲くもの。花は下から順番に開いていく。

双子葉植物 被子植物のうち、種子葉を2枚、持つもの。進化系統の観点からいうと、時代遅れで、正確さに欠く用語であると現在は考えられている。「真正双子葉植物」「単子葉植物」も参照。

創発 新しく現れたり、生じたりすること。

総苞 花序の基部を取り囲む、葉状の苞。

草本 木化しない植物。生育期間が終わると、根茎を残して地上部が枯れる。植物学的には、1年生植物や2年生植物もこの定義に当てはまるが、多年生植物を指すこともある。

藻類 花のない植物に似た、単純な形の生物群。主に水生である。クロロフィルという緑色の色素を含むが、茎、根、葉、維管束組織は持たない。海藻は藻類の中の一群。

属 植物の分類上、科と種の間にある階級。

側生 シュートや根から分枝して成長した部分。

袋果 1心室の子房からなる、鞘状の乾果。縫合線が1本あり、ここから裂けて種子を放出する。ほとんどの場合、袋果は集合果になる。

耐寒性 冬場の低温に対する植物の耐性を表す用語。

苔類 単純なつくりをしたコケ植物で、花をつけず、根を持たない。葉状の茎または鱗片状の葉があり、胞子を放出して繁殖する。湿気のある環境で生育することが多い。

多花果 近接する複数の花が合着して、単一の果実になったもの。パイナップルがその一例である。

他家受精 他家受粉の結果、花の胚珠が受精すること。

他家受粉 ある個体の花の葯から出た花粉が、別の個体の花に運ばれ、その柱頭に付着すること。「自家受粉」も参照。

托葉 葉につく葉状の付属物で、対となることが多い。

多肉植物 肉質の厚い葉や茎を持つ植物。この葉や茎に水を蓄えられるため、乾燥に強い。サボテンは全て多肉植物である。

多年生植物 2年以上生きる植物。

単果 単一の子房からできる果実。液果、核果、堅果などがある。

短花柱花 花柱が短く、花冠の外からは雄しべしか見えない花。対義語は「長花柱花」。

単子葉植物 被子植物のうち、種子の

中に子葉(種子葉)を1枚だけ持つもの。平行脈の細長い葉も特徴である。単子葉植物には、ユリ、アヤメ、イネ科植物などが含まれる。「真正双子葉植物」も参照。

単性花 花粉か胚珠のいずれか一方だけをつくる（雄しべか雌しべのいずれか一方だけを持つ）花。

弾分蒴果 3心皮以上が合着してできた乾果で、成熟すると破裂するように裂ける。

単葉 1枚の葉片からなる葉。

着生生物 他の植物体の表面に付着して育つ植物。ただし、宿主の栄養を盗み取る（寄生する）わけではない。土には根を下ろさず、必要な水分と栄養を空気中から得る。

中果皮 果皮の中層。多くの場合は肉質だが、中果皮そのものを持たない果実もある。

柱頭 花の雌性器官で、受精前に花粉を受け取る場所。花柱の先端にある。

中肋 たいていは葉の中央を走る、太い葉脈。

頂芽 茎の頂端にできる芽。

長花柱花 長い花柱と、比較的短い雄しべを持つ花。対義語は「短花柱花」。

頂端 葉、茎、根の先端または成長点。

沈水植物 体全体が水面下にある植物。

豆果 背腹両側から裂け、熟した種子を散布する裂開果。

頭状花序 茎の先端に複数の花が集まって咲き（花序）、全体が1つの花のように見えるもの。ヒマワリの花などがその例である。

ドマティア 植物内につくられる、動物をすまわせるための構造。たいていは根、茎、葉に空洞ができ、その内部でアリなどの小動物が暮らす。

内花頴 イネ科植物の花を最も内側で包む2枚の苞。「外花頴」も参照。

内果皮 果物の最も内側にある果皮の層。

ナシ状果 リンゴやそれに近い類の果実の型で、肥大した花托、子房、種子からなる。

2回羽状 ミモザの葉のように、小葉がさらに細かい小葉に分かれている複葉。

肉穂花序 小花が密集し、肉質の穂をつくるもの。通常は仏炎苞で覆われている。

二出集散花序 「花序」を参照。

2年草 発芽した翌年に花が咲き、枯死する植物。

根 植物の一部で、通常は地中にある。植物体を土壌に固定し、水と栄養を吸収する。

粘液 葉をはじめとして、植物のさまざまな部位から分泌される粘性の液体。

芒 栽培品種の穀草類など、特定のイネ科植物の小穂から伸びる剛毛。

葉 茎から生じ、通常は薄く平らに広

がる器官。網目状の葉脈によって支えられている。葉の大きな役割は、日光のエネルギーを集め、それを利用して光合成を行うことである。

背軸 ある器官の、茎または支持構造の先端に背く側。葉でいうと裏面のこと。

胚珠 子房の一部で、受粉して受精が完了すると種子になる。

発芽 種子が幼植物へと成長する過程で起こる、物理的かつ化学的な変化。

花 多くの植物属が共通して持つ生殖器官。1つの花には1本の軸があり、そこに萼片、花弁、雄しべ、心皮という4種類の生殖器官がつく。

半寄生植物 緑葉を持ち、光合成を行う寄生植物。ヤドリギ（*Viscum album var. coloratum*）はその一種である。

繁殖 種子によって、あるいは無性生殖によって植物が増えること。

被子植物 花をつける植物で、のちに種子となる胚珠を子房の中に含むもの。被子植物の多くは、単子葉植物と真正双子葉植物に大別される。

尾状花序 目立たない、あるいは花弁のない小花が細長い房になって垂れ下がるもの。ハシバミやシラカバなどの木に見られる。

皮層 表皮（樹皮）と維管束鞘との間にある組織。

皮目 茎にできる孔。植物はこの孔を通じて細胞に酸素を取り入れたり、二酸化炭素を放出したりする。

表皮 植物の最外細胞を保護する層。

ファイトテルマータ 植物体にできる、水で満たされた空間。動物の生息場所となる。

斑入り 主に葉などで、色の出方が不規則になること。通常は突然変異や病気が原因で起こる。

不完全花 雄の生殖器官、あるいは雌の生殖器官をどちらか一方だけ持つ花。「単性花」ともいう。

匐枝 ランナー。地表を水平方向に伸びる、通常は細い茎。節から根を伸ばして新しい植物をつくる。「走出枝」も参照。

複葉 2枚以上の小葉に分かれている葉。小葉の形は互いによく似ている。

仏炎苞 単一の花や肉穂花序を包む苞。

不定 新たな器官が、通常は生じない場所から生じること。例えば、茎から伸びた根は不定根である。

分離果 紙状の果皮を持つ乾果。熟すと1種子を含む分果に分かれ、ばらばらに散布される。

分裂組織 分裂して新しい細胞をつくる植物組織。茎と根はどちらも先端に分裂組織を持つので、この組織を切り出せば組織培養による繁殖に利用できる。

閉果 裂開せず、種子を包んだまま散布される果実。ハシバミなどが含まれる。

閉花受粉 花が開かず、自家受粉する

こと。「開放花受粉」の対義語にあたる。

変種 種の区分の1つ。一般には、基本種と少しだけ異なる特徴を持つものを指す。

穂 縦長の花序。個々の花は短い花柄につくか、あるいは長い花序軸に直接つく。

苞 花や花房の基部を包む構造。芽を守る、あるいは時にはポリネーターを引きつける役目があり、葉が変形してできた器官。大きく色鮮やかな苞は花弁に似ており、昆虫を引きつける。葉に似ている苞もあるが、それらは実際の葉に比べて小さかったり、形が異なっていたりする。

苞穎 イネ科植物やスゲの小穂の基部にある、鱗状の包葉。通常は2枚つく。

縫合線 莢果の縁に沿って入る線。ここから裂開する。

胞子 シダ類、菌類、蘚類など、花をつけない植物が持つ小さな生殖単位。

胞子嚢 シダ類の体の一部で、胞子をつくる場所。

胞子嚢群 1. シダ類の葉の基部につく、胞子嚢の集まり。2. 胞子をその中につくる構造。一部の地衣類や菌類に見られる。

包膜 シダ類の胞子嚢群を覆う薄い膜状の組織。

ポリネーター 1. 昆虫、鳥、ネズミなど、受粉を媒介する動物のこと。2. 部分的あるいは完全な自家不和合を持つ植物が、種子をつくる際に必要とする別の個体。

巻きひげ 葉、枝、茎が変形したもので、たいていは細長い。支えに自ら巻きつくことができる。

ミカン状果 レモンやオレンジなど、ミカン属の革のような厚い外皮を持ち内部が分かれた構造の果実。

密錐花序 主茎から対になって分枝する、多くの花柄を持つ複合花序。

蜜腺 花蜜を分泌する腺。花の内部にあることが多いが、葉や茎にできることもある。

脈相 葉脈の走り方。

珠芽 小さな鱗茎状の器官。葉腋のほか、茎や花にできることもある。

無毛 滑らかで毛が生えていないこと。

無融合生殖 受精を伴わない生殖過程。

芽 未発達の枝、葉、花（花序）を包み込む、未展開の器官またはシュートのこと。

雌しべ 「心皮」を参照。

毛状突起 毛、鱗片、とげなど、植物の表面に突出する付属物の総称。

目 分類学上の階級で、綱の下、科の上に置かれる。

葯 雄しべの中で花粉をつくる部分。通常は花糸についている。

雄性先熟 両性花が雄として機能した後、性転換して雌として機能すること。対義語は「雌性先熟」。

葉腋 茎と葉が接した茎の先端側部分のこと。ここから腋芽が出る。

葉縁 葉の縁。

幼芽 発芽の際、種子から最初に生じるシュート。

幼根 植物の胚につくられる、将来の根。種子が発芽した際、たいてい最初に出てくるのは幼根である。

葉序 茎上や枝上での葉の並び方。

葉状茎 茎が変形して葉状になり、光合成を行うもの。

葉身 葉柄を除いた葉の全体。葉身や葉縁の形は、その植物の大きな特徴となる。

葉針 葉身、または托葉や葉柄などの葉的器官が、硬く尖った形に変化したもの。

葉肉 葉の表裏両側の表皮間にある柔らかい内部組織（柔組織）。光合成を行うための葉緑体を含む。

葉柄 葉の柄。

葉脈 葉の中の維管束で、維管束鞘に囲まれている。葉の表面を走る線のように見えることもある。

幼葉鞘 単子葉植物の種子から出た芽を、地中で保護するための鞘。

葉緑体 クロロフィルを含む植物細胞内の粒子。葉緑体で光合成が行われると、デンプンがつくられることがある。

翼果 1種子を含む裂開しない乾果で、風散布をしやすくするための「翼」を持つ。セイヨウトネリコ、カエデ、セイヨウカジカエデなどの果実がこれにあたる。

落葉性 成長期が終わると葉を落とし、次の成長期になると再び葉をつける植物の習性。半落葉性の植物は、成長期の終わりに、一部の葉だけを落とす。

裸子植物 種子が子房に包まれず、むき出しのまま成熟する植物。大半は針葉樹である。種子は鱗片葉につき、球果の中で成熟する。

リグニン どの維管束植物にも含まれる硬い物質。植物が安定して直立するのを助ける。

竜骨（弁） 1. 葉の裏でよく見られる、縦に隆起した筋。船の竜骨に似ているためこの名が付いた。2. マメ科の花の下方につく、合着した2枚の花弁。

両性 「完全花」を参照。

両全性 単一の両性花（完全花）の中に、雄しべと雌しべを共存させる植物の性質。

鱗茎 地下の芽が変形したもので、貯蔵器官の役割を果たす。円盤状に短縮した茎を土台として、多肉になった無色の鱗片葉が層状に重なり、その内部に1つ以上の芽が包まれる。栄養は、この鱗片葉に蓄えられる。

輪生 3つ以上の器官が全て同じ点から放射状に出ていること。

鱗片 葉が縮んだもので、たいていは膜質になる。芽、鱗茎、尾状花序などを覆い、保護する。

裂開果 裂けたり破裂したりして、種子を放出する乾果。

ロゼット 密集した葉が、ほぼ1点から放射状に広がること。短い茎の基部が接する地表でよく見られる。

わらび巻き状 シダの若葉のように、内旋して渦巻きのような形になること。

索引

太字のページ番号は、情報が多いページ、イタリック体のページ番号は、見出し語が図の中にあることを示す。

ア行

アーツ・アンド・クラフツ運動 **116–17**
アーティチョーク 176
アイスランドポピー 58, *231*
アオイ科 253, 393
青い花 27, 249
赤色
　サトウダイコン 22
　葉 151, 153, 154
　花 248
　苞 278, 279
　→「アントシアニン」も参照
アカシア属の一種 79, 88, 160
アカネ科 378
アカバナ科 395
アカバナトチノキ 115
アカミグワ 137
アグラオネマ属の一種 151
アケビカズラ 88
アサギフユボタン *249*
アサ属の一種 115
アザミ 160–61, 218, 231
アザミ属の一種 231
アジサイ属の一種 26, 27, 216
亜種（階級） 16
アジョワン 301
アデニウム属の一種 189
アトラススギ 282–83, 288, 415
穴を持つ形 133
アブチロン属の一種 198
アブラナ科 359
アブラムシ 266, 267
アフリカナガバナノモウセンゴケ **172–73**
アマガエル 168
アミノ酸 227
アミメグサ属の一種 150
アメリカガシワ 137
アメリカヅタ 97
アメリカハナズオウ 76
アメリカハリグワ 301
アメリカヤマナラシ **68–69**
アヤメ科 354
アヤメ属の一種 217
嵐 41, 53, 162
アリ **88–89**, 160, 327
アリウム属の一種 214–15, 216, 346, 351
アリ植物 **88–89**
アリノスシダ属の一種 *88*, 115, 340–41
アリノスダマ 88

アリノトリデ 89
アルカリ性土壌 27
アルキデンドコン・ラミフロラム 76–77
アロイデンドコン属の一種 **146–47**
アロエ属の一種 143, 146, 353
アングレカム属の一種 *229*
アンスリウム・スカンデンス 38–39
アンスリウム属の一種 38–39, 134–35, 217, 347
アントシアニン 138, 153, 154, *155*, 254
いが 277, 313
維管束形成層 *64*
維管束組織 14, 60–61, 163, 343
　寄生植物 47, 261
　葉針と茎針 79, 160, 161
　→「葉脈」「木部」も参照
イソマツ科 363
イチイ属の一種 289
イチゴ 104, 300
イチゴノキ属の一種 294–95
イチジク 76, 133, 135, *263*, 403
　絞め殺しイチジク **40–41**
イチジクコバチ 41, *263*
1年草 191
1倍体細胞 291
イチョウ 132, 283, 289
イヌアミシダ 339
イヌゴマ属の一種 138–39, 217
イヌバラ 188, 193, 270, 274–75
イネ科 22, 58, 62, 106, 400
　風による受粉 **222–23**
　種子散布 304–05
　花 **224–25**
イポモプシス属の一種 189
イラクサ 156–57, 405
イラクサ科 405
イロハモミジ 136, **152–53**
岩崎常正 204
イワタバコ科 382
隠頭 *263*
インドナツメ *181*
インドボダイジュ 135
ウァケリア・カルー **158–59**
ヴェルトラミ、ジョバンニ 117
ウォーホル、アンディ 236
ウォーレン、メアリー・シャファー 281
ウォルコット、メアリー・ヴォー 280–81
ウサギノオ 225
羽状中裂葉 133
羽状複葉 114, 132, 134, 162
渦巻き状若葉 120, 337
ウツボカズラ 170–71
羽片 114, *134*, 341, 336–37
ウラボシ科 418
ウリ科 367
ウリ状果 300
ウルシ科 406
エアプランツ **42–43**
鋭浅裂状の葉 137
栄養
　吸収 *21*, *23*, **26–27**, 34

食虫植物 170, *176*, *257*
水生植物 166
着生植物 41, 47
貯蔵 **86–87**, 158, 286
葉 112, 113, 126, 175
栄養繁殖 174
エーレット、ゲオルク・ディオニシウス 310, 311
液果 47, 123, 300, 302
　→「仮種皮」も参照
液胞 143, *155*
エスポストア属の一種 *244*
枝
　幹生 **76–77**
　配置 **70–71**
　冬 **72–73**, **74–75**
　防御 **78–79**
　よじのぼり植物 **94–95**, **96–97**
　→「茎」も参照
エニシダ 327
エライオソーム 327
沿岸生息地 24, 53, 54
円鋸歯状の葉 136
エンコウソウ 250
円錐花序 216, 225
塩生植物 53, 54
　ヤエヤマヒルギ属の一種 **54–55**
エンドウ *181*
王冠形の花 188
オオアワガエリ 198
オオオニバス 166–67, 212–13, 396
オオコウモリ 244
　→「コウモリ」も参照
オオトウワタ **322–23**
オオバコ科 385
オオヤマショウガ 279
オオユキノハナ 238
オキーフ、ジョージア 236–37
オシダ 120
雄しべ 77, *184*, 185, 196, 197, *259*, 299
　受精後 245, 298
　スイレン 51
　モクレン 74
雄しべ筒 201
オダマキ属の一種 189, 228–29, 301
オトギリソウ 196–97
オトメイヌゴマ 217
オニグルミ 72
オニブキ 131
オプンチア属の一種 98, 361
オランダフウロ 300, *326*
オリヅルラン 104
オレンジ 79
オレンジ色の色素（カロテノイド） 154, 155, 248
オンシジウム 264–65
温暖な生育地 51, 76, 106, 153, 316
温度
　極端な 36, 47, 64, 146, 239
　変化 68, 153, 154, *272*, 273
　→「極端な気候」も参照

カ行

ガ 229, 238, 247, 248
科（階級） 16
外果皮 294, *333*
階級 16
塊茎 87, *104*
下位痩果 300, *321*
外皮 *39*
開放花 268
外膜 198
カエデ 66, 67, 90, 110, 136, 152–53, 314, 408
香り
　策略 170, 211, 265
　受粉 212, 227, 247, 255, **258–59**, 272
花芽 72, **74–75**, 77, 86–87, 247
　「原始的」な 186
　死体の花 261
　ヒマワリ 221
　防御 **274–75**, **276–77**
　→「芽」も参照
カカオ 76
花冠 184, **188–89**, *212*, 240, 268, 295
萼 176, *218*, 293, *321*
核果 299, 301
角果 301
萼状総苞 178
殻斗 178
隔壁 286, 287
萼片 *184*, 185, 275, 276
　ケマンソウ 269
　ゴクラクチョウカ 262
　嚢状葉植物 256
　プセウドボンバックス属の一種 245
　ヘリコニア属の一種 279
　ホオズキ 293
　モクレン 74, 186
　ラン 258, 259, 265, 266
花糸 74, *184*, 185, *207*, 235, 317, 322, 341
火事（種子放出方法としての） 68, **330–31**
　→「山火事」も参照
果実 165, 286, **294–95**, **298–99**, **300–01**
　イチジク 41
　マンサク 239
　→「種子」も参照
仮種皮 289, 309
花序 177, 211, **214–15**, **216–17**
　→「苞」「花」も参照
花序柄 58, 214, 216, 268
風
　イネ科植物 **222–23**, 224, 225
　風に強い植物 162–63
　種子散布 29, 43, 176, 304
　受粉 71, 153, 317, 319, 321
　錐 291
　パラシュート 317, 319, 321, 322
　胞子散布 338, 340, 341
　翼果 314, 315
化石 82, 137
カタクリモドキ属の一種 *235*

カタバミ科　397
花柱　*184, 185, 196, 256*, 299, 328
仮頂芽　72
葛飾北斎　205
カツラ　136
鐘形の花　188
狩野永徳　31
カバノキ科　374
カバノキ属の一種　59, 67, *333*, 374
果皮　294, 314
花被片　74, 186
兜形の花　189
花粉塊　322
花粉錐　71, 282, 289
花粉粒　196, **198–99**, *202–03*
花弁　*184, 185*, 272–73, 328
　　受粉　196, 203, *212*, 214, 226, 259, 264
　　成長　74, 190, 191, 197
　　舌状花　218, 220, 221
　　閉じた花　268
　　冬の花　238
　　→「苞」も参照
花弁状の苞　178
カポック　**80–81**
ガマ　132
紙状の苞　179
花蜜　214, **226–27, 228–29**, 255
　　サボテン　100
　　食虫植物　171
　　動物の餌　242–43, 244, *256*, 323
　　モウセンゴケ　172
　　矢筒の木　146
　　→「蜜標」「蜜腺」も参照
仮面形の花　189
カヤツリグサ科　399
カラコギカエデ　314–15, *300*
カラジウム　151
カラテア属の一種　150
カラハナソウ　178
カラマツ属の一種　15, 415
カリウム　*27*
芽鱗　72–73, 75, 119, *181*
カルドン　176–77
カルペパー、ニコラス　141
カロテノイド　154, *155*
皮（種子）　288, *293, 309*, 333
皮目　*53*, 67
稈　106, 223
灌園（岩崎）　205
乾果　300–01
冠根　*24*, 54, 55
乾湿運動　*326*
幹生植物　**76–77**
乾燥　37, 64, 98, 138, 146, 158
冠毛　176, *218*
キイチゴ属の一種　298–99
黄色の色素（カロテノイド）　154, *155*, 248
偽果　*295*, 300
キキョウ科　357
キキョウラン属の一種　306–07
キク科　218–19, 356
気孔　112, *126*, 129, 142, *148*
気候　→「極端な気候」を参照

気根　*24*, **38–39**, 84, 97
キジカクシ科　84, 352
寄生植物　41, **44–45**, 47, 261
季節（被子植物）　**192–93**
キヅタ属の一種　132, 133, *229*
　　セイヨウキヅタ　58, 97
キツネザル　242
キツネノマゴ科　380
絹　322
絹毛　43, 75, 138, **320–21**
　　→「毛状突起」も参照
キノコ　34
木の根と幹（ファン・ゴッホ）　30–31
木の幹　**64–65**, 83, **90–91**, 162
キバナオダマキ　228–29
キバナガラガラ　44
キバナツノゴマ　312–13
基部被子植物　186–87
キメラ　150
キュー王立植物園　271, 311, 334
吸器　44, 47
球茎　36, *87, 104*, 211
球根　36–37, **86–87**, 337
吸盤　*97*
莢果　**324–25**
共生　88, **262–63**
　　→「共生関係」も参照
共生関係　*12*, 34, 88–89, *262–63*
強制受粉　258
キョウチクトウ科　377
極端な気候　131, **162–63**, 165
　　嵐　41, 53, 162
　　乾燥　37, 64, 98, 138, 146, 158
鋸歯状の葉　136
キワノ　300
銀色の葉　**148–49**, 165
キンギョソウ　189
金元　195
ギンゴウカン　115
菌根菌　34
菌糸　34
菌糸体　34
巾着形の花　189
キンポウゲ　217, 328
キンポウゲ科　328, 402
キンポウゲ属の一種　217, 402
菌類　*12*, 34, 67, 82, 135, 177
茎　**58–59, 60–61**
　　アリ植物　88–89
　　幹生　**76–77**
　　サボテン　*98*, 100
　　樹脂　**82–83**, 84
　　水生植物　167
　　葉がない　**102–03**
　　防御　**78–79**, 80
　　幹　**64–65, 66–67**, 90–91
　　よじのぼり植物　**94–95, 96–97**
　　ランナー　**104–05**, 106
　　→「枝」「球根」「球茎」「根茎」も参照
クスノキ科　387
グズマニア属の一種　178, *398*
クチクラ　61, 112, 134, 142, 145
グラプトベリア　*174*

クリノイガ属の一種　224, 225, 400
グルコース　*129*, 227
車形の花　188
クルミ科　72, 132, 376
クルミ属の一種　72, *132*, 376
グレビレア属の園芸品種“コースタルサンセット”　241
クレマチス属の一種　188, *320–21*, 402
クローバー　32–33, 115, 373
クローン　36, *174*, **336–37**
　　竹　106
　　タンポポ　317
　　バショウ属の植物　302
　　ヤマナラシの林　68
　　リュウケツジュ　85
クロタネソウ　328
クロタネソウ属の一種　190–91, 328
　　ニオイクロタネソウ　**328–29**, 402
クロトン　150, 390
クロバエ科のハエ　261
クワ科　403
毛
　　絹毛　43, 75, 138, **320–21**
　　種子　**320–21**
　　葉　96, 99, **138–39**, 176, 233
　　苞　176
　　→「毛状突起」も参照
茎針　**78–79**, 158, 298
形成層　*64*, 67
ケーニヒ、ヨハン　92
ケープハタオリ　263
ケシ科　58, *231*, 301, 401
ケシ属の一種　58, *231*, 301, 401
ゲッカビジン　**246–47**
ケマンソウ　268–69, 401
毛虫　157, 161
牽引根　**36–37**
堅果　*293*, 301
嫌気性土壌　*48, 53*
「原始的」な種　**186–87**
現代美術　**236–37**
コイア　*333*
孔開蒴果　301
光合成　112, 128, *129*, 136
　　気根　38
　　球根植物　86
　　シダ類　120
　　多肉植物　102
　　熱帯雨林の生息地　135
　　葉の大きさ　131
　　斑入りの葉　150
　　ベンケイソウ型有機酸代謝（CAM）
　　　142
　　葉緑素　*118*
交雑　→「他家受粉」を参照
広三角形の葉　133
光周性　193
甲虫　*212*, 248
厚壁細胞　167
高盆形の花　189
剛毛　100
コウモリ　80, 100, **244–45**, 253, 302
広葉樹　71, 110–11, 118

護穎　178, 222, *224*
ゴールデンシャワー・ツリー　216, 373
呼吸根　*53*
穀果　301
ゴクラクチョウカ　262–63, 309
ココナツ　*333*
ココヤシ　162–63, 350
コスタス属の一種　126–27
互生する枝　*70*
互生する葉　*122*
互生する芽　73
古代の植物　**186–87**
コダカラベンケイ　174–75
コチョウラン属の一種　188, 355
ゴッホ、フィンセント・ファン　30–31
コナラ　82–83, 133, 178, 375
　　アメリカガシワ　137
　　コナラ属の一種　72, 137, 307
　　コルクガシ　66
　　トルコガシ　137
　　フユナラ　137
琥珀　82
コヒガンザクラ　136
コブミカン　115
ゴボウ属の一種　*277*, 313
ゴマノハグサ科　386
コマルバユーカリ　148–49
コメガヤ　178
コルク状の樹皮　66
コロニー　→「クローン」を参照
根茎　86, *87*, 88, *90, 104*
　　牽引根　36
　　水生植物　*48*, 51
　　竹　106
根圏　*48*
昆虫
　　アリ植物　**88–89**
　　イチジクコバチ　41, *263*
　　甲虫　*212*, 248
　　食虫植物　**170–71, 172–73, 256–57**
　　スズメバチ　*228*, 248, 249
　　チョウ　248, 249, 253, 322
　　→「ハチ」「ハエ」も参照
根被　39
根粒菌　33

サ行

細鋸歯状の葉　136
細菌　*33*, 67, 82, 135, 177
細歯状の葉　137
栽培品種　16
魚　54, 166
サキシマスオウノキ　24–25
蒴果　301, 312–13, **324–25**, 326, 328
　　胞子　343
　　ルナリア　286, 287
　　→「袋果」も参照
作物　22, 23, 29, 32, 244
サクラソウ　*200*
サクラソウ科　371
サクラソウ属の一種　188, 371
サクラ属の一種　66, 73, 136, 301, 404

さそり型花序　217
サツマイモ属の一種　132, 189, 410
サトイモ　112, 131
サトイモ科　208-09, 347
サトウカエデ　110-11
サトウキビの一品種"コーハパイ"　58
サトウダイコン　22-23
砂漠の生息地　100, 102, 158, 244
　→「サボテン」「多肉植物」も参照
サボテン科　79, **98-99**, 103, 180, 199, 361
　ゲッカビジン　246-47
　ベンケイチュウ　98-99, **100-01**
　マミラリア属の一種　98-99, 160
左右相称花　188
サラサモクレン　308-09
サラセニア科　170, 256-57
三回羽状　114
散形花序　28, 214, 216
サンザシ属の一種　79
サンシチソウ属の一種　138
三小葉　115
酸素　20, 48, 128, *129*
　→「光合成」も参照
酸度　27, 155, 254
CAM型光合成　*142*
シーオーツ　222-23
シーボルト、フィリップ・フランツ・フォン　205
シオデ属の一種　*181*
紫外線 (UV)　250, 253, 264, 302
自家受粉　51, 80, 196, 201, 214, **268-69**
　→「他家受粉」も参照
色素　154-155, **248-249**, *254*
　赤色　151, 153, 154
　黄色とオレンジ色（カロテノイド）
　　154, 155 248
　受粉　**254-55**, 278-79
　緑色（葉緑素）　*118*, 154
ジギタリス属の一種　232-33, 385
シキミ　186
刺状突起体　78-79, 80-81, 166
歯状の葉　137
四小葉　115
雌性器官（花の）　51, 184, 212
　花柱　184, 185, *196*, 256, 299, 328
　雌しべ　184, *196, 197*, 259, 299
　→「子房」「胚珠」「柱頭」も参照
雌性先熟　212
シソ科　383
シダ類　14, 15, *90*, 114, **120-21**, 337
　胞子　**338-39, 340-41**
シダレカンバ　59, 333
湿地の植物　333
シナノキ属の一種　73, 393
シナレンギョウ　*74*
篩部　*39, 60, 64*, 112
四分子　341
子房　184, 185, *207*, 218, 224, 268
　花蜜　227, *233*, 240
　種子と果実　286, 294, *295*, 299
　受精　*196, 197, 200*
　受粉後　274, 294
　食虫植物　257

絞め殺しイチジク　40-41
シャジクソウ属の一種　32-33, 115, 373
雌雄異株の植物　165, 207
シュウカイドウ科　366
シュウカイドウ属の一種　*134*, 150
重鋸歯状の葉　136
集合果　*295*, 3C1
柔細胞　143
集散花序　217
十字形の花　188
雌雄同株の植物　*207*
雌雄両性花　**212-13**, 278
樹液
　毒性の　103, 180, 231, 322
　葉　137, 155
宿主　→「着生植物」を参照
珠孔　*291*
主根　20, 21, **22-23**
種子　**286-87, 308-09,**
　イロハモミジ　153
　火災による散布　**330-31**
　風による散布　**314-15, 318-19**, 322
　莢果と蒴果　**324-25**
　散布　*277*, **304-05**, 317, **320-21**
　子房に包まれた　**292-93**
　種皮　333
　草食動物による散布
　動物による散布　41, **306-07, 312-13**,
　　247
　バナナ　302
　破裂による散布　**326-27**
　ヒマワリ　221
　水による散布　**332-33**
　むき出しの　**288-89, 290-91**
　→「果実」も参照
樹脂　**82-83**, 84
種子錐　71, **282-83**, 288, 289, **290-91**
受精　**196-97**, 207, 214, 268
　イネ科植物　222, 224
　シダ類　*340*
　長花柱花と短花柱花　*200*
　配偶体　*340, 343*
　裸子植物　282-83, 290, *291*
　→「受粉」「木生シダ」も参照
樹皮　59, *64*, **65-67**, 68, 82
受粉
　食虫植物　172, 256
　ポリネーターを引きつける　76, 211,
　　230-31, 248-49, *253*, 278-79
受粉方法
　風　71, 153, **222-23**, 224, 225, *291*, 317,
　　319, 321
　策略　**266-67**
　振動　**234-35**
　出入りの制限　234, *235*
　動物　41, *212*, 229, **242-43**, 247, *263*
シュロ　133, 350
盾状　*133*
小円鋸歯状の葉　136
小花　192, 21C, 218, 231
　イネ科植物　222-223, *224*
消化（食虫植物）　*171*, 172
ショウガ科　413

小果実　299
ショウガ属の一種　279, 413
小花柄　*184, 185*, 200, 216, 314, 332
蒸散
　水生植物　167
　多肉植物　99, 142
　防止　112, *126*, 138, 148, 180
蒸散　*126, 142*
掌状浅裂葉　132
掌状の葉　114, 153
掌状複葉　132
小植物体　**174-75**, 336, 337
小穂　222, 304, 305
上胚軸　*286*
小葉　32, 341
常緑性の植物　110, 111, 190
ショクダイオオコンニャク　**210-11**, 347
食虫植物　**170-71, 172-73, 256-57**
植物学者　92, 141, 205, 311
植物の分類　**16-17**, 311
食物　→「栄養」を参照
除草剤　138, 322
シロイヌナズナ　133
白い花　248
進化（植物の）　133, 186-87
心形の葉　132
腎形の葉　133
心材　*64*
真正双子葉植物　15, 186
　茎　**60-61**, 67
　根　22
　葉　*181*
振動による受粉　**234-35**
深波状の葉　137
唇弁　258
針葉樹
　枝の配置　70, 71
　種子と果実　283, 288, 289, *291*, 331
　葉　118
森林の生育地　41, 76, 158, 331
　アメリカヤマナラシ　68-69
　竹　106-07
　→「マングローブ」「熱帯雨林の生育地」
　　も参照
森林の生息地　34
森林伐採　211, 261
髄　*39*
スイートゾーン　**158-59**
穂状花序　36, 85, 146, 217, 242, 302
水生植物　48, 51, 170, 333
　オオオニバス　166-67, 212-13, 396
　「原始的」な水生植物　*186*
　スイレン属の一種　**50-51**, 133
　葉　**166-67**
水生植物のタヌキモ　170
スイセン属の一種　188, 271, 351
蕊柱　259
スイレン科　396
　オオオニバス　166-67, 212-13, 396
　スイレン属の一種　15, 16, **50-51**, 133
スイレン属の一種　15, 16, **50-51**, 133, 396
スギゴケ属の一種　14, **342-43**
スクロース　*129*, 227, 240

スズカケノキ属の一種　16, 66, 73
スズメバチ　*229*, 248, 249
ストロン　104
スノーフレーク　*254*
スベリン　67
スペンドンク、ヘラルド・ファン　271
スミレ科　392
スミレ属の一種　136, 269, 327, 392
生殖　**174-75**, *233*, **282-83**
　→「クローン」「雌性器官」「雄性器官」
　　も参照
セイバ属の一種　66
　カポック　**80-81**
セイヨウオモダカ　133
セイヨウカジカエデ　118-19, 314
セイヨウキヅタ　58, 97
セイヨウシナノキ　73
セイヨウスイレン　133
セイヨウトチノキ　72, *293*, 408
セイヨウトネリコ　73
セイヨウナナカマド　306-07
セイヨウハシバミの一品種"コントルタ"
　59
セイヨウハナズオウ　76
セイヨウハルニレ　300
セイヨウミザクラの一品種"プレーナ"
　73
セキチク　217
セコイアデンドロン　111, 288, 414
節間　58, 96
舌状花　**218-19**, 221
舌状弁　218
接触屈性　95
ゼニゴケ　14
セラーズ、パンドラ　124
セリ科　348
繊維質の幹　**90-91**
全縁の葉　136
全寄生植物　44
線形　132
扇状多裂葉　133
腺状突起　265
蘚苔類　14
尖頭　**134-35**
センニンソウ属の一種　60-61
浅裂状葉　137
痩果　176, 300, 320, 321, 324
霜害　131
総状花序　216, 298
双子葉植物　*286, 319*, 324
草食動物
　〜に対する防御　48, 70, 78, 85, 100, 103,
　　120, 138, 153, 156, 161, 176, 180-81, 322
　餌となる植物　111, 158, 305
　種子散布　305, 312-13
　種子の好み　309
総苞　178
草本　**140-41**
藻類　*12*
属（階級）　16
ソテツ　120, 283

タ行

ダ・ヴィンチ、レオナルド　63
ダーウィン、チャールズ　172, *229*
ダーリングトニア　*257*
袋果　301, 308, 324, 331
　トウワタ　322
対称（花）　**188**
耐水性のある植物　→「蝋質の表面」を参照
対生する葉　*122*
対生する芽　73
苔類　14
楕円形の葉　133
多花果　*295*, 301
他家受粉　196, **200–01**, **208–09**, 214, 257
　香り　258
　球果　282
タカワラビ属の一種　121, *132*, 416
他感作用植物　221
托葉　158, 160, 180, 181
竹　**106–07**, 400
竹馬状根　*24*
　→「マングローブ」も参照
多小葉　115
タスマニアン・スノーガム　*148*
タチアオイ属の一種　**252–53**
タデ科　364
多肉植物　**102–03**, **142–43**, 146
多年生植物　*190*, 191, *238*
多年草　190
タビビトノキ　242, 309
タマリンド　115
ダリアの園芸品種"デビッド・ハワード"　192
単羽状　115
単果　*295*
短角果　286
短花柱花　*200*
単子葉植物　15, 85
　茎　60–61, 67
　種子　*286*, *324*
　葉　*113*
　花　184
炭水化物　22, *29*, 34, 44, 60, 112
　→「光合成」も参照
単性の植物　**206–07**
単頂花序　216
タンパク質　33
弾分蒴果　300, 326
タンポポ　23, 217, 218, **316–17**, 300, *321*, 356
単葉　115
地衣類　*12*
チコリ　198
窒素　*27*, **32–33**, 170, 172
窒素固定植物　**32–33**
着生植物　67, 80, 88, 247
　アンスリウム・スカンデンス　38–39
　エアプランツ　42–43
　絞め殺しイチジク　41
中央脈　113

中果皮　294

中国の植物画　**194–95**
柱頭　*184*, 185
　イネ科植物　*224*
　受精後　191, 197
　受粉　51, 203, 214, 245, 256, 261, 266, *268*
　長花柱花と短花柱花　*200*
チューリップ　216, *272*, 388
中裂状の葉　137
チョウ　248, 249, 253, 322
超音波探知　*244*
超音波の影響　235
頂芽　72, 196, 268
蝶形の花　189
長花柱花　*200*
長距形　132
頂端分裂組織　100
チランジア属の一種　42–43, *398*
チリマツ　70–71
陳鴻寿　194–95
陳淳　194
通気組織　48
ツタ　*97*
ツタ属の一種　*97*, 412
筒形の花　189
ツツジ科　369
ツノゴケ属の一種　*14*
ツノゴケ類　14
ツバキ科　372
つぼ形の花　188
つる　94–95, 97
ツルボラン科　353
庭園　**296–97**
ディオスコリデス、ペダニウス　140, 141
ディクソニア属の一種
　木生シダ　*90*, 120, 416
ディコリサンドラ属の一種　*235*
底盤　86
ディフェンバキア属の一種　208
鉄欠乏症　27
手ですくう　242
デューラー、アルブレヒト　62, 63
デルフィニウム属の一種　216, 402
デンダ属の一種　*339*
糖
　花蜜　227
　光合成　34, 128, *129*
　根　22, 28
冬芽　72–73
トウゴマ　309
筒状花　**218–19**, 220
頭状花序　217
倒心形　132
トウダイグサ科　390
トウダイグサ属の一種　102–03, 145, 178, 198
　ハナキリン　180–181, 390
倒被針形　132
トウモロコシ　301, 400
倒卵形　132
トクサ　48–49
トクサ科　417

毒のある植物　34, 47, 102, 138, 156, 221, 293, 309, 322

刺状の托葉　*181*
刺状の葉　137
とげのある葉　133, **156–57**
土壌　27, *48*
　→「栄養」も参照
突起
　茎　103
　鱗片　290
　→「刺状突起体」「葉針」「茎針」も参照
ドマティア　*88*
鳥
　種子の好み　308, 309
　種子の散布　305, **306–07**
　授粉　47, 100, 231, **240–41**, 248, 253, 262–63, 302
　巣を作る場所　54, 146
トリカブト　189, *229*, 402
トルコカシ　137

ナ行

内穎　178, *224*
内果皮　294, *333*
ナギイカダ　60–61
ナシ状果　301
ナス科　411
ナス属の一種　*235*, 300, 411
ナスタチウム　133
ナデシコ科　362
ナナバケシダ属の一種　*338*
波状葉　137
ナンゴクデンジソウ　115
ニオイニンドウ　254–55
肉穂花序　217
二酸化炭素　54, 102, 112, *113*, 126, 128, *129*
　多肉植物　142
　→「光合成」も参照
二小葉　115
二唇形　189
ニチニチソウ属の一種　198
日光　*118*, **128–29**, 193, *272*
ニトロゲナーゼ　33
2年草　22, **28–29**, 191
2倍体細胞　291
日本の植物画　30, 31, **204–05**
二翼果　→「翼果」を参照
二裂葉　132
ニワウルシ　136, 314
根
　栄養の吸収と貯蔵　27, **28–29**, **32–33**
　気根　**38–39**
　牽引根　**36–37**
　根系　**24–25**
　根粒　33
　主根　**22–23**
　水中の根　**48–49**, 51, **52–53**, 54
　着生植物と寄生植物　34, 41, 42–43, 44, 47
　ひげ根　**20–21**
　マングローブ　**52–53**, 54

ランナー　104–05

ネオレゲリア属の一種　168–69
ネソコドン属の一種　188, 226–27
熱帯雨林の生息地
　木　24, 80
　サボテン　*103*, 247
　着生植物　43
　葉　127, 135, 150, 168
　花　76, 211, 261
　→「森林の生息地」も参照
年輪　60, **64–65**, 90
嚢状葉植物　170, *171*, **256–57**
ノウゼンカズラ科　381
ノース、マリアンヌ　334, 335
ノーテン、ベルテ・ホーラ・ファン　334
芒　304, 319, *326*, 327
ノトロ　132
ノブドウ属の一種　122–23, 412
ノラニンジン　28–29, 216

ハ行

葉　**110–11**, **112–13**, 129
　アーツ・アンド・クラフツ期のデザイン　**116–17**
　大きさ　**130–31**
　形と縁　**132–33**, **134–35**, **136–37**
　極端な気候　**162–63**, 165
　光合成　**128–29**
　色素　153, **154–55**
　蒸散　**126–27**
　小植物体　**174–75**
　食虫植物　**170–71**, 172
　水生植物　**166–67**, *167*
　成長　**118–19**, **120–21**, 245
　多肉植物　**142–43**
　配列　**122–23**, 186
　班入り　**150–51**
　複葉　**114–15**
　防御　**138–39**, **156–57**, **160–61**, **180–81**
　蝋質の表面　**144–45**, **148–49**, 165
バイカルハナウド　230–31
配偶子　291, *291*, 340
配偶体　*340*, 341, 343
胚軸　286
胚珠　*184*, 185, *186*, 197, 289, 295
　球果　283, *291*
排泄物（種子散布方法としての）　305, **306–07**
パイナップル科　42–43, 168–69, 398
パイナップルリリーの一種　178
胚乳　*286*, *333*
バウアー、フランツ　271
ハウチワカエデ　131
ハエ　211, *229*, 231, 248, 259, 272
ハエトリグサ　170
ハカマカズラ属の一種　*134*
ハクサンチドリ属の一種　198
ハグマノキ　132, 406
ハシドイ属の一種　216, 384
ハシバミ属の一種　59, 222, 301, 374
バショウ属の植物　*90*
ハス　17, 144, 272–73, 332–33

ハチ　199, 250
　授粉　199, 214, 231, **232–33**, 235, 248, 249, 264–65
　植物のためのハチ　158
ハチドリ　241, 278
爬虫類　227
発芽　51, 305, 306, *324*, 333, 341
ハッカ属の一種　136, 383
花　13, **184–85**, 218
　〜と果実の形成　298, 299
　イネ科植物　**222–23**, **224–25**
　香り　211, **258–59**, 261
　形　**188–89**, 203, 221, 231
　花蜜　**226–27**, **228–29**, 250–51, 253
　「原始的」な種　186–87
　色素　248–49, 250–51, 253, **254–55**
　雌雄両性　**212–13**
　受精　196–97, *199*, **206–07**
　受粉　**202–03**, **266–67**, **268–69**
　食虫植物　256–57
　成長　**190–91**, **192–93**
　他家受粉　**208–09**
　多肉植物　143, 247
　頭花　→「花序」を参照
　冬に花を咲かせる植物　**238–39**
　防御　**276–77**
　哺乳類による受粉　242–43, **244–45**
　夜に閉じる　**272–73**
　→「花粉錐」「花芽」「花序」も参照
ハナアブ　266
ハナキリン　180–181
ハナシノブ科　370
ハナスグリ　198
バナナ　*90*, **302–03**
花の不完全な構造　*207*
花をつけない植物　14
葉のない茎　**102–03**
葉の配列　123
パパイヤ　76, 334
パフィオペディルム属の一種　266–67
ハマウツボ科の一種　44
バラ　→「バラ属の一種」を参照
バラ科　404
バラ形の花　188
パラシュート（種子）　**318–19**, *321*
バラ属の一種　15, 79, 300, 404
　イヌバラ　188, 193, 270, 274–75
針　**78–79**, 158
　花粉粒　198
　サボテン　98, 99, 100, *102*, 247
　種子鞘　312, 313
　葉　70, 160–61, **180–81**
　花　276, *277*
　苞　176
針（葉）　111
バルブ（種子）　287
半寄生植物　44
バンクシア属の一種　242–43, 330–31
バンクス、ジョゼフ　92
板根　*24*
バンド（ヤマナラシの林）　68, *337*
　アメリカヤマナラシ　68–69

ハンノキ　*74*, 217
パンノキ　76
パンノキ属の一種　74, 76, *181*, 217, 403
ヒオウギズイセン　*104*
ヒカゲノカズラ科　419
ヒカゲノカズラ属の一種　14, 419
ヒカゲノカズラ類　14
ヒガンバナ科　346, 351
ひげ根　*20–21*, 22
ヒゴタイ属の一種　192, 361
ヒゴタイ属の園芸品種“タブロウ・ブルー”　192
被子植物　15, 51, 186, 244, 286
尾状花序　217, 222
披針形　132
ビスマルクヤシ　**164–65**
皮層　20, 33, 36, *39*
ヒップ　275, 300
ヒノキ科　414
ヒマワリ　**220–21**, 356
ヒメナエア属の一種　115
ヒメハブカズラ　97
ビャクシン属の一種　289, 414
ヒヤシンス　36–37, 86–87, 352
ヒユ科　360
ヒョウタンノキ　76, *244*
表皮　39, 112, *275*
ピラカンサ　*79*
ヒリュウシダ　120
肥料　*27*
ヒルガオ科　410
ヒロハノレンリソウ　202–03
ヒロハヒルガオ　94–95, 410
ピンク色の色素　*27*, 248, 254
ファイトテルマータ　168
ファン・ゴッホ、フィンセント　30–31
斑入りの葉　**150–51**
フィロデンドロン属の一種　128–29, 137
ブーゲンビレア　179
フウリンブッソウゲ　200–01
フウロソウ科　379
フウロソウ属の一種　326–27, 379
フェンネル　328
フォード、ジーニー　117
複散形花序　216
複散房状花序　216
フクシア属の一種　184–85, 395
複集散花序　217
複葉　**114–15**
フジ　95
プセウドラコニウム属の一種　209
プセウドボンバックス属の一種　244–45
ふた（食虫植物の）　171
仏炎苞　178, 209, 211, 263
プテロスティリス　258–59
プテロスティリス属のラン　258–59
ブドウ科　412
フトモモ科　394
ブナ科　375
不稔部（花）　*208*
フナラ　137
冬に花を咲かせる植物　**238–39**
ブヨ　259

フヨウ属の一種　178, 200–01, 393
フラグミペディウム属の一種　189
ブラシノキ属の一種　217, 243, 394
ブラックベリー　298–99
ブリランタイシア属の一種　189
フルクトース　227
プルモナリア属の一種　254
フロリゲン　*193*
分泌腺　265
粉末で覆われる　146
分離果　301, 324, 327
分裂しない果実　300
閉花受精する花　**268–69**
閉果（非裂開性）の種子　*293*, 324
ベイマツ　111, 288
ヘーゼルナッツの一種　301
ペカン属の一種　66, 115, 376
ヘゴ科　416
ヘゴ属の一種　15
ベタレイン　179
ヘチマ　96–97, 367
ベニテングタケ　**34–35**
へら形の葉　133
ヘラシダ属の一種　336–37
ヘリアンフォラ　257
ヘリコニア属の一種　278–79
ヘリコプターのような翼果　153, 300, **314–15**
ベルケヤ属の一種　160–61
ヘレボルス属の一種　190, 228, *229*, 402
ベンケイソウ型有機酸代謝（CAM）　*142*
ベンケイチュウ　98–99, **100–01**, 361
辺材　*64*
変種（階級）　16
偏菱形の葉　132
ポインセチア　278
苞　176–77, **178–79**, 278–79
　イネ科植物　222, 223, *224*
　エアプランツ　43
　球果　*283*, 288
　種子　313, 319
　鋭い苞　161, 277
　舌状花と筒状花　218
　冬に花を咲かせる植物　239
　毛状　28
　モクレン属　72, 74, 75, 186
　鱗片状　231
包頴　178
防御　138
　茎　**78–79**, 80–81,
　茎針と刺状突起体　**78–79**, 80–81, 158, 166, 298
　樹液　103, 180, 231, 322
　毒と刺激物　221, 293
　葉　**160–61**
　花　**276–77**
　苞　176
　芽　274–75
　→「毛」「茎針」も参照
胞子
　菌類　34
　シダ類　120, 336, **338–39**, **340–41**
　蘚類　343

芒刺　98
胞子体　*340*, 341, 343
胞子囊　338, 339, 340
胞子囊群　120, 336, 338–40
放射相称花　188
ホオズキ　292–93
北米の植物画　280–81
保護（芽の）　**74–75**
矛形の葉　133
保護のための毛　232
ポスト印象主義　30–31
ボタン科の一種　190
ポッサム　243
ホップノキ　132
ホトトギス　250–51
哺乳類
　〜に対する防御　138, 157, 161, 176, 322
　種子散布　307, 309, 312–13
　授粉　**242–43**
ボリジ　234–35, 358
ポリスキアス属の一種　227

マ行

舞乙女　142–43
マウンテン・リボンウッド　133
巻きつき茎　**94–95**
巻きひげ　*94*, 95, 96, *97*, 117, 171
巻きひげ状の托葉　*181*
マクウェン、ロリー　124–25
マスカグニア属の一種　265
マダケ属の一種　**106–07**, 400
マツ科　415
マツ属の一種　66, 83, 131, 198, 288, 415
マツムシソウ属の一種　318–19
まとまってつく芽　73
マミラリア属の一種　98–99, 160, 361
マメ科　373
マメ科植物　33, 301
マルクグラビア属の一種　244
マルハナバチ　→「ハチ」を参照
マングローブ　24, **52–53**, 244
　ヤエヤマヒルギ属の一種　**54–55**
マンサク属の一種　74, 238–39
ミー、マーガレット　334
ミカン科　79, 115, 300, 407
ミカン状果　300
水　**168–69**
　吸収　*21*, 34, 38, *39*, 43
　種子散布　**332–33**
　循環（葉の内部での）　**126–27**
　貯蔵　98–99, 100, 142, 143, 146
ミズキ科　365
水散布　333
水に浮く葉　**166–67**
ミズバショウ属の一種　178
溝孔　198
ミゾカクシ属の一種　240–41
ミツスイ　241
密錐花序　216
蜜腺　*227*, 228–29, 241, 242
ミツデウラボシ属の一種　338
蜜標　**250–51**, 253

→「色素」も参照
緑色の色素（葉緑素）　*118*, 154
　　→「葉緑素」も参照
ミルメコフィラ　*88*
むき出しの種子　**288–89**
無機養分　20, *21*, 27, 60
ムクロジ科　408
無限花序　216–17
無性芽　336, 337
紫色の色素　155, 249
ムラサキ科　358
ムラサキツメクサ　32–33
ムラサキハナナス　188
ムラサキバレンギク　217
ムラサキバレンギク属の一種　217, 218–19
芽　72–73
　葉　118
　花　247
　防御　**274–75**
　保護　**74–75**
　　→「花芽」も参照
メギ属の一種　79
メダカソウ　304–05
毛縁状の葉　136
毛状突起　138–39, 172, 229, 234
　銀色の葉　148
　とげのある葉　156–57
　芽の防御　274, *275*
モウセンゴケ　170, **172–73**
モウセンゴケ属の一種　170, **172–73**
モウソウチク　**106–07**
目（階級）　16
モクゲンジ　137
モクセイ科　384
木生シダの一種　*90*
木版画　141, 205
木部　*27*
　気根　*39*
　茎　59, 60, *64*, 98
　葉　112, *113*, *126*
木本　191
モクレン　74–75, 389
　サラサモクレン　308
　タイサンボク　*15*, 186–87
　ビッグリーフ・マグノリア　132
　モクレン属の一種　72
モクレン科　389
モクレン類　*15*, 186–87
モチノキ科　349
モチノキ属の一種　111, 133, 137, 206–07, 349
模倣
　受粉　176, 211, 259, 261
　防御　151
　ラン　266–67, **264–65**
モミジバスズカケノキ　73
モミジバフウ　132
モモ　301
モリス、ウィリアム　116–17
門（階級）　16
モンステラ　133, *134*, 347

ヤ行

ヤエヤマヒルギ属の一種　**54–55**
葯　*184*, 185, *218*
　イネ科植物　*224*
　自家受粉　201, 245, *268*
　受精後　191, 197
　受粉　207, 214, *232*, *233*, 256, *259*
　振動による受粉　234
　他家受粉　*196*
薬草　85, 120, 328, 339
　草本　141
ヤシ科　350
矢じり形（セイヨウオモダカ）　133
矢じり形の葉　133
野生生物　→「動物」を参照
ヤドリギ　44, **46–47**
ヤナギ科　391
ヤブヘビイチゴ　105
ヤマウツボ属の一種　45
山火事　158, 165, 331
　　→「火事」も参照
ヤマノイモ属の一種　*134*
ヤモリ　227
ユーカリ属の一種　66, 148–49, 243, 394
有距形の花　189
ユークリフィア属の一種　131, *132*, 136
雄性器官（花の）　51, 184, 212
　花糸　74, *184*, 185, *207*, *235*, 317, 322, 341
　　→「葯」「雄しべ」も参照
雄性先熟　212
有毒植物　→「毒のある植物」を参照
ユキノシタ科　409
ユニコーン植物　*312*
ユリ科　388
ユリ属の一種　*15*, 198, 324–25, 388
ユリノキ　67, 389
葉縁　**136–37**
葉痕　72, 75, 181, 244
幼根（種子）　22, *286*, 319
ヨウシュハナシノブ　370
葉序　123
葉状体　114, 134, 162, 163, 337, 338
　広がる葉状体（渦巻き状若葉）　**120–21**
　ヤシ　165
葉状の托葉　181
葉状苞　178
葉身　113, 118
葉肉細胞　112, *113*, *129*, *142*
葉柄　79, 134, 145, 160, *181*, 339
葉脈　112–13, 130, 134–35, 150, 156
　水生植物　167
葉緑素　27, *119*, 128, 154, *155*
葉緑体　*119*, *129*, *142*, 154
ヨーロッパカエデの園芸品種"ドラモンディ"　150
ヨーロッパグリ　66, *293*, 375
ヨーロッパブナ　73, 375
翼果　153, 300, **314–15**
よじのぼり植物　58, **94–95**, **96–97**, *181*

ラ行

ライオンゴロシ　313
裸芽　72
裸子植物　14, 15, **282–83**, 286, 288–89, 290–91
ラシャカキグサ　276–77
ラズベリー　301
ラフレシア　**260–61**
ラフレシア・アルノルディイ　**260–61**
ラムズイヤー　138–39
ラムソン　216
ラムディン、ジョージ・コクラン　281
ラモンダ属の一種　*235*
ラン科　43, 88, 265, 355
　アングレカム属の一種　229
　オンシジウム属　264–65
　パフィオペディルム属の一種　266–67
　ヒスイラン属　*13*
　プテロスティリス属　258–59
卵形　133
ランナー　104
リーガルリリー　324–35
リーキ　346
リス　307
リュウキュウトリノスシダ　338
リュウケツジュ　**84–85**
リン　*27*, 170
リンゴ　301
リンゴ属の一種　301, 404
輪作システム　32
輪散花序　217
輪生する枝　*70*
輪生する葉　122
リンネ、カール　16, 17, 92, 172, 311
鱗片
　樹皮　66
　錐　283, 288, 290, 291
　葉　43, 86, 111, *181*, 339
　苞　178, 231, *283*
　芽　73, 75, 118
ルイラソウ属の一種　279
ルドゥーテ、ピエール＝ジョゼフ　270, 271
ルナリア　286–87
ルナリア属の一種　286–87, 301
ルネサンスの芸術　**62–63**
裂開果の種子　324
レモン　300
レモンバーム　133
レンプクソウ科　368
レンリソウ属の一種　189, 202–03, 301
蝋質の表面
　銀色の葉を持つ植物　148–49, 165
　種子と果実　47, 322
　食虫植物　170, *171*
　多肉植物　98, 142
　葉　112, 126, *134*, **144–45**, 168
　　→「スベリン」も参照
漏斗形の花　189
ロクスバラ、ウィリアム　92
ロドフィアラ属の一種　301

ワ行

輪（木の）　60, **64–65**, 90
ワタ　321
罠　158, 172, 176
　スイレン　*212*
　囊状葉植物　170–7, 257
　ラン　*259*, 266
ワラビ属の一種　114
わらび巻き芽型　120

ボタニカルアートの一覧

16「花の生殖器」G・D・エーレット、『植物の属』（C・リンネ、1736年）

23「セイヨウタンポポ」W・キルバーン、『ロンドンの植物』（W・カーティス、ロンドン、1777～1798年）

30-31「木の根と幹」V・ファン・ゴッホ、キャンヴァスに油彩（1890年）

31「檜図屏風」狩野永徳、紙本金地着色（1590年頃）

33「ジモグリツメクサ」J・サワビー、『英国産植物図譜』（1864年）

43「チランジアの一種（イオナンタ）」『ヨーロッパの植物』（L・ヴァン・ホウテ、1855年）

45「ヤマウツボの一種」『園芸雑誌』クロモ石版、（1893年）

62「芝草」A・デューラー、水彩画（1503年）

63「河岸の二樹」L・ダ・ヴィンチ（1511頃～13年）

63「ベツレヘムの星（百合の一種）とその他の植物」L・ダ・ヴィンチ（1505頃～1510年）

74「シナレンギョウ」W・H・フィッチ、『カーティス・ボタニカル・マガジン』（1851年）

76「カカオ」『アメリカの植物』（E・デニッセ、1843～1846年）

89「アリノトリデ」M・スミス、『カーティス・ボタニカル・マガジン』（1886年）

92「スオウ」W・ロクスバラからの依頼により手描きで複製

92「オウギヤシ」『コロマンデル海岸植物誌』（W・ロクスバラ、1795年）

93「オウギバヤシ」作者不明、英国キュー王立植物園所蔵、水彩画

103「さまざまなサボテン」『会話事典』（ブロックハウス社、1796～1808年）

104-105「ヤブヘビイチゴ」ルンギア、『ニルギリの植物』（R・ワイト、1846年）

116-117「アカンサス柄の壁紙」W・モリス（1875年）

117「窓の装飾用にデザインされたステンドグラス」G・ベルトラミ（1906年）

117「マロニエの葉と花」J・フォード（1901年）

120「オシダ」W・ミュラー、『薬用植物』（F・E・ケーラー、1887年）

124「ベナレスで描いたレッドオニオン」R・マクウェン、上質皮紙に水彩（1971年）

124「レリア・テネブロサ、フィロデンドロン、カラテア・オルナタ、フィロデンドロン・レイクトリニイ、ウラボシ科」P・セラーズ、水彩（1989年）

125「ブルターニュ」R・マクウェン、上質皮紙に水彩（1979年）

138「オランダハッカ」『フローラ・ダニカ』（G・C・エーダー他、1876年）

140「キイチゴ属の一種」『薬物誌』（ディオスコリデス、1460年）

141「アラゲシュンギク（左）とフランスギク（右）」作者不明、『英国薬局方』（カルペパー、1652年）

141「カンパニュラ」作者不明、『英国薬局方』（カルペパー、1652年）

176「クサトケイソウ」S・A・ドレーク、『ボタニカル・レジスター』（シデナム・エドワーズ、1835年）

186「シキミ」『植物図鑑』（1886年）

190「ボタン科の一種」M・スミス、『カーティス・ボタニカル・マガジン』（1918年）

194-195「モクレン」陳鴻寿、『花果図冊』（19世紀初め）

195「花」陳淳

195「花鳥画」金元（1857年）

204「ケシ」岩崎常正、『本草図譜』色木版画（1828年）

205「菊」葛飾北斎、色木版画（1831～33年）

205「桜花に富士図」葛飾北斎、色木版画（1805年）

208「ディフェンバキア属の一種」『植物学者』（B・モーンド、J・S・ヘンズロー、1839年）

236-237「ダチュラ」G・オキーフ（1936年）

237「花」A・ウォーホル（1967年）

238「オオユキノハナ」W・H・フィッチ、『カーティス・ボタニカル・マガジン』（1875年）

242「アカエリマキキツネザルとワオキツネザル」E・トラヴィス、『自然史辞典』（チャールズ・ドルビニー、1849年）

257「サラセニア・ドラモンディ」『ガーデン：週刊園芸誌図解』（W・ロビンソン、1886年）

270「ロサ・ケンティフォリア」P・J・ルドゥーテ、『バラ図譜』水彩の点描（1824年頃）

271「カンランズイセン」F・バウアー、水彩画（1800年頃）

271「八重咲きヒヤシンス」G・ファン・スペンドンク（1800年）

280「ウマノスズクサ」M・ヴォー・ウォルコット、『北米の食虫植物』（1935年）

281「壁の前のバラの花」G・C・ラムディン（1877年）

296「ザクロの木のモザイク」コンスタンティノープル宮殿（575～641年頃）

296-297 リウィア邸のフレスコ画

310「リンゴ」G・D・エーレット、『薬用植物図鑑』メゾチント版画に手で彩色（1737～1745年）

311「パイナップル」G・D・エーレット

312「キバナツノゴマの果実」F・ブルメスター、『アルゼンチンの花』（1898年）

334「パパイヤ」B・ヘーラ・ファン・ノーテン、『ジャワ島の花と果実』（リトグラフ、1863～64年）

334「ナツメグ」M・ノース、キャンヴァスに油彩（1871～72年）

335「アキー」M・ノース、キャンヴァスに油彩

347「ブラック・カラー」W・H・フィッチ、『カーティス・ボタニカル・マガジン』（1865年）

348「セイヨウウマノミツバ、セロリ」F・ロッシュ、『薬草図鑑 薬用植物の図説』（1905年）

349「タラヨウ」W・H・フィッチ、『カーティス・ボタニカル・マガジン』（1866年）

350「ビンロウジュ」『薬用植物』（ケーラー、1890年）

351「ヒッペアストルム・パルディヌム（アマリリス・パルディナ）」W・H・フィッチ、『カーティス・ボタニカル・マガジン』（1867年）

352「アスパラガス」O・W・トーメ、『ドイツ、オーストリア、スイスの植物』（1885年）

353「ススキノキ」L・ヴァン・ホウテ、『ヨーロッパの植物』（1853年）

354「ナザレアイリス」M・スミス、『カーティス・ボタニカル・マガジン』（1904年）

355「アーリー・パープル・オーキッド」『バタヴィアの植物』（J・コップス他、1885年）

356「ホーリー・タンジーアスター（ホーリー・アスター）」S・A・ドレーク、『エドワードのボタニカル・レジスター』（1835年）

357「カンパニュラ・パリダ（カンパニュラ・カロラータ）」W・H・フィッチ、『カーティス・ボタニカル・マガジン』（1851年）

358「ボリジ」A・マスクル、『フランスの植物図鑑』（1893年）

359「シロガラシ」J・J・ハイド、『薬用植物図譜』（J・W・ヴァインマン、1735～1745年）

360「イヌビユ」『バタヴィアの植物』（J・コップス他、1846年）

361「キンヒモ（ディソカクツス・フラゲリフォルミス）」G・D・エーレット、『植物選集図譜』（1752年）

362「ダイアンサス属の一種」F・バウアー、『ギリシャ植物誌』（J・シブソープ、J・E・スミス、1825年）

363「ルリマツリモドキ」植物雑誌『アディンソニア』（1920年）

364「タデ属の一種」L・ヴァン・ホウテ、『ヨーロッパの植物』（1853年）

365「ヒマラヤヤマボウシ（キバナヤマボウシ）」W・H・フィッチ、『カーティス・ボタニカル・マガジン』（1852年）

366「シュウカイドウ属の一種」M・スミス、『カーティス・ボタニカル・マガジン』（1884年）

367「カボチャ属の一種」『園芸雑誌』（1863年）

368「レンプクソウ」『フローラ・ダニカ』（G・C・エーダー他、1761～1883年）

369「エリカ・カミッソニス」W・H・フィッチ、『カーティス・ボタニカル・マガジン』（1874年）

370「ヨウシュハナシノブ」C・A・M・リンドマン、『北欧の植物図』（1922～1926年）

371「プリムラ・カピタータ」M・スミス、『カーティス・ボタニカル・マガジン』（1887年）

372「チャノキ」J・ミラー、『茶の博物誌』（1799年）

373「エンドウ」O・W・トーメ、『ドイツ、オーストリア、スイスの植物』（1885年）

374「アメリカミズメ」『薬用植物』（ケーラー、1890年）

375「ヨーロッパブナ」A・マスクル、『フランスの植物図鑑』（1893年）

376「テウチグルミ」園芸雑誌『ベルギーの園芸、庭園と果樹園の雑誌』（1853年）

377「バシルクモン属の一種（現在のオオトウワタ）」『庭園の植物画と植物採集』（G・B・モランディ、1748年）

378「セイヨウアカネ」『薬用植物』（ケーラー、1890年）

379「ゲラニウム・ルキダム（左）とゲラニウム・ロベルチアヌム（右）」C・A・M・リンドマン、『北欧の植物図』（1922～1926年）

380「トゲハアザミ」H・S・ホルツベッカー、『ゴットオフの写本』（1649～1659年）

381「ハリミノウゼン（リンドレイツリガネ）」M・E・イートン、植物雑誌『アディンソニア』（1932年）

382「スミシアンサ・ゼブリナ」W・H・フィッチ、『カーティス・ボタニカル・マガジン』（1842年）

383「ラミウム・ガレオブドロン（ツルオドリコソウ）」『イギリス顕花誌』（W・バクスター、1834～1843年）

384「オリーブ」P・J・ルドゥーテ、『フランス樹木誌』（1812年）

385「オオバコ属の一種」『ドイツの野生植物図鑑』（J・シュトルム、J・W・シュトルム、1841～1843年）

386「ゴマノハグサ属の一種」M・スミス、『カーティス・ボタニカル・マガジン』（1882年）

387「ゲッケイジュ」W・ミュラー、『薬用植物』（ケーラー、1887年）

388「ヤマユリ」W・H・フィッチ、『カーティス・ボタニカル・マガジン』（1862年）

389「タラウマ・ホジソニー」W・H・フィッチ、『ヒマラヤ植物の図版』（1855年）

390「チャボタイゲキ」『英国産植物図譜』（J・サワビー他、1868年）

391「キヌヤナギ」A・マスクル、『フランスの植物図鑑』（1893年）

392「ニオイスミレ」A・マスクル、『フランスの植物図鑑』（1890年）

393「マルバアオイ」G・C・エーダー他、『フローラ・ダニカ』（1882年）

394「ギンバイカ」O・W・トーメ、『ドイツ、オーストリア、スイスの植物』（1885年）

395「ツリウキソウ（フクシア・マゲラニカ）」E・E・グリーデル、『植物の美』（1839年）

396「スイレン属の一種」W・H・フィッチ、『カーティス・ボタニカル・マガジン』（1851年）

397「コミヤマカタバミ」『フローラ・ダニカ』（G・C・エーダー他、1761～1883年）

398「パイナップル（アナナス）」J・J・プレンク、『植物図鑑』（1807年）

399「ハマスゲ」F・バウアー、『ギリシャ植物誌』（J・シブソープ、J・E・スミス、1806年）

400「ポア属の一種」『フローラ・ダニカ』（G・C・エーダー他、1761～1883年）

401「ナガミヒナゲシ」W・H・フィッチ、『カーティス・ボタニカル・マガジン』（1853年）

402「ハイキンポウゲ」C・A・M・リンドマン、『北欧の植物図』（1922～1926年）

403「クロミグワ」O・W・トーメ、『ドイツ、オーストリア、スイスの植物』（1885年）

404「ロサ・ペンデュリナ（アルペンローズ）」H・シセルトン・ダイアー、『カーティス・ボタニカル・マガジン』（1883年）

405「セイヨウイラクサ」O・W・トーメ、『ドイツ、オーストリア、スイスの植物』（1885年）

406「カシューナットノキ」N・J・ジャカン、『アメリカ植物誌』（1780～1781年）

407「ヘンルーダ」W・ミュラー、『薬用植物』（ケーラー、1887年）

408「ムクロジ属の一種」『インドの植物誌』（C・L・ブルーム、1847年）

409「ウィンターベゴニア（ベルゲニア・キリアタ）」W・H・フィッチ、『カーティス・ボタニカル・マガジン』（1856年）

410「セイヨウヒルガオの変種」『フローラ・ダニカ』（G・C・エーダー他、1761～1883年）

411「ナス属の一種と、ムティシア属（キク科）の一種」園芸雑誌『ベルギーの園芸、庭園と果樹園の雑誌』（1864年）

412「ヨーロッパブドウ」W・ミュラー、『薬用植物』（ケーラー、1887年）

413「オオヤマショウガ」M・スミス、『カーティス・ボタニカル・マガジン』（1904年）

414「メキシコイトスギ」P・J・ルドゥーテ、『フランス樹木誌』（1806年）

415「シロマツ」M・スミス、『カーティス・ボタニカル・マガジン』（1909年）

416「ヘゴ属の一種（キアテア・スミティ）」W・H・フィッチ、『南極航海の植物学（キャプテン・サー・ジェームズ・クラーク・ロスの指揮の元、H・M・ディスカヴァリー船エレバスとテラーにより1839年から1843年に行われた航海）』（1855年）

417「スギナ」『フローラ・ダニカ』（G・C・エーダー他、1761～1883年）

418「オオエゾデンダ」T・ミーハン、『アメリカ合衆国の花とシダ』（1878～1879年）

419「ヒカゲノカズラ」O・W・トーメ、『ドイツ、オーストリア、スイスの植物』（1885年）

acknowledgments（謝辞）

The Publisher would like to thank the directors and staff at the Royal Botanic Gardens, Kew for their enthusiastic help and support throughout the preparation of this book, in particular Richard Barley, Director of Horticulture; Tony Sweeney, Director of Wakehurst; and Kathy Willis, Director of Science. Special thanks to all at Kew Publishing, especially Gina Fullerlove, Lydia White, and Pei Chu, and to Martyn Rix for his detailed comments on the text. Thanks to the Kew Library, Art, and Archives team, particularly Craig Brough, Julia Buckley, and Lynn Parker, and also to Sam McEwen and Shirley Sherwood.

DK would also like to thank the many people who provided help and support with photoshoots in the tropical nursery and gardens at Kew and Wakehurst, and all who provided expert advice on specific details, notably Bill Baker, Sarah Bell, Mark Chase, Maarten Christenhusz, Chris Clennett, Mike Fay, Tony Hall, Ed Ikin, Lara Jewett, Nick Johnson, Tony Kirkham, Bala Kompalli, Carlos Magdalena, Keith Manger, Hugh McAllister, Kevin McGinn, Greg Redwood, Marcelo Sellaro, David Simpson, Raymond Townsend, Richard Wilford, and Martin Xanthos.

The Publisher would also like to thank Sylvia Myers and her team of volunteers at the London Wildlife Trust's Center for Wildlife Gardening (www.wildlondon.org), and Rachel Siegfried at Green and Georgeous flower farm in Oxfordshire for hosting photogaphic shoots. DK is also grateful to Joannah Shaw of Pink Pansy and Mark Welford of Bloomsbury Flowers for their help in sourcing plants for photoshoots, and to Dr. Ken Thompson for his help in the early stages of this book.

DK would also like to thank the following:

Additional picture research: Deepak Negi

Image retoucher: Steve Crozier

Creative Technical Support: Sonia Charbonnier, Tom Morse

Proofreader: Joanna Weeks

Indexer: Elizabeth Wise

PICTURE CREDITS（図版クレジット）

The publisher would like to thank the following for their kind permission to reproduce their photographs:

(Key: a-above; b-below/bottom; c-center; f-far; l-left; r-right; t-top)

4–5 Alamy Stock Photo: Gdns81 / Stockimo. **6 Dorling Kindersley:** Green and Gorgeous Flower Farm. **8–9 500px:** Azim Khan Ronnie. **10–11 iStockphoto.com:** Grafissimo. **12 Dorling Kindersley:** Neil Fletcher (tr); Mike Sutcliffe (tc). **14 Alamy Stock Photo:** Don Johnston PL (fcr). **Getty Images:** J&L Images / Photographer's Choice (c); Daniel Vega / age fotostock (cr). **Science Photo Library:** BJORN SVENSSON (cl). **15 Dorling Kindersley:** Gary Ombler: Center for Wildlife Gardening / London Wildlife Trust (br). **FLPA:** Arjan Troost, Buiten-beeld / Minden Pictures (c). **iStockphoto.com:** Alkalyne (cl). **16 Alamy Stock Photo:** Mark Zytynski (cb). **17 Alamy Stock Photo:** Pictorial Press Ltd. **18–19 iStockphoto.com:** ilbusca. **20 Science Photo Library:** Dr. Keith Wheeler (clb). **20–21 iStockphoto.com:** Brainmaster. **22–23 iStockphoto.com:** Pjohnson1. **23 Alamy Stock Photo:** Granger Historical Picture Archive (br). **24–25 Getty Images:** Ippei Naoi. **26 Alamy Stock Photo:** Emmanuel Lattes. **30–31 Alamy Stock Photo:** The Protected Art Archive (t). **31 Alamy Stock Photo:** ART Collection (br). **32–33 Science Photo Library:** Gustoimages. **33 Getty Images:** Universal History Archive / UIG (tr). **Science Photo Library:** Dr. Jeremy Burgess (br). **34–35 Amanita / facebook. com/Aman1ta/ 500px.com/sot1s. 40–41 Thomas Zeller / Filmgut. 41 123RF. com:** Mohammed Anwarul Kabir Choudhury (b). **43 © Board of Trustees of the Royal Botanic Gardens, Kew:** (br). **44 123RF.com:** Richard Griffin (bc, br). **Dreamstime.com:** Kazakovmaksim (l). **45 © Board of Trustees of the Royal Botanic Gardens, Kew. 46–47 Dreamstime.com:** Rootstocks. **47 Alamy Stock Photo:** Alfio Scisetti (tc). **50–51 Getty Images:** Michel Loup / Biosphoto. **52–53 Rosalie Scanlon Photography and Art, Cape Coral, FL., USA. 53 Alamy Stock Photo:** National Geographic Creative (br). **54 Alamy Stock Photo:** Angie Prowse (bl). **54–55 Alamy Stock Photo:** Ethan Daniels. **56–57 iStockphoto. com:** Nastasic. **58 Getty Images:** Davies and Starr (clb). **iStockphoto.com:** Ranasu (r). **59 iStockphoto.com:** Wabeno (r). **60–61 Science Photo Library:** Dr. Keith Wheeler (b); Edward Kinsman (t). **61 Science Photo Library:** Dr. Keith Wheeler (crb); Edward Kinsman (cra). **62 Alamy Stock Photo:** Interfoto / Fine Arts. **63 Alamy Stock Photo:** The Print Collector / Heritage Image Partnership Ltd (cl, clb). **64–65 Getty Images:** Doug Wilson. **66 123RF.com:** Nick Velichko (c). **Alamy Stock Photo:** blickwinkel (tc); Joe Blossom (tr). **iStockphoto.com:** Westhoff (br). **67 Dorling Kindersley:** Mark Winwood / RHS Wisley (bl). **© Mary Jo Hoffman:** (r). **68 Alamy Stock Photo:** Christina Rollo (bl). **68–69 © Aaron Reed Photography, LLC. 71 Getty Images:** Nichola Sarah (tr). **74 © Board of Trustees of the Royal Botanic Gardens, Kew:** (bl). **76 Denisse, E., Flore d'Amérique, t. 82 (1843–46):** (bc). **80–81 Getty Images:** Gretchen Krupa / FOAP. **82–83 iStockphoto.com:** Cineuno. **83 Science Photo Library:** Michael Abbey (bc). **84–85 Don Whitebread Photography. 85 Alamy Stock Photo:** Jurate Buiviene (cb). **86–87 Getty Images:** Peter Dazeley / The Image Ban. **88 FLPA:** Mark Moffett / Minden Pictures (bl). **89 © Board of Trustees of the Royal Botanic Gardens, Kew. 90–91 Alamy Stock Photo:** Juergen Ritterbach. **92 Bridgeman Images:** *Borassus flabelliformis* (Palmaira tree) illustration from *Plants of the Coromandel Coast*, 1795 (colored engraving), Roxburgh, William (fl.1795) / Private Collection / Photo © Bonhams, London, UK (tl). **© Board of Trustees of the Royal Botanic Gardens, Kew:** (crb). **93 © Board of Trustees of the Royal Botanic Gardens, Kew. 94–95 Alamy Stock Photo:** Arco Images GmbH. **95 Alamy Stock Photo:** Alex Ramsay (br). **100 123RF.com:** Curiousotter (bl). **100–101 © Colin Stouffer Photography. 103 Alamy Stock Photo:** FL Historical M (tr). **104–105 © Board of Trustees of the Royal Botanic Gardens, Kew. 106–107 Ryusuke Komori. 106 © Mary Jo Hoffman:** (bc). **108–109 iStockphoto.com:** EnginKorkmaz. **111 Alamy Stock Photo:** Avalon / Photoshot License (tr). **112 Science Photo Library:** Eye of Science (cl). **112–113 Damien Walmsley. 115 123RF.com:** Amnuay Jamsri (tl); Mark Wiens (tc). **Dreamstime.com:** Anna Kucherova (cr); Somkid Manowong (tr); Phanuwatn (cl); Poopiaw345 (bl); Yekophotostudio (br). **116–117 Alamy Stock Photo:** Granger, NYC. / Granger Historical Picture Archive. **117 Alamy Stock Photo:** Chronicle (cb). **Getty Images:** DEA / G. Cigolini / De Agostini Picture Library (tc). **118 Alamy Stock Photo:** Richard Griffin (cr); Alfio Scisetti (cl). **119 Alamy Stock Photo:** Richard Griffin. **120 © Board of Trustees of the Royal Botanic Gardens, Kew:** (cla). **124 © Pandora Sellars / From the Shirley Sherwood Collection with kind permission:** (tl). **© The Estate of Rory McEwen:** (crb). **125 © The Estate of Rory McEwen. 130–131 iStockphoto.com:** lucentius. **131 123RF.com:** gzaf (tc). **Alamy Stock Photo:** Christian Hütter / imageBROKER (tr). **iStockphoto.com:** lucentius (cla). **132 Alamy Stock Photo:** Ron Rovtar / Ron Rovtar Photography (cl). **133 Alamy Stock Photo:** Leonid Nyshko (cl); Bildagentur-online / Mc-Photo-BLW / Schroeer (tr). **Dorling Kindersley:** Gary Ombler: Center for Wildlife Gardening / London Wildlife Trust (bl). **iStockphoto.com:** ChristineCBrooks (br); joakimbkk (cr). **134 FLPA:** Ingo Arndt / Minden Pictures (br). **135 iStockphoto.com:** Enviromantic (cr). **136 Dorling Kindersley:** Batsford Garden Center and Arboretum (bc). **Dreamstime.com:** Paulpaladin (cl). **137 Dorling Kindersley:** Batsford Garden Center and Arboretum (cl). **iStockphoto.com:** ByMPhotos (c); joakimbkk (cr). **138 Alamy Stock Photo:** Val Duncan / Kenebec Images (c). **Dorling Kindersley:** Center for Wildlife Gardening / London Wildlife Trust (tr). **© Board of Trustees of the Royal Botanic Gardens, Kew:** (cl). **138–139 Dorling Kindersley:** Center for Wildlife Gardening / London Wildlife Trust. **140 Bridgeman Images:** *Rubus sylvestris* / Natural History Museum, London, UK. **141 Getty Images:** *Florilegius* / SSPL (tl, cr). **143 Getty Images:** Nigel Cattlin / Visuals Unlimited, Inc. (tl). **144 123RF.com:** Sangsak Aeiddam. **145 Science Photo Library:** Eye of Science (cra). **146 Alamy Stock Photo:** Daniel Meissner (bl). **146–147 © Anette Mossbacher Landscape & Wildlife Photographer. 148 Science Photo Library:** Eye Of Science (clb). **148–149 © Mary Jo Hoffman. 150 123RF.com:** Nadezhda Andriiakhina (bc). **Alamy Stock Photo:** allotment boy 1 (cl); Anjo Kan (cr). **iStockphoto.com:** NNehring (br). **Jenny Wilson / flickr.com/photos/ jenthelibrarian/:** (c). **151 Dreamstime. com:** Sirichai Seelanan (bl). **152–153 © Aaron Reed Photography, LLC. 153 iStockphoto. com:** xie2001 (tr). **154 Science Photo Library:** John Durham (bl). **154–155 © Mary Jo Hoffman. 156 Science Photo Library:** Power and Syred (tc). **158 123RF.com:** Grobler du Preez (bl). **158–159 Dallas Reed. 162–163 iStockphoto.com:** DNY59. **164–165 © Josef Hoflehner. 165 Benoît Henry:** (br). **172–173 Getty Images:** Ralph DeseniÃŸ. **175 Dreamstime.com:** Arkadyr (cr). **176 © Board of Trustees of the Royal Botanic Gardens, Kew:** (cla). **178 123RF. com:** ncristian (bc); Nico Smit (c). **Alamy Stock Photo:** Zoonar GmbH (cl). **Dreamstime.com:** Indigolotos (br). **179 Getty Images:** Alex Bramwell / Moment. **182–183 iStockphoto. com:** Ilbusca. **186 Getty Images:** bauhaus1000 / DigitalVision Vectors (bc). **188 123RF.com:** godrick (cl); westhimal (tc); studio306 (bl). **Alamy Stock Photo:** Lynda Schemansky / age fotostock (br); Zoonar GmbH (cr). **Dorling Kindersley:** Gary Ombler: Center for Wildlife Gardening / London Wildlife Trust (c). **189 123RF.com:** Anton Burakov (tl); Stephen Goodwin (tc, br); Boonchuay Iamsumang (tr); Oleksandr Kostiuchenko (cl); Pauliene Wessel (c); shihina (bc). **Getty Images:** joSon / Iconica (bl). **190 Alamy Stock Photo:** Paul Fearn (cla). **193 Dorling Kindersley:** Gary Ombler: Center for Wildlife Gardening / London Wildlife Trust (bl). **194–195 Bridgeman Images:** Blossoms, one of twelve leaves inscribed with a poem from an Album of Fruit and Flowers (ink and color on paper), Chen Hongshou (1768–1821) / Private Collection / Photo © Christie's Images. **195 Alamy Stock Photo:** Artokoloro Quint Lox Limited (cb). **Mary Evans Picture Library:** © Ashmolean Museum (tr). **198 Science Photo Library:** AMI Images (tl); Power and Syred (tc, tr); Steve Gschmeissner (cla, ca, cra, cl, c); Eye of Science (cr). **198–199 Alamy Stock Photo:** Susan E. Degginger. **202–203 Dorling Kindersley:** Center for Wildlife Gardening / London Wildlife Trust. **204 © Board of Trustees of the Royal Botanic Gardens, Kew. 205 Getty Images:** Katsushika Hokusai (cl). **Rijksmuseum Foundation, Amsterdam:** Gift of the Rijksmuseum Foundation (tr). **206 Alamy Stock Photo:** Wolstenholme Images. **207 Alamy Stock Photo:** Rex May (cla). **Getty Images:** Ron Evans / Photolibrary (cl). **208 © Board of Trustees of the Royal Botanic Gardens, Kew:** (br). **210–211 © Douglas Goldman, 2010. 211 Getty Images:** Karen Bleier / AFP (br). **212 Alamy Stock Photo:** Nature Picture Library (tl). **213 SuperStock:** Minden Pictures / Jan Vermeer. **214–215 Dorling Kindersley:** Gary Ombler: Center for Wildlife Gardening / London Wildlife Trust. **216 123RF.com:** Aleksandr Volkov (bl). **Getty Images:** Margaret Rowe / Photolibrary (tr). **iStockphoto.com:** narcisa (cr); winarm (c); Zeffss1 (cl). **217 Alamy Stock Photo:** Tamara Kulikova (tl); Timo Viitanen (c). **Dreamstime.com:** Kazakovmaksim (br). **Getty Images:** Frank Krahmer / Photographer's Choice RF (tc). **iStockphoto.com:** AntiMartina (bc); cjaphoto (cr). **220–221 Dreamstime.com:** Es75. **221 Getty Images:** Sonia Hunt / Photolibrary (br). **223 FLPA:** Minden Pictures / Ingo Arndt (crb). **227 FLPA:** Minden Pictures / Mark Moffett (tl). **228 Getty Images:** Jacky Parker Photography / Moment Open (tl). **230–231 Getty Images:** Chris Hellier / Corbis Documentary. **233 Alamy Stock Photo:** ST-images (tc). **234–235 Dorling Kindersley:** Gary Ombler: Center for Wildlife Gardening / London Wildlife Trust. **235 Alamy Stock Photo:** dpa picture alliance (tr). **236 Bridgeman Images:** Jimson Weed, 1936–37 (oil on linen), O'Keeffe, Georgia (1887–1986) / Indianapolis Museum of Art at Newfields, USA / Gift of Eli Lilly and Company / © Georgia O'Keeffe Museum / © DACS 2018. **237 Alamy Stock Photo:** Fine Art Images / Heritage Image Partnership Ltd / © 2018 The Andy Warhol Foundation for the Visual Arts, Inc. / Licensed by DACS, London. / © DACS 2018 (cb). **238 Alamy Stock Photo:** Neil Hardwick (cl). **© Board of Trustees of the Royal Botanic Gardens, Kew:** (bc). **242 Getty Images:** Florilegius / SSPL (cla). **243 Alamy Stock Photo:** Dave Watts (cra). **244 FLPA:** Photo Researchers (bl). **244–245 Image courtesy Ronnie Yeo. 246–247 Getty Images:** I love Photo and Apple. / Moment. **247 Alamy Stock Photo:** Fir Mamat (tr). **250 Science Photo Library:** Cordelia Molloy (bc). **252 123RF.com:** Jean-Paul

Chassenet (bc). **252–253 Craig P. Burrows. 254 Alamy Stock Photo:** WILDLIFE GmbH (tc). **257 © Board of Trustees of the Royal Botanic Gardens, Kew:** (br). **260–261 iStockphoto.com:** mazzzur (l). **261 Getty Images:** Paul Kennedy / Lonely Planet Images (tr). **263 Johanneke Kroesbergen-Kamps:** (tr). **265 Dreamstime.com:** Junko Barker (crb). **268–269 Alamy Stock Photo:** Alan Morgan Photography. **269 Alamy Stock Photo:** REDA &CO srl (br). **270 Bridgeman Images:** *Rosa centifolia*, Redouté, Pierre-Joseph (1759–1840) / Lindley Library, RHS, London, UK. **271 Alamy Stock Photo:** ART Collection (clb); The Natural History Museum (tr). **274–275 Dorling Kindersley:** Center for Wildlife Gardening / London Wildlife Trust. **275 Dorling Kindersley:** Center for Wildlife Gardening / London Wildlife Trust (tr). **280 Smithsonian American Art Museum:** Mary Vaux Walcott, White Dawnrose (*Pachyloplus marginatus*), n.d., watercolor on paper, Gift of the artist, 1970.355.724. **281 Bridgeman Images:** Roses on a Wall, 1877 (oil on canvas), Lambdin, George Cochran (1830–96) / Detroit Institute of Arts, USA / Founders Society purchase, Beatrice W. Rogers fund (cr). **284–285 iStockphoto.com:** Ilbusca. **289 123RF.com:** Valentina Razumova (br). **290–291 Dreamstime.com:** Tomas Pavlasek. **291 Dreamstime.com:** Reza Ebrahimi (crb). **292–293 Getty Images:** Mandy Disher Photography / Moment. **294 Gerald D. Carr:** (bl). **296 Alamy Stock Photo:** Picade LLC (tl). **296–297 Alamy Stock Photo:** Hercules Milas. **298–299 Dorling Kindersley:** Center for Wildlife Gardening / London Wildlife Trust. **300 123RF.com:** Vadym Kurgak (cl). **Alamy Stock Photo:** Picture Partners (tl); WILDLIFE GmbH (c/Wych Elm). **iStockphoto.com:** anna1311 (c/Achene); photomaru (tc/Hesperidium); csundahl (tc/Pepo). **301 123RF.com:** Dia Karanouh (c). **Alamy Stock Photo:** deefish (c/Legume); John Kellerman (tl); Jurij Kachkovskij (tc/Peach); Shullye Serhiy / Zoonar (tr). **Dorling Kindersley:** Center for Wildlife Gardening / London Wildlife Trust (bc). **iStockphoto.com:** anna1311 (tc/Aggregate); ziprashantzi (br). **302 123RF.com:** Saiyood Srikamon (bl). **302–303 Julie Scott Photography. 304 Getty Images:** Ed Reschke / Photolibrary (cl). **310 Bridgeman Images:** Various apples (with blossom), 1737–45 (engraved and mezzotint plate, printed in colors and finished by), Ehret, Georg Dionysius (1710–70) (after) / Private Collection / Photo © Christie's Images. **311 Alamy Stock Photo:** The Natural History Museum. **312 © Board of Trustees of the Royal Botanic Gardens, Kew:** (cla). **313 Dreamstime.com:** Artem Podobedov / Kiorio (tl). **316–317 Jeonsango / Jeon Sang O. 319 Science Photo Library:** Steve Gschmeissner (br). **322–323 Getty Images:** Don Johnston / All Canada Photos. **322 © Mary Jo Hoffman:** (bc). **326–327 Alamy Stock Photo:** Blickwinkel. **327 Alamy Stock Photo:** Krystyna Szulecka (cr); Duncan Usher (tr). **328–329 © Michael Huber. 333 iStockphoto.com:** heibaihui (br). **334 Bridgeman Images:** Papaya: *Carica papaya*, from Berthe Hoola van Nooten's *Fleurs, Fruits et Feuillages* / Royal Botanical Gardens, Kew, London, UK (tr). **© Board of Trustees of the Royal Botanic Gardens, Kew:** (cl). **335 Science & Society Picture Library:** The Board of Trustees of the Royal Botanic Gardens, Kew. **339 Getty Images:** André De Kesel / Moment Open (tc). **340 Getty Images:** Ed Reschke / The Image Bank (tl). **342–343 Getty Images:** Peter Lilja / The Image Bank. **343 Alamy Stock Photo:** Zoonar GmbH (cb). **344–345 iStockphoto.com:** Nastasic. **347 Alamy Stock Photo:** John Swithinbank / Garden World Images Ltd (bl). **© Board of Trustees of the Royal Botanic Gardens, Kew:** (tr). **348 123RF.com:** Eyewave (bl); Валентин Косилов (bc/*Anthriscus sylvestris*); Olga Ionina (bc). **© Board of Trustees of the Royal Botanic Gardens, Kew:** (tr). **349 Alamy Stock Photo:** Bluered / REDA &CO srl (bl); Manfred Ruckszio (bc). **© Board of Trustees of the Royal Botanic Gardens, Kew:** (tr). **350 123RF.com:** Skdesign (bl); Hans Wrang (br). **© Board of Trustees of the Royal Botanic Gardens, Kew:** (tl). **351 123RF.com:** Danciaba (bc/Clivia Miniata); Hancess (bl). **Alamy Stock Photo:** Rex May (bc). **© Board of Trustees of the Royal Botanic Gardens, Kew:** (tr). **352 Alamy Stock Photo:** Anna Yu (bl). **© Board of Trustees of the Royal Botanic Gardens, Kew:** (tr). **353 Dorling Kindersley:** RHS Wisley (br). **© Board of Trustees of the Royal Botanic Gardens, Kew:** (tl). **354 Dreamstime.com:** Iva Vagnerova (bl). **© Board of Trustees of the Royal Botanic Gardens, Kew:** (tr). **355 123RF.com:** Armando Frazão (bl); Erich Teister (bc/*Aranthera* 'Anne Black'). **Alamy Stock Photo:** UtCon Collection (tr). **Dreamstime.com:** Anatolii Lyzun (bc). **356 123RF.com:** Natasha Walton (bl). **© Board of Trustees of the Royal Botanic Gardens, Kew:** (tr). **357 Alamy Stock Photo:** Clement Philippe / Arterra Picture Library (bl). **Dorling Kindersley:** Crug Farm (br). **© Board of Trustees of the Royal Botanic Gardens, Kew:** (tl). **358 123RF.com:** Maxaltamor (bc/*Myosotis arvensis*); Praiwun Thungsarn (bl); Krzysztof Slusarczyk (br). **Alamy Stock Photo:** Antoni Agelet / Biosphoto / Photononstop (bc). **© Board of Trustees of the Royal Botanic Gardens, Kew:** (tl). **359 123RF.com:** Tamara Kulikova (bl); Scimmery (bc); Achim Prill (br). **© Board of Trustees of the Royal Botanic Gardens, Kew:** (tr). **360 Alamy Stock Photo:** Komkrit Tonusin (bl). **© Board of Trustees of the Royal Botanic Gardens, Kew:** (tr). **361 123RF.com:** Lindasj2 (bc); Александр Соколенко (bl). **© Board of Trustees of the Royal Botanic Gardens, Kew:** (tl). **362 123RF.com:** Susazoom (bl). **© Board of Trustees of the Royal Botanic Gardens, Kew:** (tr). **363 123RF.com:** Luca Lorenzelli (bc); Zanozaru (bl). **Dorling Kindersley:** Lindsey Stock (br). **Dreamstime.com:** Tt (bc/ Armeria maritima). **© Board of Trustees of the Royal Botanic Gardens, Kew:** (tr). **364 123RF.com:** Maksim Kazakov (bc); Jane McLoughlin (bl); Kiya (br). **© Board of Trustees of the Royal Botanic Gardens, Kew:** (tl). **365 123RF.com:** Lubov Vislyaeva (bl). **Alamy Stock Photo:** Shapencolour (br). **Dorling Kindersley:** Marle Place Gardens and Gallery, Brenchley, Kent (bc). **© Board of Trustees of the Royal Botanic Gardens, Kew:** (tr). **366 123RF.com:** Grigory bruev (bc/ Begonia Rex); Zigzagmtart (bl); Siamphotos (bc). **Dorling Kindersley:** RHS Hampton Court Flower Show 2012 (br). **© Board of Trustees of the Royal Botanic Gardens, Kew:** (tl). **367 123RF.com:** Phirakon Jaisangat (bl); Nataliia Zhekova (bc/Citrullus lanatus); Zdenek Sasek (bc). **© Board of Trustees of the Royal Botanic Gardens, Kew:** (tr). **Dreamstime.com:** Apichart Teapakdae (br).**368 123RF.com:** Robert Biedermann (bc); Westhimal (bl). **© Board of Trustees of the Royal Botanic Gardens, Kew:** (tr). **369 123RF.com:** Nikolay Kurzenko (bc); Lianem (bl). **© Board of Trustees of the Royal Botanic Gardens, Kew:** (tr). **370 123RF.com:** Marjorie A. Bull (br). **Alamy Stock Photo:** dpa picture alliance (bc); Florapix (bl). **© Board of Trustees of the Royal Botanic Gardens, Kew:** (tl). **371 Alamy Stock Photo:** Dave Marsden (br). **Dorling Kindersley:** Blooms of Bressingham (bl); RHS Wisley (bc). **© Board of Trustees of the Royal Botanic Gardens, Kew:** (tr). **372 123RF.com:** Pstedrak (bl). **Alamy Stock Photo:** Portforlio / Hd Signature Co.,Ltd (bc). **Dorling Kindersley:** RHS Wisley (br). **© Board of Trustees of the Royal Botanic Gardens, Kew:** (tr). **373 123RF.com:** Teerapat Pattanasoponpong (bc). **Alamy Stock Photo:** Wildlife GmbH (bl). **© Board of Trustees of the Royal Botanic Gardens, Kew:** (tr). **374 123RF.com:** Designpics (br). **© Board of Trustees of the Royal Botanic Gardens, Kew:** (tr). **375 123RF.com:** Bos11 (bc). **Alamy Stock Photo:** Florapix (bc/*Lithocarpus dealbatus*); Tim Gainey (bl). **© Board of Trustees of the Royal Botanic Gardens, Kew:** (tl). **376 123RF.com:** Andrey Shupilo (bl). **Alamy Stock Photo:** Blickwinkel / Hecker (br); McPhoto / Kraus (bc). **© Board of Trustees of the Royal Botanic Gardens, Kew:** (tr). **377 123RF.com:** Amnat Nualnuch (br). **Getty Images:** Dea / G. Cigolini / Veneranda Biblioteca Ambrosiana (tr). **378 123RF.com:** Arthit Buarapa (bc); Prachaya Kannika (bl). **© Board of Trustees of the Royal Botanic Gardens, Kew:** (tl). **379 123RF.com:** Maxaltamor (bl); Erich Teister (bc). **Alamy Stock Photo:** Paul Fearn (tr). **380 123RF.com:** Mansum007 (bl); Doug Schnurr (bc). **Alamy Stock Photo:** Paul Fearn (tr). **381 Dreamstime.com:** Prakobphoto (bl). **© Board of Trustees of the Royal Botanic Gardens, Kew:** (tl). **382 © Board of Trustees of the Royal Botanic Gardens, Kew:** (tr). **383 123RF.com:** Dovicsin András (bl). **Alamy Stock Photo:** Florilegius (tr). **384 Alamy Stock Photo:** Florapix (bc). **© Board of Trustees of the Royal Botanic Gardens, Kew:** (tl). **385 123RF.com:** Taras Verkhovynets (bl). **Alamy Stock Photo:** Wildlife GmbH (bc). **© Board of Trustees of the Royal Botanic Gardens, Kew:** (tr). **386 Alamy Stock Photo:** Willfried Gredler / INSADCO Photography (bl); Geoff Smith (bc). **© Board of Trustees of the Royal Botanic Gardens, Kew:** (tr). **387 123RF.com:** Nuttapong Wannavijid (br). **Alamy Stock Photo:** Florilegius (tr); Portforlio / Hd Signature Co. Ltd (bl); Nico Hermann / Westend61 GmbH (bc). **388 123RF.com:** Teresina Goia (bl). **© Board of Trustees of the Royal Botanic Gardens, Kew:** (tl). **389 Dorling Kindersley:** RHS Wisley (br). **© Board of Trustees of the Royal Botanic Gardens, Kew:** (tr). **390 123RF.com:** Kampwit (bc/Manihot Esculenta); Nicoayut (bl); Pierivb (bc); Thattep Youbanpot (br). **Bridgeman Images:** Euphorbia Peplus Petty Spurge / Private Collection / Photo © Liszt Collection (tr). **391 Alamy Stock Photo:** Chronicle (tr); Ingo Schulz / Imagebroker (br); FloralImages (bc). **Dorling Kindersley:** RHS Wisley (bl). **392 Alamy Stock Photo:** GWI / Richard McDowell (bl); Martin Siepmann / Westend61 GmbH (bc). **Dorling Kindersley:** RHS Wisley (br). **© Board of Trustees of the Royal Botanic Gardens, Kew:** (tr). **393 123RF.com:** Feathercollector (bl); Pauliene Wessel (bc). **Alamy Stock Photo:** Frank Teigler / Premium Stock Photography GmbH (bc/Tilia Cordata). **Dreamstime.com:** Digitalpress (br). **© Board of Trustees of the Royal Botanic Gardens, Kew:** (tr). **394 123RF.com:** Kariphoto (bc); Roseov (bl). **© Board of Trustees of the Royal Botanic Gardens, Kew:** (tr). **395 123RF.com:** Grigorii Pisotckii (bl); Marat Roytman (bc). **© Board of Trustees of the Royal Botanic Gardens, Kew:** (tr). **396 123RF.com:** Vladimíra Pufflerová (bl). **© Board of Trustees of the Royal Botanic Gardens, Kew:** (tr). **397 123RF.com:** Ninglu (bl); Subin pumsom (bc/Averrhoa Carambola). **Alamy Stock Photo:** Premaphotos (bc). **© Board of Trustees of the Royal Botanic Gardens, Kew:** (tl). **398 Dorling Kindersley:** RHS Tatton Park (bl). **© Board of Trustees of the Royal Botanic Gardens, Kew:** (tl). **399 123RF.com:** Vvoennyy (bl). **Alamy Stock Photo:** Fir Mamat (bc). **© Board of Trustees of the Royal Botanic Gardens, Kew:** (tr). **400 123RF.com:** Nicolette Wollentin (bl). **Dorling Kindersley:** RHS Tatton Park (br). **© Board of Trustees of the Royal Botanic Gardens, Kew:** (tr). **401 123RF.com:** Aleksandr Prokopenko (bl). **© Board of Trustees of the Royal Botanic Gardens, Kew:** (tr). **402 123RF.com:** Ihor Bondarenko (bl); Olga Kurguzova (bc). **© Board of Trustees of the Royal Botanic Gardens, Kew:** (tl). **403 123RF.com:** Lalalulustock (bc); Sinngern Sooksompong (br). **Dorling Kindersley:** Alan Buckingham (bl). **© Board of Trustees of the Royal Botanic Gardens, Kew:** (tr). **404 123RF.com:** Elena Yakimushkina (bl). **Alamy Stock Photo:** Hilary Morgan (bc). **© Board of Trustees of the Royal Botanic Gardens, Kew:** (tr). **405 123RF.com:** Grigory bruev (bc); Maksim Shebeko (bl). **Alamy Stock Photo:** Urs Hauenstein (br). **© Board of Trustees of the Royal Botanic Gardens, Kew:** (tr). **406 123RF.com:** Josef Muellek (bl); Hans Wrang (bc). **Alamy Stock Photo:** Michele Falzone (bc/Pistacia Vera). **iStockphoto.com:** S1llu (br). **© Board of Trustees of the Royal Botanic Gardens, Kew:** (tr). **407 123RF.com:** Balipadma (bl); Nucharee Sornsuwit (bc). **© Board of Trustees of the Royal Botanic Gardens, Kew:** (tl). **408 123RF.com:** Joemat (bc); Le Do (bl). **Dorling Kindersley:** RHS Wisley (br). **© Board of Trustees of the Royal Botanic Gardens, Kew:** (tr). **409 Alamy Stock Photo:** FLPA (bl). **Dorling Kindersley:** Crug Farm (bc); RHS Wisley (br). **© Board of Trustees of the Royal Botanic Gardens, Kew:** (tr). **410 123RF.com:** Sheryl Caston (bc); Mironovm (br). **© Board of Trustees of the Royal Botanic Gardens, Kew:** (tl). **411 123RF.com:** Steffstarr (bc/*Datura stramonium*); Lubov Vislyaeva (bl); Jiri Vaclavek (bc). **© Board of Trustees of the Royal Botanic Gardens, Kew:** (tr). **412 123RF.com:** Bundit Singhakul (bl). **© Board of Trustees of the Royal Botanic Gardens, Kew:** (tr). **413 Alamy Stock Photo:** Manfred Bail / Imagebroker (bl). **Dorling Kindersley:** RHS Wisley (bc, br). **© Board of Trustees of the Royal Botanic Gardens, Kew:** (tr). **414 123RF.com:** Bos11 (bl); Maurizio Polese (bc); Simona Pavan (br). **© Board of Trustees of the Royal Botanic Gardens, Kew:** (tr). **415 Dreamstime.com:** Ruud Morijn / Rmorijn (br). **© Board of Trustees of the Royal Botanic Gardens, Kew:** (tl). **416 123RF.com:** Mauro Rodrigues (bl). **Dreamstime.com:** Steven Jones (bc). **Getty Images:** Ruskpp / iStock / Getty Images Plus (tl). **417 123RF.com:** Umberto Leporini (bc); Evgeniy Muhortov (bl). **© Board of Trustees of the Royal Botanic Gardens, Kew:** (tr). **418 123RF.com:** Jamras Lamyai (bl); Wichean Pornpongswat (bc/Platycerium Hillii); Komkrit Preechachanwate (br). **Alamy Stock Photo:** Blickwinkel / Pinkannjoh (bc). **© Board of Trustees of the Royal Botanic Gardens, Kew:** (tr). **419 123RF.com:** Mansum007 (bl); Иван Ульяновский (bc). **Alamy Stock Photo:** Don Johnston_PL (br). **© Board of Trustees of the Royal Botanic Gardens, Kew:** (tr).

All other images © Dorling Kindersley

For further information see:

www.dkimages.com

監修

スミソニアン協会

1846年に設立されたスミソニアン協会は、博物館・美術館と国立動物園など19の施設をもち、世界最大の研究所・博物館群としてよく知られている。スミソニアン協会がとくに力を注ぐのは、公教育、奉仕活動、そして、芸術、科学、博物学分野へのスカラシップ制度である。公認博物館であり公共植物園のスミソニアン・ガーデンは、人々に植物と庭園への関心を促すために、自然文化の世界の楽しみを伝え、そして、生物とアーカイヴ・コレクション、及び園芸技能の価値と管理の重要性を喚起する役割を果たしている。

キュー王立植物園

キュー王立植物園は、世界有数の科学機関であり、植物の多様性や保護、世界の持続可能な発展に関する専門的研究はもちろんのこと、その驚くべきコレクションは国際的に賞賛されている。またキュー王立植物園はロンドンでもっとも多くの来園者がある観光地の1つである。132ヘクタール（1.32km²）に及ぶ庭園と、ウエスト・サセックス州のウェイクハーストの分園を合わせて、年間150万人の観光客が訪れている。キュー王立植物園は、2003年にユネスコ世界文化遺産に登録され、2009年には創立250周年を迎えた。そして、ウェイクハーストの分園は世界最大の種子保存バンクであるキュー「ミレニアム・シード・バンク」の本拠地である。

日本語版監修

塚谷裕一　つかや・ひろかず

植物学者、東京大学大学院理学系研究科教授。1964年、神奈川県生まれ。1993年、東京大学大学院理学系研究科博士課程修了。博士（理学）。岡崎国立共同研究機構基礎生物学研究所助教授などを経て現職。発生生物学を表看板としつつ、系統分類学、特に熱帯アジアの菌寄生植物の現地調査等を進めている。著書に『森を食べる植物──腐生植物の知られざる世界』岩波書店（2016年）、『カラー版スキマの植物図鑑』中公新書（2014年）、『変わる植物学 広がる植物学──モデル植物の誕生』東京大学出版会（2006年）、『漱石の白くない百合』文藝春秋（1993年）など、編著書に『岩波 生物学辞典 第5版』岩波書店（2013年）などがある。紫綬褒章受章（令和3年秋）、第33回南方熊楠賞受賞（2023年）。

翻訳	金成希/湊麻里/渡邊真里
装丁	長谷川 理
編集協力・DTP	株式会社リリーフ・システムズ
カバー印刷	図書印刷株式会社

FLORA　図鑑　植物の世界

2019年8月5日　第1刷発行
2024年5月20日　第5刷発行

監修	スミソニアン協会/キュー王立植物園
日本語版監修	塚谷裕一
発行者	渡辺能理夫
発行所	東京書籍株式会社
	〒114-8524　東京都北区堀船2-17-1
	電話　03-5390-7531（営業）
	03-5390-7500（編集）

ISBN978-4-487-81257-8 C0645　NDC470
Japanese edition text copyright ©2019 Tokyo Shoseki Co., Ltd.
All rights reserved.
Printed (Jacket) in Japan
出版情報 https://www.tokyo-shoseki.co.jp
禁無断転載。乱丁・落丁の場合はお取替えいたします。